油田采出水资源化处理技术与矿场实践

荆少东　陶建强　王智　李毅　徐辉　杨元亮　著

中国石化出版社

图书在版编目(CIP)数据

油田采出水资源化处理技术与矿场实践/荆少东等
著.—北京：中国石化出版社，2023.4
ISBN 978 - 7 - 5114 - 7017 - 1

Ⅰ.①油…　Ⅱ.①荆…　Ⅲ.①石油开采 – 水处理
Ⅳ.①TE35

中国国家版本馆 CIP 数据核字(2023)第 055995 号

中国石化出版社出版发行
地址:北京市东城区安定门外大街 58 号
邮编:100011　电话:(010)57512500
发行部电话:(010)57512575
http://www.sinopec-press.com
E-mail:press@sinopec.com
北京富泰印刷有限责任公司印刷
全国各地新华书店经销
*
787×1092 毫米 16 开本 16.5 印张 349 千字
2023 年 7 月第 1 版　2023 年 7 月第 1 次印刷
定价:82.00 元

前　　言

　　油气资源作为一种战略物资，对保障国家能源安全有举足轻重的作用。但是随着油田开采程度的增加，在原油开采过程中产生大量的采出水，这部分水成分比较复杂，除了含原油、悬浮固体、工业细菌和多种溶解气体外，还含多种矿物盐离子，导致油田采出水既不能满足回注热采锅炉的水质要求，又达不到外排所要求的质量标准，因此，油田采出水的深度处理对油田的绿色低碳开发具有重要意义。

　　油田采出水是在油气藏形成的过程中，与油气一同埋藏于地下数百米至数千米的封闭环境之中，作为油气开采过程中的伴生物随着石油、天然气一起被开采出来的地下水。目前，我国油田开采普遍采用注水开发工艺，即不断向油层中注入热水或高压水蒸气以降低原油黏度，驱动原油将其开采出来。经过一段时间注水后，注入水或水蒸气冷凝水将随着原油一同被带出，含水原油经过脱水工艺进行油水分离后形成产出水。在油田开发初期，采出液（油、气、水的混合物）的综合含水率较低，即产出水量相对较少。随着原油开采程度的增加，采出原油的综合含水率不断升高（80%左右），同时原油在外输之前要求其含水率应在0.5%以下，因此，油水分离后将产生数量巨大的采出水，且随着油田开发时间的延长，其数量将会大幅上升。采出水的成分非常复杂，在采油过程中，溶解了地层中的各种盐类和气体，携带许多悬浮固体，且在油水分离过程中还投加了各种化学药剂，另外，油田采出水中含大量有机物，适宜微生物的生长繁殖，因此，油田采出水是含多种杂质的工业废水。由于各油田的地质条件、油层埋藏深度、岩层温度压力及油水分离工艺不一致，所以各油田的采出水水质有较大差异。

《油田采出水资源化处理技术与矿场实践》是一本关于油田采出水资源化处理技术的专业书籍，是对多年来油田采出水攻关技术的经验和成果的系统总结。通过对国内外油田采出水处理技术进行深入调研，确定了热法含盐采出水的主要处理工艺，并在普光油气田进行现场应用。同时研发出了蒸发脱盐设备换热管壁防垢的同向分层澄清除硬装置，研制了竖管降膜 MVR 诱导晶种阻垢蒸发技术及装备，开发"生化＋双膜＋MVR"气田采出水低成本、短程资源化处理工艺等系列配套技术，提高了采出水的处理效果，为该油田的采出水资源化利用提供技术支撑，并对同类油藏类型的开发具有直接的示范作用和借鉴价值。

　　由于笔者水平有限，书中疏漏和不妥之处在所难免，恳请读者斧正。

目　　录

第一章　国内外油气田采出水处理现状

第一节　采出水分类

一、采出水种类与特征

随着全球经济的飞速发展，人们对油气田勘探开发的脚步也逐渐加快，随之而来的是在油气田开发过程中产生大量的各种类型的采出水。目前，油田采出水主要分为以下几种，即钻井采出水、洗井采出水、井下作业采出水、油田采出水、稠油开采注蒸汽采出水和矿区雨水等，其主要特征如表1-1-1所示。

表1-1-1　油田采出水主要特征及对比表

采出水类别	产出或排放工序及装置	主要污染物	排放方式	去向
油田采出水	采油时产出，在联合站、伴生气处理站、采出水处理站排出	石油类、COD、破乳剂、腐生菌、可溶性矿物质、有机物	连续	回注地层、达到排放标准排放、回用热采锅炉补给水
钻井采出水	钻台、钻具、设备冲洗，振动筛冲洗，钻井泵冲洗，钻井液池清液，柴油机冷却水	石油类、固体悬浮物（SS）、钻井液添加剂（铬盐、褐煤、磺化酚醛）、可溶性重金属、高分子处理剂	间歇	蒸发、风干、渗透地下、处理达标排放
洗井采出水及井下作业采出水	压裂后洗井、酸化后洗井、注水后洗井、替喷和自喷液	石油类、SS、压裂液溶入物（$K_2Cr_2O_7$、三氯甲苯）、酸化液混入物	不定期	处理后部分回注地层，部分排入地表水
稠油开采注蒸汽采出水	注汽站	盐类、酸、碱	间歇	一般外排或深度处理后回用
矿区雨水	降雨后地表径流	石油类、泥砂	逢雨	进入地表水

二、采出水中污染物分类与危害

（一）分类

1. 按颗粒大小和外观分类

按颗粒大小和外观分类如表1-1-2所示。

表 1-1-2　油田采出水中污染物按颗粒大小和外观分类表

分散颗粒	溶解物(低分子、离子)粒径	胶体颗粒粒径	悬浮物粒径	
颗粒大小	<1nm	1~100nm	0.1~50μm	>50μm
外观	透明	光照下混浊	混浊	肉眼可见

2. 按油田采出水处理的观点分类

1)悬浮固体污染物

悬浮固体污染物粒径一般为 1~100μm，包括泥砂(黏土、粉砂、细砂)、腐蚀产物(Fe_2O_3、FeS)、垢($CaCO_3$、$CaSO_4$、$BaSO_4$、$SrSO_4$)、细菌(SBR、TGB)、有机物(胶质、沥青、石蜡等重质油类)。

2)胶体

胶体粒径通常为 0.001~1μm。

3)分散油和浮油

油田采出水中一般含质量浓度为 1000mg/L 的原油，其中90%为粒径 10~100μm 的分散油和粒径大于 100μm 的浮油。

4)乳化油

采出水中含 10% 粒径为 0.001~10μm 的乳化油。

5)溶解物质

溶解物质包括：无机盐类，一般粒径小于 0.001μm，如 Ca^{2+}、Mg^{2+}、K^+、Na^+、Fe^{2+}、Cl^-、HCO_3^-、CO_3^{2-} 等；溶解气体，一般粒径为 0.0003~0.0005μm，如溶解氧、CO_2、H_2S、烃类气体等；其他成垢离子。

(二)危害

1. 悬浮固体

若回注水中含悬浮固体，则会堵塞渗滤面、孔隙或喉道，造成地层污染、注水压力升高等，直接影响油田的开发寿命。

2. 残余油

细菌以原油中的某些组分为营养，导致水质变差；原油强烈吸附在铁的硫化物和其他垢的沉淀物上，难以用酸处理除去；原油降低注水井的水相相对渗透率，导致同体积水需要更高的注入压力。这种水如果直接进入回注系统，会促使细菌大量繁殖；油滴和悬浮物大量吸附加入的杀菌剂和有机缓蚀阻垢剂，使药剂不起作用；油滴对某些悬浮物有很好的黏结作用，使过滤器很快堵塞或效率降低。乳化油对地层的主要损害形式是吸附和液锁。乳化液在多孔介质中流动时产生的贾敏效应会堵塞油层，特别是贾敏效应具有加和性，导致许多液珠向地层流动时会产生更严重的堵塞作用。

3. 溶解气体

溶解气体主要包括溶解氧、CO_2 和 H_2S，这三种气体都能增强采出水的腐蚀效应。

4. 溶解固体

溶解固体易造成结垢、堵塞地层孔隙、腐蚀等问题。

三、采出水水质标准简介

(一)采出水水质标准

1. 基本要求

注水水质必须根据注入层物性指标优选确定。通常要求：在运行条件下注入水不应结垢；注入水对水处理设备、注水设备和输水管线腐蚀性小；注入水不应携带超标悬浮物、有机淤泥和油；注入水注入油层后不使黏土发生膨胀和移动，与油层流体配伍性良好。

2. 水质标准

水污染物排放标准通常被称为采出水排放标准，是根据受纳水体的水质要求，结合环境特点和社会、经济、技术条件，对排入环境的废水中的水污染物和产生的有害因子制定的控制标准，即水污染物或有害因子的允许排放质量浓度(浓度)或限值，也是判定排污活动是否违法的依据。采出水排放标准可以分为国家排放标准、地方排放标准和行业标准。

石油天然气行业标准《碎屑岩油藏注水水质推荐标准》(SY/T 5329—2012)中水质主控指标如表1-1-3所示。由于净化水主要用于回注地层，所以采出水处理工艺必须设法使净化水达到有关注水水质标准。

表 1-1-3　推荐水质主要控制指标

标准指标		注入层渗透率/μm²				
		≤0.01	0.01~0.05	0.05~0.5	0.5~1.5	>1.5
控制指标	悬浮固体含量/(mg·L⁻¹)	≤1.0	≤2.0	≤5.0	≤10.0	≤30.0
	悬浮物颗粒直径中值/μm	≤1.0	≤1.5	≤3.0	≤4.0	≤5.0
	含油量/(mg·L⁻¹)	≤5.0	≤6.0	≤15.0	≤30.0	≤50.0
	平均腐蚀率/(mm·a⁻¹)	≤0.076				
	SBR 菌含量/(个·mL⁻¹)	≤10	≤10	≤25	≤25	≤25
	IB 含量/(个·mL⁻¹)	$N×10^2$	$N×10^2$	$N×10^3$	$N×10^4$	$N×10^4$
	TGB 含量/(个·mL⁻¹)	$N×10^2$	$N×10^2$	$N×10^3$	$N×10^4$	$N×10^4$

注：①$1<N<10$；②清水水质指标中去掉含油量。

(二)采出水综合排放标准

采出水综合排放根据污染物的性质和控制方法分为两类。①第一类污染物，不分行业和污染排放方式，也不分受纳水体的功能类别，一律在排放口取样，其允许排放质量浓度必须达到以下标准，如表1-1-4所示。②第二类污染物，在排放口采样按工程建设年限不同必须达到相应的指标要求。主要控制指标有：pH 值、色度、悬浮物、5 日生化需氧量

（BOD$_5$）、化学需氧量（COD）、石油类、动植物油、挥发酚、总氰化物、硫化物、氨氮、氟化物、磷（酸盐）、甲醛、苯胺类、硝基苯类、阴离子表面活性剂、总铜、总锌、总锰、彩色显影剂、粪大肠菌群数、总余氯等 50 余项。

表 1 - 1 - 4　第一类污染物最高允许排放浓度

序号	污染物	最高允许排放质量浓度
1	总汞/（mg·L^{-1}）	0.05
2	烷基汞/（mg·L^{-1}）	不得检出
3	总镉/（mg·L^{-1}）	0.1
4	总铬/（mg·L^{-1}）	1.5
5	六价铬/（mg·L^{-1}）	0.5
6	总砷/（mg·L^{-1}）	0.5
7	总铅/（mg·L^{-1}）	1.0
8	总镍/（mg·L^{-1}）	1.0
9	苯并（a）芘/（mg·L^{-1}）	0.00003
10	总铍/（mg·L^{-1}）	0.005
11	总银/（mg·L^{-1}）	0.5
12	总 α 放射性/（Bq·L^{-1}）	1
13	总 β 放射性/（Bq·L^{-1}）	10

（三）采出水回用热采锅炉标准

根据《稠油集输系统及注蒸汽系统设计规范》（SY 0027—94）中的规定，注汽锅炉给水水质条件如表 1 - 1 - 5 所示，同时必须满足所选设备的给水水质要求。

表 1 - 1 - 5　注汽锅炉给水水质条件

序号	项目	单位	数量	备注
1	溶解氧含量	mg·L^{-1}	<0.05	—
2	总硬度含量	mg·L^{-1}	<0.1	以 CaCO$_3$ 计
3	总铁含量	mg·L^{-1}	<0.05	—
4	二氧化硅含量	mg·L^{-1}	<50	—
5	悬浮物含量	mg·L^{-1}	<2	—
6	总碱度含量	mg·L^{-1}	<2000	—
7	油和脂含量	mg·L^{-1}	<2	建议不计溶解油
8	可溶性固体含量	mg·L^{-1}	<7000	—
9	pH 值		7.5~11	—

采出水用于热采锅炉给水时，其水质指标如表 1 - 1 - 6 所示。

表1-1-6 进入热采锅炉软化装置水质表 mg/L

水质分析项目	进入化学沉淀软化装置允许值	进入离子交换软化装置允许值
含油量	≤10	≤2
悬浮固体含量		≤2
游离 CO_2 含量	≤10	≤10
总铁含量	≤0.5	≤0.05
SiO_2 含量		≤50

第二节 采出水处理技术现状

一、采出水处理常用方法

国内油田采出水的处理技术主要是针对采出水回注设计的。油田采出水处理的目的是去除水中的油、悬浮物以及其他有碍注水、易造成注水系统腐蚀的不利成分。由于各油田采出水的物理化学性质差异较大，要求的注水水质标准也不一样，因此，各油田采出水处理工艺流程也不尽相同。由于油井及油藏特性、采出液物性及油田区块分布等不同，加之环境保护对油田采出水处理的要求日益提高，但油田采出水处理及回注并非易事。归纳起来多采用三段处理工艺，即除油—混凝沉降（或气浮）—过滤。

要达到注水水质标准以及采出水综合排放标准各项严格的指标的要求，必须同时采取多种处理方法对油田采出水进行处理。目前油田采出水处理的常用方法可分为以下几类。

（一）去除水中悬浮的杂质

一般情况，悬浮杂质包括四类物质，即乳化油、浮油和分散油、悬浮固体以及胶体固体物。含油类是悬浮物中主要的物质，在去油的过程中可以去除悬浮固体以及胶体固体物。目前去除油污的常用方法有三种：（1）过滤。其目的主要是去除混凝后的悬浮固体以及破乳后的油物。（2）物理法除油。主要包括粗粒化除油、斜板除油以及立式除油罐除油，在物理法除油过程中还可以去除悬浮固体。（3）混凝除油。投加混凝剂，使胶体固体破乳，破除乳化油，同时去除胶体物质和乳化油。

（二）加入一定量的添加剂

在油田采出水处理中，为了达到净化水的各项指标要求，可以加入适量的杀菌剂、防垢剂以及缓蚀剂，防止细菌繁殖、水结垢以及腐蚀。

1. 物理法除油

物理法除油主要包括自然除油、斜板除油罐除油、气浮法除油（去除悬浮物）、旋流除油以及粗粒化（聚结）除油。根据油和水密度的不同，自然除油通过重力分离技术使油上浮，从而出现油水分离。自然除油忽略了油珠颗粒上浮中的絮凝以及进出配水口水流的不均匀性，其主要缺点有采出水停留时间长、容积大、操作流程不密闭、投资成本高。根据"浅池理论"，斜板（管）除油对自然除油进行了改进，在除油罐内沉降区加了波纹斜板，从而使除油效率提高。旋流除油是在液流对旋转速度进行调整时，利用水和油的密度差，使其受到不同离心力的作用，从而分离出油和水。粗粒化除油主要用于去除分散油，该方法使采出水流经填充物，油珠会变大，更易沉降。

2. 混凝处理

为了去除油田采出水中的乳化油、溶解油以及分散油，在采出水处理过程中，一般使用混凝沉降法，这种方法还可以同时去除泥质和粉质悬浮固体，主要原理是通过化学或者物理方法提高以上物质的分离速度，从而使其沉降。一般的混凝剂对水中胶体颗粒的混凝作用主要有三种，即网扫作用、电性中和以及吸附桥架。这三种作用的大小主要由混凝剂的种类、投放量以及胶体粒子的性质决定。然而现在运用越来越广泛的是无机高分子混凝剂和复合型混凝剂，其不仅在油田采出水处理时混凝净化的效果良好，而且通过添加一种药剂，可大大简化加药工序，减少投资成本。

3. 过滤

含油采出水的过滤处理是让采出水经过一个多孔且较厚的石英砂或者含有粒状物的过滤床，从而使杂质留在介质上或介质的孔隙里，进一步净化含油采出水。过滤过程主要包括吸附、絮凝、沉淀和截留几个步骤，主要是去除水中的胶体物质和悬浮物，此外，还能去除细菌、铁氧化物、油类以及放射性颗粒。

二、深度处理工艺

依据水源、来水水质以及注入层对水质的要求，可以确定油田注水水质的处理工艺。对于高渗透油层，一般需要采取多种常规采出水处理工艺；而对于中渗透油层与低渗透油层，一般需要在常规处理的基础上对含油采出水进行深度处理（也就是进行二级过滤或者三级过滤）。目前，对注入高渗透油层的采出水，大部分油田采用三段处理工艺，第一段处理工艺采用自然沉降除油，混凝沉降除油和悬浮物作为第二段处理工艺，第三段采用石英砂进行过滤。这种流程主要用于原水质较差的油田或区块，包括压力式、重力式、旋流式及浮选式采出水处理四种工艺。而对于中低渗透油层的注水水质要求较高，需要进行深度处理，大部分油田在常规处理后进行一次、二次过滤，其工艺过程依次为：含油采出水、常规处理工艺、粗过滤、精过滤。最常用的深度处理工艺主要包括浮选—过滤深度流程、多次双向过滤流程以及双滤料—滤芯过滤深度处理流程。

（一）压力式采出水处理工艺

这种工艺流程依次为：原水进缓冲罐、经提升泵增压、进入粗粒化罐除油、进入斜板沉降罐除机械杂质和乳化油、进入压力过滤罐除悬浮物。该工艺的主要优点是除油、过滤设备均为承压容器，易实现密闭隔氧，采出水的停留时间相对较短；而主要缺点是当原水中泥沙的含量较高时，会出现堵塞现象，以及适应水水量、水质变化能力会变弱。

（二）重力式采出水处理工艺

该流程的优点是在不需要动力泵的情况下，含油采出水可凭借重力差流动，沉降、过滤过程均为自流；缺点是占地面积大，采出水在站内的停留时间很长。

(三)膜生物反应器工艺

膜生物反应器(MBR)是将膜分离技术与废水生物处理技术组合而成的新工艺,该工艺是以膜分离技术替代传统二级生物处理工艺中的二沉池,具有处理效率高、出水水质稳定、占地面积小、剩余污泥量少、处置费用低、结构紧凑、易于自动控制和运行管理、出水可直接回用等特点。

膜生物反应器作为采出水再生回用的一项高新技术,国内对其开发与研究也越来越深入。虽然目前膜生物反应器在我国的实际应用还较少,然而在水资源日益紧缺的情况下,随着膜技术的发展、新型膜材料的开发以及膜材料成本的逐渐下降,膜生物反应器将会有较好的应用前景。

目前,膜生物反应器已在欧洲、北美、南非、日本等国家和地区工业化应用,用于处理城市采出水、楼宇生活采出水、粪便采出水、微污染水源水等。另外,对于膜生物反应器处理垃圾渗滤液等高浓度有机废水、造纸废水、制革废水、印染废水、焦化废水以及其他有毒工业废水已成为国内外研究的热点,并且均取得了良好的效果。

三、存在的问题、原因分析及对策

随着油田进入特高含水期,新的矛盾不断出现,新的难题需要解决,目前油田采出水处理技术仍然存在着一些不容忽视的矛盾和问题。

(1)腐蚀和结垢问题仍然是制约油田采出水系统正常生产的突出问题。虽然采取了积极的应对措施,如电化学预氧化技术、电磁防垢技术等,但是由于投资限制、后期配套管理、运行成本等诸多因素的影响,腐蚀和结垢问题依然严峻。

(2)沿流程水质二次污染问题表现突出。油田采出水虽然经过了采出水处理站、注水站的层层过滤处理,但是由于采出水中含有 Fe^{2+} 会逐渐被氧化形成胶体沉淀,使水质恶化。同时,由于注水管线缺少内防腐措施,运行时间长,采出水中含有的硫酸还原菌(SRB)在厌氧环境中会发生化学反应形成沉淀,对水质造成了二次污染。根据现场数据分析,从注水站出口到注水井井口,悬浮固体含量和含油量两项重要水质指标均有明显的上升趋势。

(3)运行成本高,特别是药剂用量大,药剂费用居高不下,与油田降本增效矛盾较大,影响到处理水质和系统保护,亟须开发高效、多效、低成本的水处理剂。

(4)混凝剂是油田采出水、钻井采出水等处理中重要的药剂,研制混凝能力强、能够快速破乳、沉降速度快、絮凝体体积小、在碱性和中性条件下同样有效的新型混凝剂,是水处理药剂开发者攻关的方向。近年来,研制和应用原料来源广的聚合铝、铁、硅等混凝剂成为热点,无机高分子混凝剂的品种已经逐步形成系列;而在有机方面,有机混凝剂复合配方的筛选和高聚物枝接是研究的重点。

生物处理技术被认为是未来最有前景的采出水处理技术,一直是水处理工作者研究的重点和难点。特别是近年来,基因工程技术的长足发展,以质粒育种菌和基因工程菌为代表的高效降解菌种的特性研究和工程应用是今后采出水生物处理技术的发展方向。

(5)膜分离技术用于油田采出水处理,目前尚处于工业性试验阶段,难以大规模工业应用的原因主要是膜的成本和膜污染问题。因此,今后的研究重点是开发质优价廉的新材料膜，寻找减少膜污染的方法，清洗方法的优化以及清洗剂的开发。

（6）膜生物反应器工艺，作为膜分离技术和生物处理技术的结合体，集中了两种技术的优点，已经在一些工业废水处理中应用，但目前未见其应用于油田采出水处理的报道。就其自身特点而言，膜生物反应器应用于油田采出水处理的趋势已经不可逆转。

第三节　采出水处理技术发展趋势

一、存在的问题及原因分析

目前油田回用采出水水质不达标普遍存在，有多方面的原因，包括工艺流程和处理药剂等方面的问题。

（一）除油流程

油田采出水处理工艺主要分为除油和除悬浮物两部分，除油方式分类主要有 4 种，包括重力流程、压力流程、气浮流程和旋流流程。其中重力流程是油田采出水处理的主要除油工艺，大部分采出水处理站通过重力流程处理后的一次除油罐出口原油质量浓度在 $100\text{mg} \cdot \text{L}^{-1}$ 以上，二次混凝沉降罐出口含油量高于 $15\text{mg} \cdot \text{L}^{-1}$，悬浮物质量浓度平均在 $30\text{mg} \cdot \text{L}^{-1}$ 以上。现有的改进措施主要是增加药剂质量浓度或改变药剂类型。但由于整个处理系统是密封状态，不便于操作，改进措施的效果有限，水质难以提高。因此，除油流程需要针对采出水特点进行改造。

（二）过滤器

过滤作为去除油和悬浮物的最后手段，起到对采出水中的油、悬浮颗粒、藻类、部分细菌的筛除、吸附、截留的作用，过滤工艺主要用于降低采出水中悬浮物质量浓度和粒径中值，从而使处理后的回注水水质进一步提高。过滤技术是保证注入水质达标的关键水处理技术之一，在近几年油田采出水综合治理过程中，大量使用了过滤器。油田目前使用的过滤器主要有重质滤料石英砂过滤器和轻质滤料核桃壳、改性纤维球，以及由无烟煤和石英砂搭配成的双滤料过滤器。其中石英砂过滤器抗油污染能力差，需要 3～6 个月更换一次滤料。核桃壳过滤器是目前最常用的过滤器，具有较好的亲油性能，截油能力强，但滤料有效期也仅为 8～10 个月。双滤料过滤器作为核桃壳过滤后的二级过滤工艺，滤料有效期为 12～18 个月。这些过滤器处理后的采出水最多只能达到 SY/T 5329—94 中水质推荐指标的 B 级水平。同时因除油预处理不过关，采出水含油过高，导致过滤器的使用寿命不长，因此，不能用于采出水的精细处理，过滤器的使用需要根据采出水指标要求进行选择。

（三）水质稳定性

油田采出水处理后在储存和输送过程中，普遍存在水质恶化的问题，其主要原因是采出水中的微生物生长繁殖，一方面细菌细胞的增加；另一方面是细菌引起的生物腐蚀，增加采出水中的悬浮物，导致采出水水质变差。一般处理方法是在砖水中投加杀菌剂，但效果不理想，因为微生物容易产生抗药性，微生物还会在流程设备内表面产生生物膜，药剂不能到达膜的内部，微生物照样生长，造成生物腐蚀，从而加快化学腐蚀，产生更多的腐蚀杂质，水质进一步恶化。

二、技术发展趋势

目前，其他工业采出水处理技术发展很快，许多成熟的技术已大规模应用，完全可以借鉴，并用于油田采出水处理。根据油田采出水特点和目前出现的普遍问题，油田采出水处理应该开展以下技术研究和试验。

（一）将目前密封的采出水处理系统开放，在工艺上将在罐中处理改为在池中处理

一般工业采出水处理通常是在开放状态下进行处理，这样便于操作和控制。而油田采出水目前的处理流程基本处于密封状态，各种处理工艺在密封条件下进行，这主要是因为油田采出水处理后回注到地下，以免空气中的氧进入水体，引起注水系统的腐蚀。多年来一直沿用密封处理工艺，采出水在一系列处理罐中进行处理，导致许多先进的工业采出水处理技术被油田拒之门外，当油田采出水处理过程中遇到问题时，一般只能通过增加或改变化学处理剂解决，而有些问题通过这种方法难以奏效。因此，开放油田采出水处理系统非常必要，这样各种采出水处理技术即可引入，采出水处理相关的问题解决会变得容易。在开放系统中采出水处理过程中虽然会溶入大量的氧，当采出水处理好后，可再通过除氧处理过程，除去采出水中的溶解氧。

（二）将物理法、化学法和生物法有机结合，发挥各种处理方法的特长和优势，提高采出水处理效率，降低采出水处理成本

如果油田采出水处理系统开放后，各种物理、化学和生物法均可使用，究竟使用哪种方法，如何将这种方法集成应用，有三个原则：一是保证采出水处理达标，二是尽量降低处理成本，三是选用成熟的水处理技术。物理法和生物法一般需要专门的设备，需要消耗动力；化学法要使用化学剂，从各自技术特点来看，物理法既可用于预处理，如气浮、沉淀工艺，也可用于精细处理，如精细过滤；化学法只能辅助物理法使用；生物法主要用于除油过程，其特点是可以彻底除油，一般用于精细处理，这是物理和化学法不能代替的，在炼化行业已广泛使用。将这些方法有机结合起来，基本可以处理任何油田采出水。

生物法处理应是采出水处理的首选工艺，因为该方法不仅具有彻底去油和成本低的特点，同时还因为经生物法处理的采出水有利于保持水质的稳定。生物法在开放处理系统通入空气，使采出水处于有氧状态，当有氧存在时，可大幅度抑制硫酸盐还原菌等厌氧菌的生长。同时，在处理过程中，微生物消耗采出水中大部分其所需的营养，当采出水处理好后，采出水中因没有微生物生长所需要的营养基础，在储存和输送过程中，有害的微生物不能继续生长，这样可在很大程度上减轻采出水的沿流程恶化。

（三）科学、合理地使用化学剂

目前，油田广泛使用各种化学剂处理采出水，常用的有破乳剂、混凝剂、杀菌剂、阻垢剂和防腐剂等。但在实际应用过程中，有两方面问题没有得到重视：一是各种化学剂与采出水之间的配伍性，二是各种化学剂之间的配伍性。由于油田采出水都具有一定的矿化

度和硬度，各种化学剂在使用时会在不同程度上受到采出水中的离子影响，不同区块的油田采出水矿化度及其组成离子存在差别，因此，在使用化学剂前，不仅关注其使用的质量浓度，更需要研究化学剂与采出水的配伍性。另外，现场处理采出水时一般使用多种化学剂，这些化学剂有的是先后加入，有的是同时加入，导致多种化学剂在采出水中同时存在、同起作用，但化学剂之间可能会发生化学反应、相互影响，最终影响了各自的作用效果，因此，针对不同的采出水，使用化学剂时要研究化学剂之间的配伍性，从而确定是分段加入还是同时加入。只有对水处理过程中所用的化学剂进行全面的配伍性分析，才能形成科学的药剂配方。

（四）根据不同的采出水性质，针对性地选用采出水处理工艺，尽可能减少化学剂的使用

油田采出水因来自不同区块和不同开发阶段，其性质有很大差别，主要表现在含油量、含油性质、矿化度和含其他化学物质等方面。同时，回注采出水的地层条件不同，对采出水水质要求也不一样，因此，在采出水处理工艺选择时要有针对性。

1. 中、高渗透油藏回注采出水的处理

中、高渗透油藏对回注采出水要求较低，一般需要处理到 SY/T 5329—94 中推荐指标的 C 级或 B 级水平。其主要是处理采出水中的原油，如有现有流程不能实现达标处理，完全可以引入空气气浮工艺除油，通过气浮工艺处理，一般可将采出水中的含油量降至 $20mg \cdot L^{-1}$ 以下，有的可以降至 $10mg \cdot L^{-1}$ 以下，如果必要可加入少量化学剂，以提高气浮效果。这样处理的采出水悬浮物含量也不会太高，一般可以满足回注要求，如果悬浮物超标，采取一级过滤即可。气浮工艺可大幅度回收原油，且便于控制。处理后的采出水还需要通过去氧和杀菌处理，可以应用负压去氧和紫外灯杀菌等成熟工艺，尽量不用化学法去氧杀菌。

2. 低渗透油藏回注采出水的处理

低渗透油藏对回注采出水要求较高，一般需要处理到 A 级水平，因此，需要精细处理，特别是要去掉采出水中的悬浮颗粒。成熟的精细过滤技术早已广泛使用，但油田采出水处理的精细过滤却遇到了问题，即采出水中的污油对过滤膜会很快造成永久性的伤害，使精细过滤设备不能正常进行，因此，采出水精细处理流程中必须有良好的预处理步骤，采出水中的含油必须彻底去除，即使采出水中的含油很低，在精细过滤时，原油也会在滤膜上慢慢积累，一段时间后会导致滤膜伤害。目前，生化法是彻底去除采出水中的原油的首选方法，生化法通过细菌降解，可将采出水中的原油彻底去除。但生化法降解原油也有限，采出水中含油量大于 $30mg \cdot L^{-1}$ 时，生化处理效果就会明显降低，因此，如果采出水的含油量较高时，在生化处理前应有预处理过程，如气浮去油，将采出水中的含油量降至 $30mg \cdot L^{-1}$ 以下或更低，再进行生化处理，最后可顺利通过精细过滤。这种集成工艺可将采出水处理至 A1 级水平，且成本较低。

在采出水处理过程中尽可能减少化学药剂的使用。这不仅是成本问题，因为油田采出水基本循环使用，化学剂的使用会使采出水变得越来越复杂，既不利于驱油，也不利于水的处理，同时还存在环保问题，因此，能使用其他方法尽量不使用化学方法。

（五）发展采出水精细处理技术，最大限度地使用采出水资源，减少清水使用量

目前，油田大部分采出水用于回注，但仍有采出水富余，需要外排或无效回灌，另外油田生产又使用大量的清水，这些清水主要用于配聚合物和热采锅炉，还有的用于低渗透油藏注水。如果将采出水处理好代替清水使用，这不仅具有经济效益，也会产生巨大的社会效益，因此，油田一定要发展采出水精细处理技术，最大限度地使用采出水资源，减少清水使用量。配聚合物和热采锅炉用水要求降低采出水的矿化度和硬度，离子交换、反渗透和钠滤技术目前相当成熟，并已规模化应用于海水淡化，可在油田采出水精细处理的基础上应用（去油去悬浮物后），处理后的采出水完全可以用于配聚合物和热采锅炉，以减轻油田富余采出水的处置压力。

据文献调研，采出水处理的新技术还包括以下几点。

1. 大孔聚合物萃取技术

大孔聚合物萃取（MPPE）是荷兰 AkzoNobel 公司开发的一种新的采出水处理技术，油田采出水先通过一个含大孔聚合物颗粒的处理罐，固定在大孔聚合物颗粒中的萃取液通过萃取作用将料液中的碳氢化合物提取，再通过蒸汽汽提，将挥发性的碳氢化合物带走，然后气相经冷凝分为水相和有机相，水相可返回萃取塔，而有机相经分离器分离可进一步回收，从而使油水分离。MPPE 萃取技术主要可以去除油田采出水中溶解的碳氢化合物。应用 MPPE 萃取工艺处理油田采出水之前，须采用水力旋流器或者其他浮选方法对采出水进行预处理，而处理气田采出水时，则不需要进行预处理。截至目前，国内还无 MPPE 技术相关的应用研究报道。

2. 吸附剂法

吸附剂由于"廉价、高效、无二次污染"而成为研究的热点，主要原理是利用吸附剂的亲油性及化学吸附性吸附废水中的污染物。吸附剂处理重金属废水、印染废水、化工废水和其他废水已有很多文献报道，很多已经成功地进行了工业应用。但在油田采出水处理中的应用还处于实验阶段，目前用于油田采出水处理研究的吸附剂主要分为碳质吸附剂、黏土类吸附剂以及利用废物制备的吸附剂。

3. 光电化学法

1）光催化法

油田含油采出水处理的关键是消除存在于油水界面膜的天然表面活性剂，从而使油滴可以发生重排、凝聚、析出。光催化法主要是利用光催化剂粒子进入并存在于油水界面层中，当有光照射时，发生光催化氧化反应，进而消除采出水中的污染物。光催化法虽然对含油采出水中的 COD 和油都有很好的处理效果，但对高含油量的采出水的处理效果则较差，随着采出水中初始含油量的不断增大，处理效果也会越来越差。

2）光电催化法

光电催化法的主要原理是基于光照以及外加电场的作用，使电极材料的能带结构被破坏，从而使价带上的电子跃迁至导带上产生空穴，光生空穴具有很强的氧化能力，可夺取水分子的电子生成氧化性极强的 OH 自由基，可以氧化降解采出水中有机污染物。

第二章 采出水处理先进技术及应用

第一节 采出水预处理技术

一、气浮法

(一)溶气气浮技术在油田采出水处理中的应用

1. 技术原理及工艺特点

气浮法处理采出水技术是在一定条件下,向采出水中通入气体,产生微细气泡,利用气泡吸附携带采出水中的油珠和悬浮状的物质上浮使其与采出水分离,以达到净化采出水的目的。

气浮法具有以下特点。

(1)溶气效率高。

气泡尺寸小至 $10\sim60\mu m$,浓度大、持续时间长,所以对污染物的捕捉和携带能力强,处理精度高,对去除采出水中的游离油和乳化油效果十分显著。

(2)去除率高。

对采出水中原油的去除率可达到80%~99%;悬浮物的去除率可达到40%~95%(加药)。

(3)适应性强。

调节方便、操作简单、无气浮死区和堵塞现象,运行稳定。

2. 实例应用

1)油田采出水水质

针对江苏某油田 SN 采出水处理系统的改造,旨在扩大该系统的采出水处理能力,完善工艺流程配套,改善出水水质,以期满足目前油田注水开发的需要。改造前的采出水处理能力为 $750m^3/d$,含油量为 $13.07mg/L$,悬浮物质量浓度为 $30.45mg/L$。设计改造采出水处理能力为 $2000m^3/d$,目前最高采出水产生量为 $1400m^3/d$,为设计处理能力的 70%(表2-1-1)。设计出水水质含油量为 $6.0mg/L$,悬浮物质量浓度为 $2.0mg/L$。

表2-1-1　SN 采出水处理能力与实际处理量对比　　　　　　m^3/d

项目	处理能力	实际最高采出水量	备注
改造前	750	850	系统超负荷运行
可研设计	2000		
目前	2000	1400	为设计能力的70%

2）工艺流程

江苏某油田 SN 采出水处理系统改造项目于 2007 年 6 月 15 日开工，2008 年 3 月 10 日竣工，改造后系统采出水处理能力为 2000m³/d。除油段和过滤段采出水处理流程：除油段采用气浮工艺，过滤段采用双滤料过滤＋双室精细过滤工艺。SN 采出水处理的工艺流程如图 2－1－1 所示。

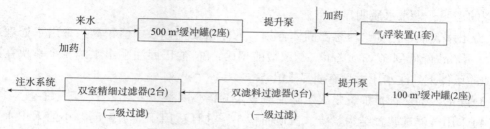

图 2－1－1　SN 采出水处理工艺流程

3）应用效果分析

（1）处理水量。

SN 采出水处理系统来水包括采出水和站内采出水两部分，采出水处理能力为 2000m³/d。除油段采用气浮工艺，过滤段采用双滤料过滤＋双室精细过滤工艺。

采出水：2009 年 7 月 1～10 日，SN 油田采出水量为 1200～1400m³/d，处理后实施有效注水。

站内采出水：站内各构筑物的放空水、溢流水排入站内原有 200m³ 采出水池。缓冲罐助排系统出水、过滤器反洗水、气浮装置排污均排入新建 150m³ 污泥浓缩池。200m³ 采出水池和 150m³ 污泥浓缩池的采出水利用泵提升至采出水预处理系统简单处理，然后回灌地层，采出水量为 180m³/d。

根据可研预测，2009 年 SN 油田平均采出水量为 1347m³/d。目前最高采出水处理量与可研预测值相差很小，变化率为 3.94%，可研预测值可信度较高，按可研预测的采出水量递增速度，现有的 SN 采出水处理能力可满足油田采出水处理的需要。

（2）药剂投加情况。

SN 采出水处理系统在三相分离器出口投加絮凝剂和阻垢剂，加药方式均为连续投加，在注水罐进口投加缓蚀剂和杀菌剂，药剂投加方案详情如表 2－1－2 所示。

表 2－1－2　SN 采出水处理药剂投加方案

药剂名称	药剂型号	加药方式	加药质量浓度	加药点
絮凝剂	JH－807	连续投加	60mg·L⁻¹	三相分离器出口
阻垢剂	FA505	连续投加	20mg·L⁻¹	
浮选剂	待定	待定	待定	气浮装置进口
缓蚀剂	JS－303	连续投加	60mg·L⁻¹	注水罐进口
杀菌剂	氧化型杀菌剂和阳离子表面活性剂类杀菌剂	8h·d⁻¹	100mg·L⁻¹	注水罐进口

2009 年 7 月 1 ~ 10 日，絮凝剂和阻垢剂的投加情况如表 2 - 1 - 2 所示，阻垢剂投加量比较稳定，为 20 ~ 24mg/L，平均为 22mg/L；絮凝剂投加量波动较大，为 51 ~ 121mg/L，平均为 63mg/L。

3. 处理效果及总结

(1)改造后 SN 采出水处理系统能力由 750m³/d 扩大到 2000m³/d，适应 SN 油田采出水处理的需要，出水水质明显改善。

(2)出水含油量达标，但悬浮固体含量、悬浮物颗粒直径中值较高；采出水处理成本由 4.72 元/m³ 降低到 3.13 元/m³。与改造前相比，SN 油田回注采出水的 3 个断块在注水量增加的条件下，注水压力没有明显上升。

(3)除油段的药剂投加量是决定除油段效果的核心因素。

(4)采用气浮选装置结构紧凑、占地面积小，并且适用于油水密度差小的采出水和乳化程度高的采出水处理。

(5)浮选处理工艺在 SN 采出水处理系统的应用为高乳化含油采出水处理提供了可借鉴的经验。大量污油在气浮选工段被去除，除油效率可达 90% 以上，回收的污油质量高，减少大量的污油随同污泥一起排出，而且延长过滤罐滤料的使用周期及减轻过滤罐的生产负荷。

(二)斜板溶气气浮选分离法在油田采出水处理中的应用

1. 工艺原理及技术参数

斜板溶气气浮装置主要由管式反应器、溶气浮选机、溶气系统、排泥系统组成。采出水通过管式反应器先后投加无机与有机絮凝剂后进入溶气浮选机，采出水中悬浮物及污油与絮凝剂、溶气水充分混合，絮体附着在小气泡上，通过气浮的斜板与水分离后，上浮到浮选机的表面，被自动刮渣机刮走，浮选机底部沉淀物由排污阀排走，出水溢流出浮选机。工艺简图如图 2 - 1 - 2 所示。

斜板溶气气浮装置的技术参数：进水压力为 0.1 ~ 0.4MPa；溶气水回流比为 15% ~ 20%；溶气量为 5.5L/min；溶气泵压力为 0.5 ~ 0.6MPa。

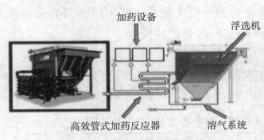

图 2 - 1 - 2　斜板溶气气浮工艺简图

2. 实例应用

1)水质情况

宁海采出水站采出水一方面受少量的含聚采出水的影响，采出水黏度增大，难以处理；另一方面受稠油热采过程中，原油中的硫组分在高温下断链的影响，导致采出液中含一定量的硫，硫与生产系统中因腐蚀而产生的亚铁离子结合，生成微小的黑色硫化亚铁颗粒，导致宁海站的水质混浊，水质更加复杂，更加难以处理，各项水质指标符合率低于标准的 70%。

2)处理过程

油田开采中产生的采出水通过管道进入除油罐中，此时在溶气罐内通入已经分离出氮气的空气,并给容器管内不断加压使之产生大量的微细气泡,然后将微细气泡通入含油采出水的除油罐中,气泡附着在采出水中悬浮的乳化原油表面,并在上浮的过程中还能够吸附采出水中其他的悬浮颗粒以及杂质,此时在除油罐中加入的一些絮凝剂能够在采出水表面形成一层悬浮絮体,加大油、水的密度差,使固体颗粒以及悬浮的油珠随微细气泡一起上浮,再加上斜板形成的浅池能够更好地实现污油、悬浮物与水的分离,使油田采出水的处理更彻底。

3)处理效果

经过斜板溶气气浮选分离法处理后的采出水由排水管道引出,观察发现排水口流出的水质明显变得清澈,经过化验排出的水中悬浮的乳化原油去除率高达100%,悬浮颗粒的去除率提高到80%以上,并且还具有一定的除菌作用,具体化验的结果如表2-1-3所示。

表2-1-3 斜板溶气气浮净化效果表

宁海采出水站		含油量/(mg·L⁻¹)	悬浮物含量/(mg·L⁻¹)	细菌含量/(个·mL⁻¹)
来水		480.9	130.4	2500
气浮选	处理后	0.8	12.7	600
	去除率	99.8%	90.3%	76%
外输水质		0	8.4	250
C3 标准		30	10	25

二、旋流分离法

(一)分离机理

具有一定压力的含油采出水通过轴向入口进入旋流器,产生高速旋转,稠油采出水进入锥段后,随着流道截面的缩小,混合液的旋转速度加快,产生了几倍乃至几千倍重力加速度的离心加速度,由于油水混合物中油和水的密度差,导致两相液体获得的离心力不同,密度大的连续相离心力大,沿径向向外运动,到达锥体器壁向下运动,并由底流口排出;而密度小的分散相向压力较低的轴心处移动,并在轴线中心向上运动,然后由溢流口流出,实现两相分离。

(二)处理技术

通过对凤城超稠油采出液分离、分析方法和超稠油乳液的四组分稳定机理的研究,开发出新型高效破乳剂,对原油、采出水处理使用的正反向破乳剂进行优选,用量降低50%以上,实现了旋流除油、溢流污油直接回掺,原油处理脱水合格,节约了污油外运处理成本。基于反相破乳技术和旋流分离技术,成功开发了旋流分离+化学反应分离相结合的组合式超稠油采出水除油技术,除油效率大于80%(表2-1-4)。旋流器中流体离心加速度平均为1700倍重力加速度,与重力沉降相比,旋流加速了水颗粒之间的碰撞和聚并,提高了除油效率,产生污油量仅是常规处理工艺的10%。

表2－1－4　旋流技术与大罐热化学沉降处理对比

工艺对比	来水量/m³	采出水含油量/(mg·L⁻¹)	加药质量浓度/(mg·L⁻¹)	反应时间	除油率/%
大罐沉降	10000	8000	80	12h	97
旋流除油	10000	8000	40	2~3s	90

（三）现场试验

经过现场试验，考察了10m³/d和1000m³/d两个试验装置的结构参数、操作参数、破乳剂的适应性，最终建成5000m³/d和14000m³/d工业化生产装置。

1. 10m³/h 小型旋流除油工艺试验

试验数据（表2－1－5）表明，旋流除油效率达到92%。考察不同掺入比例下的破乳效果与纯管汇破乳效果及最终脱水率变化趋势保持一致，根据来液量及旋流出油溢流量的计算，掺入比为20：100时，其液量与系统回掺的过程基本相似，由于试验过程中掺入比对油品的净化处理基本无影响，因此，该旋流出油回掺系统可以满足原油净化的要求。

表2－1－5　旋流分离参数记录

参数	数值	参数	数值
入口流量/(m³·h⁻¹)	6.0	水出口含油量/(mg·L⁻¹)	1268
一级底流/(m³·h⁻¹)	5.0	分离效率/%	92
二级底流/(m³·h⁻¹)	4.8	油出口含油量/(mg·L⁻¹)	72176
分流比/%	20	破乳剂质量浓度/(mg·L⁻¹)	25
入口含油量/(mg·L⁻¹)	15651		

2. 1000m³/d 旋流除油装置试验

两级串联分离除油效果可达90%以上（破乳剂质量浓度不小于42.7mg/L），旋流溢流率控制在15%左右，油水分离效果明显，在48mg/L反相破乳剂条件下，出水效果良好，采出水含油量小于1000mg/L（表2－1－6）。试验数据显示：随着反相破乳剂药量增加，旋流出油脱水难度增加。但反相破乳剂药量小于43mg/L时，旋流出油在24h内仍可达到交油指标。

表2－1－6　不同破乳剂质量浓度条件下两级串联旋流分离试验数据

破乳剂质量浓度/(mg·L⁻¹)	入口流量/(m³·h⁻¹)	一级溢流率/%	总溢流率/%	入口压力/MPa	压降/MPa	入口含油量/(mg·L⁻¹)	旋流含油量/(mg·L⁻¹)	除油率/%
10.6	48.35	9.9	14.8	0.71	0.58	13966	3741	73.2
17.9	48.35	9.9	14.8	0.71	0.58	13966	3202	77.1
28.3	48.35	9.9	14.8	0.71	0.58	13966	1832	86.9
42.7	48.35	9.9	14.8	0.71	0.58	13966	843	94.0
48.9	48.35	9.9	14.8	0.71	0.58	13966	789	94.4

3. 5000m³/d 旋流除油装置试验

在来水流量为108m³/h 时，两级串联溢流比为19%，反相破乳剂质量浓度为60mg/L，除油率可达96%；在来水流量为138m³/h 时，两级串联溢流比为19%，反相破乳剂质量浓度为40mg/L，除油率可达96%，底流出水含油均在500mg/L 以下（表2 - 1 - 7）。旋流除油进原油管汇后，沉降罐含水指标均未出现大的波动，含水指标稳定。

表2 - 1 - 7 同溢流比不同入口流量、反向破乳剂质量浓度条件下旋流除油效率（两级串联）

旋流入口流量/ (m³·h⁻¹)	反向破乳剂质量浓度/ (mg·L⁻¹)	溢流比/ %	旋流出水含油量/ (mg·L⁻¹)	两级压降/ MPa	除油效率/ %
108	20	19	4775	0.30	56.0
	40	19	1645	0.30	85.0
	60	19	455	0.27	96.0
138	20	19	510	0.47	89.0
	40	19	475	0.46	96.0
	60	19	1070	0.45	96.3

4. 14000m³/d 工业化旋流除油装置试验

14000m³/d 旋流除油装置投产之后，旋流出口采出水含油量明显低于进口，除油效率能保持在80%以上，并且在旋流进口采出水含油量出现较大范围波动的情况下，出口水质基本都能维持在平稳的状态，显示出了旋流除油装置较好的除油效果。旋流除油装置投产后，原油缓冲罐提升含水略有上升，但基本保持在8%以下，未对原油沉降处理系统造成不利影响，不会影响其平稳运行。

由上述现场试验可以得出以下结论。

(1)旋流器是利用流体的压力推动流体的旋转从而产生加速场或超重力场，离心加速度为几百倍至几千倍的重力加速度，与常规的重力沉降脱水相比而言，混合液受到外部加速场和内部加速场的共同作用（重力和离心力），另外来自流体施加在液体颗粒上的拖曳力加速了水颗粒之间的碰撞和聚并，提高了原油的脱水速度。

(2)旋流除油分离技术提高了采出水处理系统的安全平稳性，实现了降低采出水含油、减少污油产生量，分离出污油能全部回掺系统正常处理的目标。

(3)采出水旋流除油技术除油率达80%，提高了采出水处理效率，降低了后续系统的药剂用量，是一种高效稠油采出水除油技术，开辟了稠油采出水分离的新途径，提高了超稠油开采的经济效益。

(4)旋流分离系统自动化程度高，安全可靠。工艺流程密闭无二次污染，实现了清洁、环保生产。

三、混凝沉淀法

(一)基本原理

混凝沉降处理技术即向废水中投加混凝剂，在适当的条件下形成絮体和水相的非均相混合，利用重力的作用时间使絮体和水相分离，从而达到去除水中污染物的目的。

（二）混凝剂

1. 无机混凝剂

无机混凝剂应用较早，按照其所含阳离子种类可分为铝盐系列和铁盐系列。铝盐系列絮凝剂的特点是形成的絮体大，但絮体松散易碎，沉降速度较慢；铁盐系列絮凝剂的特点是形成的絮体密实，沉降速度较快，但絮体体积小，卷扫作用较差。

铝盐絮凝剂中，$Al_2(SO_4)_3$、$AlCl_3$ 等是应用最为广泛的无机絮凝剂。但由于水解反应迅速，传统铝盐絮凝剂在水解絮凝过程中并未能完全形成具有优势絮凝效果的形态，因此，开发了众多铝盐无极高分子絮凝剂，如聚合氯化铝（Polyaluminum Chloride，简称PAC）。

2. 有机高分子絮凝剂

有机高分子絮凝剂应用历史悠久、效果明显，分为天然和人工合成两大类。常用的有机高分子絮凝剂有聚丙烯酰胺系列高分子化合物，如非离子型聚丙烯酰胺、弱阴离子型聚丙烯酰胺、阳离子型聚丙烯酰胺。

（三）技术特点

混凝沉降法处理气田废水具有处理设备及工艺流程简单、设备操作容易（可间歇或连续操作）、适应性强、可去除采出水中乳化油和溶解油，还能去除部分难生化降解的复杂高分子有机物、处理成本较低等优点。

（四）实例应用

1. 原水水质

选自陕北某气田废水，由于各气井采气工艺（采用泡沫、未采用泡沫）、所在地区、采气地层等不同，各气站废水水质变化幅度也较大。陕北某两个采气站废水的水质和某气田废水处理站的混合水水质如表2-1-8所示。

表2-1-8　气田废水水质　　　　　　　　　　　　　　　　　mg/L

水样	检测项目				
	COD 含量	石油类含量	SS 含量	总盐含量	硫化物含量
1#废水	6133	330	724	32140	22
2#废水	4308	95	123	12270	24
混合样	2162	214	620	8465	17

2. 水质检测方法

色度：稀释倍书法；COD：重铬酸钾法；盐、悬浮物、石油类：重量法；挥发酚：4-氨基安替吡啉萃取分光光度法；硫化物：碘量。

3. 混凝剂选用

PFS 由于絮凝能力强、沉降快、能避免二次污染，在工业中被广泛应用。而无机絮凝剂和有机絮凝剂的复配能充分发挥无机絮凝剂的电中和和有机絮凝剂的高分子架桥作用，提高絮凝效果，减少絮凝剂的使用量。因此，该采出水处理站采用的是三种复配絮凝剂 PFS + PAM、PFS + PHAM、PFS + PAC + PHAM 对 1#废水进行混凝评价试验。絮凝剂评价试验依据《絮凝剂评定方法》（SY/T 5796—1993）进行。取水样 1000mL 置于 2000mL 烧杯中，加入絮凝剂，在 120r/min 转速下搅拌 2min，在 30～50r/min 下搅拌 10min，静置30min，取上清液做相应的水质项目测定。

在最佳质量浓度配比下，其中 PFS + PAC + PHAC 复配剂的处理效果最好，各项指标均优于其他两种絮凝剂，如表 2 - 1 - 9 所示。

表 2 - 1 - 9　最佳投加量下各混凝剂对废水的处理效果

絮凝剂	检测项目				
	COD 去除率/%	石油类去除率/%	SS 去除率/%	色度去除率/%	沉降时间/min
PFS + PAM	61	78	74	88	13
PFS + PHAM	66	77	77	89	8
PFS + PAC + PHAM	73	81	86	95	6

这种复配絮凝剂改善了 PFS 在絮凝沉淀中存在的色度大的缺点，色度去除率为95%，且目测混凝沉淀后的废水出水，明显比添加前两种混凝剂的出水中的微小混凝絮体的含量少。由于该处理系统要求小型化，所以絮凝沉降时间应尽可能短。最佳质量浓度下三种复配剂比较，PAS + PAC + PAHM 所需絮凝沉降仅需 6min 便能达到较好的沉降效果。

针对 1#废水，这种絮凝剂的最佳质量浓度配比是 PFS 为 850mg/L，PAC 为 100mg/L，PHAM 为 4mg/L。由于气田废水水质变动较大，在处理不同井口废水时应根据实际情况选定最佳投放剂量。

四、高效旋流气浮一体化处理技术

（一）基本原理

高效旋流气浮一体化处理技术主要以弱离心力旋流和微细气泡气浮两个单元技术为基础。高效旋流气浮一体化设备采用立式压力容器结构，采出水经过气液混合泵加压溶气后，切向进入由设备外壁和中心内筒构成的环形间隙内，在螺旋导片的作用下产生一定强度的旋流；同时溶于采出水中的气体以微气泡形式释放，完成初次气浮旋流处理过程。底部出水部分回流，经另一台气液混合泵加压溶气后，由位于容器下部的均匀布水器释放大量微细气泡，初步净化后的采出水自上而下流动完成二次气浮过程。油从顶部排油口排出，气体则通过循环管路回用或由放空阀排出。

（二）室内实验情况

1. 正交实验方案设计

确定影响高效旋流气浮一体化设备分离性能的因素主要有 6 个，即入水注气比、回流

水注气比、回流比、分流比、含油量、处理量，根据以上变量列出相对应的因素水平表，并按所设计的正交实验表进行 25 组实验(以除油效率作为输出量)。由实验可知，影响因素由主到次依次为：处理量、回流注气比、含油量、入水注气比、分流比、回流比。

2. 单一变量对设备分离性能影响的实验

1)处理量对设备分离性能的影响

在上述最优操作参数下向设备内通入配制含油采出水，并改变处理量，测其吸光度值并记录。由实验结果可知，最佳操作参数中处理量为 $4m^3/h$。

2)回流注气比对设备分离性能的影响

当回流注气比从 0.05 增至 0.1 时，除油效率较为稳定，但当回流注气比从 0.1 继续增至 0.15 时，除油效率急剧下降。确定回流注气比为 0.1。

3)含油量对设备分离性能的影响

在一定范围内，随着含油量的增大，除油效率先增大，然后保持相对稳定，最佳操作参数中含油量为 500mg/L。

4)入水注气比对设备分离性能的影响

并非单向增大入水注气比就能提高除油效率，相反，在一定范围内，处理效率先随着入水注气比的增大而减小，随后保持相对稳定。

5)分流比对分离性能的影响

改变分流比，除油效率未见明显波动。确定最佳操作参数中分流比为 0.08。

6)回流比对 CFU 分离性能的影响

在一定范围内，随着回流比的增大，除油效率首先逐渐增大，然后逐渐减小。在该实验条件下，回流比为 0.2 时除油效率达到最大值(27%左右)。

(三)现场应用

1. 试验流程

将高效旋流气浮采出水处理设备安装在来水管线上，从来水阀组安装试验旁通，来水水质为原水水质，未投加处理药剂。试验气源为氮气，氮气采用氮气瓶供给。试验工艺流程如图 2-1-3 所示。

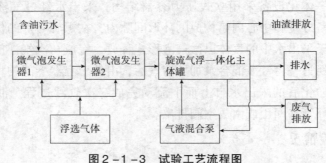

图 2-1-3　试验工艺流程图

2. 试验方案

1）正交试验

用正交试验的方法在现场试验中选取一系列合理的变量，通过对正交试验结果的分析选取最优参数。现场正交试验因素及试验数据如表2-1-10所示。

表2-1-10 现场正交试验因素及试验数据

序号	气泡发生器注气压差/MPa	试验因素及水平			试验因素及取值		
		分流比	回流比	回流注气比	分流流量/(m³·h⁻¹)	回流流量/(m³·h⁻¹)	回流注气量/(L·h⁻¹)
1	0.025	0.05	0.1	0.025	0.1	0.2	5
2	0.05	0.05	0.2	0.05	0.1	0.4	20
3	0.075	0.05	0.3	0.075	0.1	0.6	45
4	0.1	0.05	0.4	0.1	0.1	0.8	80
5	0.05	0.1	0.1	0.075	0.2	0.2	10
6	0.025	0.1	0.2	0.1	0.2	0.4	10
7	0.1	0.1	0.3	0.025	0.2	0.6	60
8	0.075	0.1	0.4	0.05	0.2	0.8	60
9	0.075	0.15	0.1	0.1	0.3	0.2	15
10	0.1	0.15	0.2	0.075	0.3	0.4	40
11	0.025	0.15	0.3	0.05	0.3	0.6	15
12	0.05	0.15	0.4	0.025	0.3	0.8	40
13	0.1	0.2	0.1	0.05	0.4	0.2	60
14	0.075	0.2	0.2	0.025	0.4	0.4	45

2）单一变量对除油性能的影响试验

单一变量的具体变化情况如表2-1-11所示。

表2-1-11 单一变量变化水平

单一变量	分流比	注气压差/MPa	加药质量浓度/(mg·L⁻¹)	回流比
变化值	0.05	0.05	0	0.1
	0.1	0.2	10	0.2
	0.15	0.4	20	0.3
	0.2	0.5	30	0.4

3. 试验成果

1）正交试验筛选最优参数

在未添加任何水处理药剂的情况下对采出水进行处理，对每组数据取三次样后再取平均值，结果如图2-1-4所示。正交试验的结果表明，在分流比为0.05、回流比为0.2、气泡发生器注气压差为 0.05MPa、回流注气比为 0.05 的条件下除油效率最高。

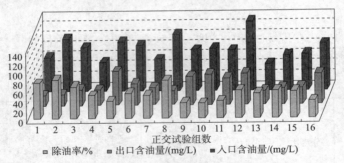

图 2-1-4 正交试验除油效果图

2）明确最佳加药质量浓度

在最优参数下，通过添加不同浓度的聚合氯化铝（PAC）后除油效率得到了明显提升。除油效率最高可达 93.8%，从除油效果及经济用量的角度考虑，加药质量浓度为 20mg/L 左右较为适宜。

4. 试验结论

1）设备除油效率及精度

除油效率≥90%，出水含油量≤15mg/L，根据进水、出水水质分析报告，设备可有效去除分散油和部分乳化油。

2）设备占地面积比较

设备体积不到常规设备的 1/2，有效停留时间不到常规气浮设备的 1/10，离心力不到常规旋流分离装置 1/10，减小占地面积 50% 以上。

3）运行费用比较

采用二次气浮，并循环利用产生气泡，可不投加或少投加化学药剂，减少污泥产出 50% 以上，运行费用节约 30% 以上。

五、电化学预氧化处理技术

（一）基本原理

电化学氧化的基本原理是污染物直接在电极上发生电化学反应或利用电极表面产生的强氧化性活性物质使污染物发生氧化还原反应，后者为间接电化学转化。阳极材料对电化学处理的影响很大。需要指出的是，由于电化学过程（直接或间接）往往与完全的化学过程同时进行，使许多有机物的降解反应机理及过程研究趋于复杂化。

（二）处理技术

电化学法充分利用油田采出水本身富含大量 NaCl 等可溶性无机盐的特点，通过电化学设备在水中发生电化学反应，充分利用电化学反应所产生的强氧化性物质（无须加入任何药剂），彻底杀灭水中细菌，并在 pH 值较低的条件下将二价铁离子氧化成具有絮凝作用的三价铁离子，将水中的 H_2S、FeS 等硫化物氧化成单质硫，在絮凝剂的共同作用下，打破采出水中存在的 CO_2—HCO_3^-—CO_3^{2-} 弱酸弱碱缓冲体系和胶体平衡，将地面条件下容易产生腐蚀、结垢的成分，如 H_2S、CO_2 等，在采出水处理过程中分离去除，从而使水质得以净化，实现杀灭细菌、控制腐蚀、抑制结垢和水质稳定达标的目的。

（三）实例应用

1. 原水水质

胜利油田现河采油厂郝现联采出水站于 1987 年建成投产，改造后处理规模为 $2.0 \times 10^4 m^3/d$，设计水质为 B2 级，随着开发对象逐渐由中高渗透油层向中低渗透油层转移，水质已不能满足注水要求，导致现河庄油田出现了欠注油层逐年增多、地层能量呈下降趋势、后期堵塞严重、增注有效期短等问题，严重制约了油藏的精细开发。2010 年 6～12 月，郝现联采出水站滤后水质指标监测结果如表 2–1–12 所示。

表 2–1–12　郝现联采出水站外输水水质监测结果

取样点	郝现联外输	河三注水站	河135注水站				
		外输	储水罐进口	储水罐出口	金属膜过滤出口	配水间进口	注水井井口
悬浮物质量浓度/$(mg \cdot L^{-1})$	8.2	23.5	37	38	1.8	16	23
含油量/$(mg \cdot L^{-1})$	10.4	7.6	10.5	10.4	2.3	2.5	2.5
腐蚀速率/$(min \cdot a^{-1})$	0.0602	0.145	0.122	0.241	0.273	0.356	0.3845
总铁质量浓度/$(mg \cdot L^{-1})$	11.2	15	15.8	15.8	9.8	27.6	29.5
游离 CO_2 质量浓度/$(mg \cdot L^{-1})$	85.49	69	87.81	86.64	86.5	72.4	73.12
溶解氧质量浓度/$(mg \cdot L^{-1})$	0.03	0.05	0.05	0.05	0.08	1.8	1.8
SRB/$(个 \cdot mL^{-1})$	25	60	250	250	300	600	600

从表 2–1–12 可以看出，原郝现联采出水站滤后水中的悬浮物、原油质量浓度和细菌含量基本达标。但处理后的水质不稳定，沿流程水质明显恶化，增强了采出水的腐蚀性，悬浮物含量不断增加。

2. 工艺流程

油站来水进入两座并联的 $2000m^3$ 一次收油罐后，采用电化学预氧化设备对其进行处理，然后进入新建的两座 $100m^3$ 的混合反应器，并将配套的采出水处理混凝药剂加入混合反应器前的采出水中，而后进入两座 $1600m^3$ 二次收油罐絮凝沉降。经过沉降分离后的采出水先进到两座 $500m^3$ 缓冲罐，再经增压泵增压过滤，滤后水外输。改造后的采出水处理工艺流程如图 2–1–5 所示。

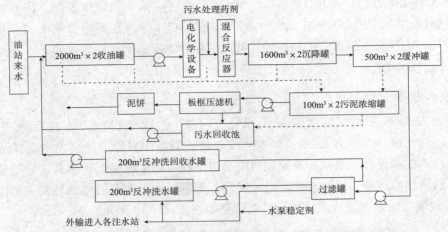

图2-1-5 郝现联采出水站改造后采出水处理工艺流程图

3. 应用效果

采用电化学采出水处理设备对郝现联采出水站的来水进行预氧化处理，控制合适的参数条件，应用优选出的混凝剂反复对其进行混凝处理试验调试，处理后的各项水质指标均达到注水标准要求，水质检测结果如表2-1-13所示。

表2-1-13 与氧化处理后的外输及沿流程水质情况

取样点	郝现联外输	河三注水站		河135注水站				
		外输	储水罐进口	储水罐出口	金属膜过滤出口	配水间进口	注水井井口
悬浮物质量浓度/$(mg \cdot L^{-1})$	2.2	3.5	4	4.5	2	2.2	2.8
含油量/$(mg \cdot L^{-1})$	3	3	3	2.2	1	1	1
腐蚀速率/$(min \cdot a^{-1})$	0.031	0.042	0.033	0.032	0.022	0.02	0.035
总铁质量浓度/$(mg \cdot L^{-1})$	7	8.2	7.5	7.5	6.8	7.2	8.7
溶解氧质量浓度/$(mg \cdot L^{-1})$	0	0.03	0	0	0	0.02	0.02
SRB/$(个 \cdot mL^{-1})$	2.5	0	2.5	2.5	0	0	2.5

通过对比表明，采用电化学与化学混凝综合治理技术治理现河庄油田采出水，有效去除了 CO_2、H_2S、溶解氧及 SRB 菌，使水体的腐蚀性大大降低。电化学除 Fe^{2+} 后，确保了沿流程水质的稳定。

（四）含聚丙烯酰胺类油田采出水的电化学预氧化处理

1. 电流强度与聚合物去除率的关系

随着电流强度的增加，聚合物去除率逐渐降低。一方面，这是由于电极面积固定，随着电流强度增大，电极的极化作用增大，导致电极上发生副反应，电流效率降低；另一方面，随着电流强度的增大，电子转移增多，水样中积累的 Fe^{2+} 增多，由于过氧化氢加入量一定，导致过量的 Fe^{2+} 积累，过量的 Fe^{2+} 消耗羟基自由基，降低羟基自由基浓度，因而降低了反应体系的氧化效率。

2. 电解时间与聚合物去除率的关系

电解时间超过一定值后，采出水中的聚合物去除率变化很小，这是由于反应初期 H_2O_2 浓度大，且电解初期水中的 Fe^{2+} 含量较低，随着反应进行，Fe^{2+} 浓度不断增加，由 Fe^{2+} 催化产生的羟基自由基含量也不断增加，因此，在反应前期聚合物去除率和 COD 均变化明显，随着反应进行，采出水中 Fe^{2+} 增加导致副反应增多，加入的过氧化氢大量消耗使水样中 ·OH 浓度下降，反应后期表现为聚合物降解率没有明显变化。

第二节 采出水二级处理技术

一、活性污泥法

硝基苯、苯胺废水的处理方法主要有 $UV-O_3$ 氧化法、Fenton 氧化法、UV-Fenton 法等。由于硝基苯性质十分稳定，不能完全氧化，物理化学法主要有树脂吸附法、萃取法、活性炭吸附法等，这些处理方法成本均较高，直接应用于工程较困难。由于硝基苯的毒性较大，直接生化法效果较差。笔者利用铁碳微电解将硝基苯还原成苯胺，然后再进行生化处理，从而提高生化处理效果。

(一)实验方法

1. 实验仪器

上海精密科学仪器有限公司生产的 721 型紫外可见分光光度计，用 2.0cm 比色皿在 545nm 下测定吸光度；其他实验仪器还有水浴恒温槽，氧气泵，1000mL 量筒，25mL 比色管，1000mL、500mL、100mL 和 50mL 的容量瓶，移液管，pH 值计，COD 消解微波炉。

2. 实验方法

在 2 个 1000mL 的量筒内分别装入活性污泥、含苯胺废水及自来水各 300mL，用鼓风机进行曝气，由微孔曝气头保持曝气量的均匀、稳定。将反应器置于恒温水浴槽中加热，保持反应温度的稳定，定时停止曝气 0.5h，静置读出污泥沉降比，进行污泥镜检，并用一定量的苯胺废水替换上层清液，以增大反应器中苯胺浓度。测定上清液的溶解氧及苯胺的吸光度和 COD，并有计划地提高替换液的苯胺浓度，使污泥逐渐适应苯胺废水环境。

驯化过程中水浴恒温槽内的水温控制为 25℃±1℃，溶解氧质量浓度控制在 3.0mg/L 以上，换水时间间隔为 24h，换水量为 100mL。在污泥驯化成功的基础上进行生化法处理苯胺废水研究，考察活性污泥对苯胺的承受限度和降解能力。

(二)结果与讨论

1. 苯胺废水生物降解

1)污泥对废水的初步适应和驯化

向 2 个 1000mL 量筒(1#、2#)中分别加入活性污泥、苯胺废水和自来水各 30mL，将量筒放入水浴中加热，使其恒温在 25℃ ±1℃ 并用鼓风机曝气。每 24h 换水 1 次，每次换水 10mL，观察各指标的变化及细菌生长情况。

（1）污泥适应过程中 COD 随时间的变化。

根据实验方案，每天在停泵 30min 后取上层清液和少量泥液测 COD 和镜检，污泥适应过程中 COD 随时间的变化如图 2 - 2 - 1 所示。

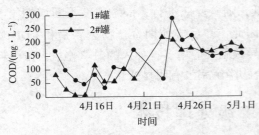

图 2 - 2 - 1 污泥适应过程中
COD 随时间的变化

由图 2 - 2 - 1 可以看出，污泥在前 4d 对废水有一定的处理效果，出水 COD 逐渐降低。在其后的 8d 内细菌处于对苯胺废水的适应过程中，出水 COD 波动较大。第 12d 出水 COD 趋于稳定，表明污泥已经较好地适应了苯胺废水。通过镜检观察到前 3d 细菌数量稳定，没有太大波动，并且出现了较多的原生动物休眠体，说明细菌处于对苯胺废水的适应阶段。随后的 4d 内细菌数量增多且出现滴虫，并在其后的 4d 中出现了原生动物，其中较多的是草履虫。第 12d 到第 14d 出现钟虫，并在随后的 4d 中观察到后生动物，且出水 COD 趋于稳定。

根据生物的变化可以看出，稠油厂的污泥能适应苯胺废水，从开始曝气细菌便处于稳定增多的状态，并且由滴虫、钟虫和后生动物等先后出现可以判断，废水对污泥中的生物没有毒性，污泥已经驯化成熟。

（2）pH 值随时间的变化。

根据实验方案，每天在停泵 30min 后取上层清液测其 pH 值，结果如图 2 - 2 - 2 所示。由图 2 - 2 - 2 可以看出，生化法处理苯胺废水的活性污泥驯化成熟的最佳 pH 值为 6.5 ~ 7。

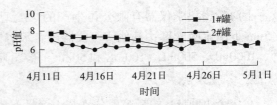

图 2 - 2 - 2 pH 值随时间的变化

（3）溶解氧质量浓度随时间的变化。

根据实验方案，每天在停泵 30min 后取上层清液测其溶解氧质量浓度，结果如图 2 - 2 - 3 所示。由图 2 - 2 - 3 可知，适应驯化前期溶解氧质量浓度波动较大，这是由污泥对废水适应性变化引起，生化法处理苯胺废水的活性污泥驯化成熟最佳溶解氧质量浓度为 4 ~ 5mg/L。

（4）沉降比随时间的变化。

根据实验方案，每天在停泵 30min 后读取沉降比，结果如图 2 - 2 - 4 所示。由图 2 - 2 - 4 可知，反应初期由于污泥对废水不太适应导致污泥沉降比大，随着污泥对废水的适应性增强，沉降比逐渐降低，当驯化成熟时沉降比稳定为 13% ~ 25%，表征污泥状态良好。

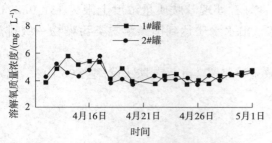

图 2 - 2 - 3 溶解氧质量浓度的变化

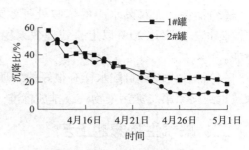

图 2 - 2 - 4 沉降比的变化

2）污泥对废水中苯胺的处理

（1）污泥对废水中苯胺的处理效果。

对 1#罐和 2#罐每次换水 100mL，加入水样中苯胺浓度分别为 100mL 和 50mL，苯胺去除率如图 2 - 2 - 5 所示。

由图 2 - 2 - 5 可知，活性污泥对废水中的苯胺处理效果良好，停留 24h 后去除率达90.0% 以上，出水 COD 为 115.23mg/L，处理效果稳定，出水水质达到国家第二类污染物一级排放标准。图中 2#罐去除率曲线出现大的波折，去除率明显降低是由当天通气橡皮管老化漏气造成曝气不足导致。

（2）污泥降解苯胺趋势。

分别在 1#、2#罐中加入水样，测得苯胺初始质量浓度分别为 123.0mg/L 和 133.4mg/L。开泵曝气，每隔 2h 停泵取上层清液测苯胺浓度，结果如图 2 - 2 - 6 所示。

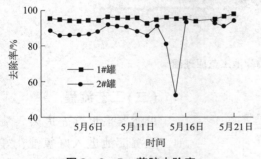

图 2 - 2 - 5 苯胺去除率

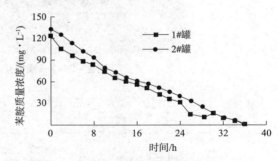

图 2 - 2 - 6 苯胺降解趋势

2. 活性污泥生物降解自配水样

在 2#罐中加入经过铁碳微电解法处理的自配水样 800mL，曝气前测得苯胺初始质量浓度为 18.22mg/L，经过 24h 反应后停泵静置 30min，取上层清液测得处理后苯胺质量浓度为 0.7310mg/L，达到国家第二类污染物一级排放标准，苯胺去除率为 96.0%。

（三）结论

（1）稠油厂的污泥能适应苯胺废水，废水对污泥中的生物没有毒性，驯化后期出水COD 稳定，污泥驯化成功，有钟虫、后生动物等出现。

（2）生化法处理苯胺废水的活性污泥驯化成熟最佳 pH 值为 6.5 ~ 7，最佳溶解氧质量浓度为 4 ~ 5mg/L，沉降比为 13% ~ 20%。

（3）活性污泥对废水中的苯胺处理效果良好，处理苯胺质量浓度上限为 131.9mg/L，停留 24h 去除率达 90% 以上，处理效果稳定，出水水质达到国家第二类污染物一级排放标准。

（4）活性污泥对自配水样有很好的处理效果，停留 24h 后苯胺去除率为 96.0%，出水水质达到国家第二类污染物一级排放标准。

二、曝气生物滤池工艺

（一）工艺原理

曝气生物滤池工艺（BAF）是一种新型的生物处理技术，其工艺原理是在滤池中装填一定数量滤料（多为直径 5mm 的页岩陶粒），使滤料表面附着生物膜，滤池内部曝气（图 2-2-7）。采出水经过时，利用滤料上高浓度生物膜的强氧化降解能力对采出水迅速净化。

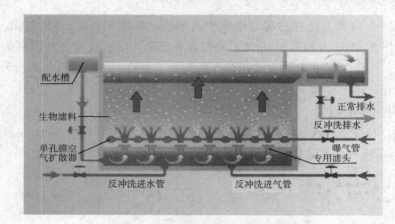

图 2-2-7　曝气生物滤池工艺原理图

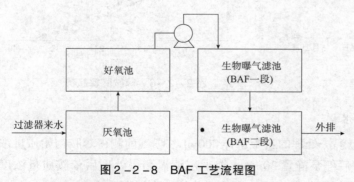

图 2-2-8　BAF 工艺流程图

（二）工艺流程

过滤器来水首先进入厌氧池，经沉淀池进入好氧池，好氧池出水经二沉池后自流进入缓冲池，缓冲池内水由提升泵提升进入 BAF 生物曝气滤池，经深度处理后达标的采出水进行外排（图 2-2-8）。

（三）工艺主要优点

（1）陶粒属于多孔颗粒填料，具有比表面积大且容易被微生物附着的特点，可形成具有较高活性的生物膜。

（2）在运行中空气由下而上经过填料对微生物进行供氧，填料可对气泡进行充分切割使之分配均匀，曝气效果好、氧转移效率高、节省动力。

（3）水与生物膜的接触充分、接触面积大、处理效率高；在进行生物絮凝、吸附、降解的过程中，BAF兼具过滤的作用，使出水悬浮物较其他生物接触氧化工艺少，效果更好。

（4）生物活性高，且在填料床内按水流方向呈分层分布，运行稳定性好、耐低温、耐冲击负荷。

（四）BAF工艺应用效果

1. 工艺参数如表2-2-1所示。

表2-2-1　BAF相关工艺参数

序号	名称		数量	参数	备注
1	滤罐	直径/mm	1	3000	
2		高/mm		3300	
3		体积/m³		24	
4		填料高度/mm		1600	
5	厌氧池	体积/m³		2000	
6	好氧池	体积/m³		2000	
7	缓冲池	体积/m³		200	
8	曝气滤池	尺寸	4	7m×8m×7.4m	
9		过滤面积/m²		224	
10	滤料	直径/mm		3～5	陶粒滤料
11		高度/m		3.7	
12	采出水流速/(m·h⁻¹)			1.0～2.0	
13	曝气滤池气量			1:6	
14	反洗	周期/h		24～48	
15		强度/[L·(s·m²)⁻¹]		6～8	
16		时间/min		10～20	

滤池内的填料为陶瓷颗粒，属活性滤料，直径为3～5mm，表面有大量的微空隙，不仅是生物附着细菌的载体，而且具有机械过滤的双重作用，填充高度一般为3.5～4m。陶瓷颗粒外观如图2-2-9所示。

2. 应用效果

为了验证BAF生化处理工艺的效果，对不同流速条件下不同采出水的处理效果现场跟踪检测。其中对COD进行了重点检测，进行了汇总统计，结果如表2-2-2～表2-2-4所示。

图2-2-9　陶瓷颗粒

（1）当 BAF 生化处理工艺来水流量为 130m³/h（流速为 1.0m/h）时，来水 COD 质量浓度为 135.00mg/L，厌氧池出水 COD 质量浓度平均为 94.50mg/L，二级 BAF 出水 COD 质量浓度平均为 66.10mg/L（表 2-2-2）。

表 2-2-2　流量为 130m³/h 时 COD 质量浓度跟踪检测结果

序号	取样日期	COD 检测结果/(mg·L⁻¹)				流量/(m³·h⁻¹)	备注
		来水	一段 BAF 进	二段 BAF 进	外排		
1	11.19	—	80.00	96.00	64.00		—
2	11.22	125.00	94.10	94.10	62.70		16:00 取样
3	11.22	125.00	—		78.40	130	11:00 取样
4	11.23	141.10	94.10	78.40	62.70		08:00 取样
5	11.23	148.90	109.80	86.20	62.70		15:00 取样
平均值		135.00	94.50	88.68	66.10		—

（2）当 BAF 生化处理工艺来水流量为 170m³/h（流速为 1.4m/h）时，来水 COD 质量浓度为 134.26mg/L，厌氧池出水 COD 质量浓度平均为 110.71mg/L，一级 BAF 出水 COD 质量浓度平均为 73.44mg/L，二级 BAF 出水 COD 质量浓度平均为 57.24mg/L（表 2-2-3）。

表 2-2-3　流量为 170m³/h 时 COD 质量浓度跟踪检测结果

序号	取样日期	COD 检测结果/(mg·L⁻¹)				流量/(m³·h⁻¹)	备注
		来水	一段 BAF 进	二段 BAF 进	外排		
1	11.27	101.00	96.00	64.00	48.00		08:00 取样
2	11.27	136.00	96.00	64.00	48.00		16:00 取样
3	11.28	121.00	112.00	80.00	64.00		08:00 取样
4	11.28	—	96.00	72.00	64.00		14:00 取样
5	11.29	136.00	96.00	64.00	48.00		08:00 取样
6	11.03	149.00	110.90	80.00	64.00	170	08:00 取样
7	11.03	139.00	118.80	88.00	64.00		13:00 取样
8	12.01	152.00	126.70	64.00	47.00		08:00 取样
9	12.01	125.40	128.00	79.20	62.70		13:30 取样
10	12.02	148.90	126.70	79.20	62.70		08:00 取样
平均值		134.26	110.71	73.44	57.24		—

（3）当 BAF 生化处理工艺来水流量为 220m³/h（流速为 1.8m/h）时，来水 COD 质量浓度为 120.00mg/L，厌氧池出水 COD 质量浓度平均为 85.70mg/L，二级 BAF 出水 COD 质量浓度平均为 50.30mg/L（表 2-2-4）。

表 2 - 2 - 4　流量为 220m³/h 时 COD 质量浓度跟踪检测结果

序号	取样日期	COD 检测结果/(mg·L⁻¹)				流量/(m³·h⁻¹)	备注
		来水	一段BAF进	二段BAF进	外排		
1	12. 06	104. 00	96. 00	56. 00	40. 00		19:00 取样
2	12. 07	121. 00	80. 00	72. 00	32. 00		08:00 取样
3	12. 07	104. 00	88. 00	72. 00	56. 00		19:00 取样
4	12. 08	134. 00	72. 00	48. 00	64. 00	220	08:00 取样
5	12. 08	146. 00	72. 00	88. 00	64. 00		08:00 取样
6	12. 09	112. 00	96. 00	72. 00	56. 00		12:00 取样
7	12. 01	119. 00	96. 00	72. 00	40. 00		13:30 取样
平均值		120. 00	85. 70	68. 60	50. 30		

（4）BAF 系统运行正常之后，在上游生产正常的情况下，来水 COD 质量浓度基本稳定，控制为 100～150mg/L，其他条件均稳定且不变。来水在不影响正常生产的情况下流量为 130～250m³/h，流速为 1.0～2.0m/h。

不同流速下 COD 去除率变化情况如图 2 - 2 - 10 所示。

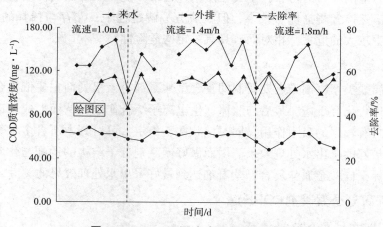

图 2 - 2 - 10　不同流速下 COD 去除率

经计算，试验中三种流速 COD 的去除率分别是：流速为 1.0m/h 时，COD 平均去除率为 52.14%；流速为 1.4m/h 时，COD 平均去除率为 53.53%；流速为 1.8m/h 时，COD 平均去除率为 52.83%，在三种流速之下，COD 去除率变化不大。可以确定，在生产可控流速下的调节对 COD 去除率没有较大影响。

三、絮凝剂采出水处理技术

（一）无机絮凝剂

无机絮凝剂种类较多，目前应用较为广泛的以无机低分子絮凝剂及无机高分子絮凝剂为主，就应用效果而言，无机高分子絮凝剂应用效果较好、适用性较强，在多种环境下的油田采出水处理中均能发挥出较强的自身优势，继而达到最好的油田采出水处理效果。在长期的发展与探索过程中，无机高分子絮凝剂不断根据实际需要进行优化，进而衍生出聚铁类无机高分子絮凝剂及聚铝类无机高分子絮凝剂等多种无机高分子絮凝剂。当前应用较为广泛的以聚合硫酸铁与聚合氯化铝为主。

聚合硫酸铁具有沉降快及应用范围广泛等特点，在使用过程中流程相对简单，能够有效地提升油田采出水处理的基本效率。但聚合硫酸铁对后期的采出水处理造成一定的影响，容易产生较多的污泥不易清理，并且成本相对较高，不适用于小范围的油田采出水处理工作。聚合氯化铝产生污泥数量较小，与聚合硫酸铁相比，聚合氯化铝成本低廉。在使用过程中，仅需要加入少量即可达到最佳效果，但仍存在一定的问题。由于受到主要分子成分及结构的影响，聚合氯化铝沉降速度较慢，效率相对较低，同时容易对周边环境造成一定程度的污染，容易给油田采出水处理带来麻烦。

1. 多阳离子型

多阳离子型絮凝剂属于复合型絮凝剂，结合了聚铝絮凝剂及聚铁絮凝剂的多种优点。该絮凝剂可实现多核离子的配位，使应用范围更广泛，同时由于污染较小，可在不同环境下大量使用，是一种功能性较强的絮凝剂。多阳离子复合型絮凝剂成本低，并继承了聚铁絮凝剂扫除杂质范围较大的特点，使其在使用过程中，能够以较低的使用量便可达到相对较好的效果。虽然该絮凝剂优点较多，但在成分分解过程中，储存与稀释的稳定性较差，容易对人体产生较大的危害，相对而言具有一定的危险性。

2. 聚硅酸金属盐类

聚硅酸金属盐类絮凝剂是近期研制的复合型絮凝剂，该絮凝剂主要依靠金属水解中的多羟基阳离子进行化合反应，最后与胶体产生电离子综合作用，从而形成聚硅酸的基本框架，该絮凝剂具有较强的吸附作用，同时性状并不稳定，可对其中所含多种絮凝剂进行调节，继而达到最好的采出水处理效果。因而做好絮凝剂分子结构的调配与化学结构的分析与组合，是确保聚硅酸金属盐复合型絮凝剂达到最好采出水处理效果的关键。

（二）有机高分子絮凝剂（OPF）

1. 人工合成有机高分子絮凝剂

1）聚丙烯酰胺（PAM）

聚丙烯酰胺种类较多，以阳离子型、阴离子型、非离子型及两性离子型为主。虽然种类不同，但聚丙烯酰胺的使用量却达到了有机高分子絮凝剂总量的90%，由此可见该类型絮凝剂的使用效果较好，适用于多种不同类型油田的采出水处理。其中该类型絮凝剂不仅在油田采出水处理中得到广泛应用，在工业废水的处理中，也占较大比重。在多种聚丙烯酰胺的应用中，阳离子型絮凝剂的使用用途较多，主要原因是该类型絮凝剂能够较好地与电离子进行反应，促使其具备较强的吸附能力，能够有效地对杂质进行沉降，并帮助其进行过滤与脱水。

2）其他新型有机高分子絮凝剂

其他种类的有机高分子絮凝剂适用范围较小，具有一定的特殊性，同时对温度也较为敏感，目前除聚丙烯酰胺絮凝剂外，主要使用微颗粒体系絮凝剂，但该絮凝剂在我国应用并不广泛，应用效果也受到一定的限制。通常结构较为特殊的聚酰胺型大分子，被用于大型的油田采出水处理中。

2. 天然改性有机高分子絮凝剂

1) 改性淀粉絮凝剂

淀粉絮凝剂可以通过多种化学反应使分子链长度增加，在结构方面，也产生高度支化结构，进一步提高对胶体的吸附能力，从而达到最好的沉降效果。淀粉广泛存在于多种植物中，受到其化学结构的影响，在进行共聚反应过程中，可产生氧化、交联及醚化等现象，从而为分析其结构以提高吸附能力创造有利条件。淀粉絮凝剂对环境影响较小，可在使用后进行生物降解，其中所含成分也不具有毒害性质，所以可广泛应用于油田采出水处理中。淀粉絮凝剂可在氯化铵的作用下进行阳离子淀粉制备，以提高絮凝剂的基本脱水效果。

2) 天然植物胶改性絮凝剂

天然植物胶絮凝剂在我国应用并不广泛，在国外是较为主流的絮凝剂之一，该絮凝剂不仅能够对油田采出水及工业废水具有良好的去污效果，同时还广泛应用于生活采出水的处理中，该絮凝剂在多种采出水中颗粒去除率达89%～95%。通过长期的实验观察，该絮凝剂不仅可对颗粒晶体进行有效吸附，还能够产生一定的螯合作用，从而提升采出水处理效果。

（三）干粉絮凝剂自动加药工艺

1. 工艺原理及流程

装置工艺原理：干粉絮凝剂加入干粉料斗后，按设定的配比浓度，由螺杆给料机定量输入溶解箱内，与定量的清水混合，经过搅拌器搅拌、熟化后，由计量泵将混合液外输至加药点，流程如图2－2－11所示。

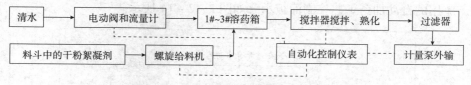

图2－2－11　絮凝剂自动加药工艺流程

2. 现场应用

1) 采出水处理工艺

A联合站采出水处理工艺为"二级沉降＋二级过滤"，处理能力为10000m³/d，实际处理液量为9100～12000m³/d，絮凝剂加药点为二次沉降罐入口，改造前工艺流程如图2－2－12所示，每天通过倒药泵分2次将14桶液体絮凝剂导入1座加药罐。

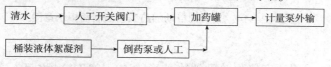

图2－2－12　改造前絮凝剂加药工艺流程

B 联合站采出水处理工艺也为"二级沉降 + 二级过滤",处理能力为 15000m³/d,实际处理液量为 13500 ~ 17000m³/d,絮凝剂加药点为二次沉降罐入口,工艺改造前,每天通过倒药泵分 2 次将 26 桶液体絮凝剂导入 2 座加药罐。

2)工艺改造

生产采用的干粉絮凝剂为每袋 25kg 的有机高分子助凝剂。现场根据干粉稀释浓度要求、加药箱的容积、计量泵排量、每天加药量,合理确定了外输量、干粉加药浓度等参数。对于有新建位置的 B 站加药间,直接新建加药工艺装置;对于没有新建位置的 A 站加药间,拆除了已建的一座储药罐,原位新建了自动加药工艺装置。现场应用的加药装置及干粉絮凝剂如图 2 - 2 - 13 所示。

图 2 - 2 - 13 干粉絮凝剂加药装置及干粉絮凝剂料斗

自动加药控制系统有两个闭环,即电动阀与液位计联锁,同时螺杆给料机与电动阀联锁控制,当溶解箱内液位到达低液位时,进水电动阀开启,开始进水,螺杆给料机启动,向箱体内输送干粉;当箱体内液面达到高点液位时,螺杆给料机停止输送干粉,进水管路停止进水。

工艺初次启动后,即可将控制面板上的"手动、自动转换开关"旋至自动位置,进入自动运行状态。自动加药工艺会按照控制面板上设定的加药浓度,自动调整干粉加药量和清水量。应用的自动加药工艺控制面板示意如图 2 - 2 - 14 所示。

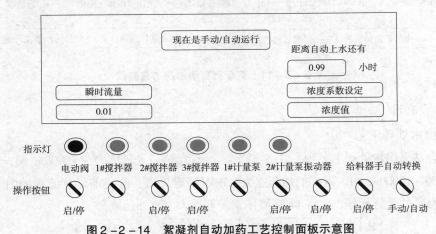

图 2 - 2 - 14 絮凝剂自动加药工艺控制面板示意图

3)室内实验

取 A 站原水样(采用浊度仪化验悬浮物浊度为 49.40NTU)100mL,分别加入质量浓度为 3mg/L、4mg/L、5mg/L、6mg/L 的水基和干粉絮凝剂溶液（按照 1.5mg/L 配置），搅拌静置 3min 后，检测混合液的悬浮物，如图 2−2−15 所示。

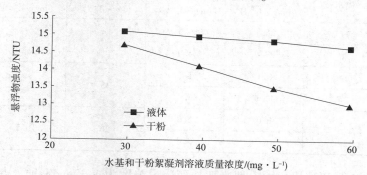

图 2−2−15　水基和干粉絮凝剂不同浓度处理效果对比

从实验效果看，在相同加药浓度条件下，按照 1.5mg/L 配置的干粉絮凝剂溶液的处理效果优于液体絮凝剂。

4）工艺运行效果

A 站干粉加药装置于 4 月投运，运行期间处理前后悬浮物质量浓度对比如表 2−2−5 所示。

表 2−2−5　A 站干粉加药前后水质中悬浮物质量浓度对比表

取样时间	滤前水/(mg·L⁻¹)	二滤后/(mg·L⁻¹)	加药量/(kg·d⁻¹)	加药浓度/(mg·L⁻¹)	备注
4 月 2 日	38.7	15.3	350	34.7	液体絮凝剂
4 月 7 日	30.0	4.7	350	34.8	液体絮凝剂
4 月 14 日	36.8	9.4	11	1.15	干粉絮凝剂
4 月 20 日	101.1	18.8	12	1.21	干粉絮凝剂
5 月 7 日	80	15.2	13	1.25	干粉絮凝剂
5 月 26 日	28.5	4.67	14	1.33	干粉絮凝剂
6 月 17 日	19.0	2.7	15	1.52	干粉絮凝剂
8 月 25 日	28.9	13.3	14	1.21	干粉絮凝剂
9 月 25 日	12.3	2.7	14	1.40	干粉絮凝剂
10 月 25 日	23.3	9.0	13	1.24	干粉絮凝剂

从表 2−2−5 可以看出，干粉加药质量浓度为 1.33mg/L 时，与液体絮凝剂加药滤后的采出水悬浮去除率相当。

B 站干粉加药装置于同年 8 月投运，运行期间处理前后悬浮物质量浓度对比如表 2−2−6 所示。

表 2−2−6　B 站干粉加药前后水质中悬浮物质量浓度对比表

取样时间	采出水站	滤前水/(mg·L⁻¹)	二滤后/(mg·L⁻¹)	加药量/(kg·d⁻¹)	加药浓度/(mg·L⁻¹)	备注
8 月 2 日	1#	19.68	5.3	650	36.61	液体
	2#	15.6	6.4			絮凝剂

续表

取样时间	采出水站	滤前水/ (mg·L^{-1})	二滤后/ (mg·L^{-1})	加药量/ (kg·d^{-1})	加药浓度/ (mg·L^{-1})	备注
8月25日	1#	28.1	4.5	40	1.9	干粉
	2#	27.6	4.0			絮凝剂
9月25日	1#	8.1	1.6	35	1.7	干粉
	2#	11.9	5.0			絮凝剂
10月25日	1#	8.0	5.0	26	1.32	干粉
	2#	16.1	3.4			絮凝剂

从表2-2-6可以看出，干粉絮凝剂加药质量浓度为1.32mg/L时，与液体絮凝剂加药后的采出水悬浮物去除率相当。

该工艺从投运后到目前一直运行稳定，工艺设施的日常检查点有：①料斗中干粉絮凝剂应在料斗刻度线范围内(总容积的1/5~4/5)；②检查料斗出料管、计量泵进口过滤器应无堵塞；③检查溶药箱液位应在刻度范围内，并能按照上水时间自动进水，箱内无挂壁现象；④检查计量泵外输压力应在规定范围内。

3. 效益分析

从A站、B站干粉加药质量浓度和处理后水质情况看，当干粉加药质量浓度为1.32mg/L时，处理后采出水悬浮物能满足要求的"10、5、2"标准。对比实验前液体絮凝剂加药量和优化后的干粉絮凝剂加药量以及处理采出水药剂成本(表2-2-7)可以看出，干粉絮凝剂处理每立方米采出水药剂成本是液体药剂的78%。对比液体絮凝剂3个月的保质期，干粉絮凝剂的保质期为1年，干粉药剂可以有效避免液体药剂因生产、运输、检验、二次配送环节造成的药剂失效及供应不及时的问题；并且由于液体药剂为每天分批投到加药罐，对比干粉加药，罐内药剂浓度的平稳控制和调节难度大。

表2-2-7 更换絮凝剂前后经济效益对比

应用地点	药剂类型	日加药量/kg	药剂价格/(元/t)	处理采出水药剂成本/(元/m³)
A站	液体	350	1600	0.040
	干粉	14	31 328	0.031
B站	液体	650	1 600	0.053
	干粉	26	31 328	0.042

按照目前A站、B站平均采出水处理负荷，以液体絮凝剂加药质量浓度30mg/L计算，采用干粉絮凝剂自动加药工艺全年运行可节省药剂费用6.41万元。

新建单套自动加药工艺设施占地2m×2m(长×宽)，费用共计4.5万元，投资回收期为2.1年；利旧改造与新建单套自动加药工艺装置占地面积相同，改造费用为2.7万元，投资回收期为1.3年。

4. 结论与建议

(1)采用干粉絮凝剂加药可以有效解决液体絮凝剂加药存在的质量和浓度不好控制的

问题，应用后可提高处理后水质质量，降低生产运行成本。

（2）干粉絮凝剂自动加药工艺可减轻岗位工人劳动强度，实现按照设定浓度自动加药，也是提升联合站自动化水平的有效措施。

（3）相对于液体絮凝剂加药量大、易产生沉淀物的问题，干粉絮凝剂腐蚀性小，对加药系统和加药管线没有较高的防腐要求，絮凝能力强，在使用效果和效益上都占优势。

（4）下步将继续开展采出水处理量与加药量设定的自动匹配工作，进一步精细管理，减轻劳动强度，提高药剂效果。

（四）絮凝剂的发展趋势

（1）随着人们环保意识的加强，含油采出水的处理会越来越受重视，絮凝剂的研究和开发工作也会不断完善和进步。用于油田含油采出水处理的絮凝剂正逐步由无机向有机、单一向复合转化，并形成系列化产品。深入研究各种絮凝剂的作用机制及相互间的复合、复配使用，以提高絮凝剂处理含油采出水的作用效果，是今后絮凝剂研究开发的重点。

（2）就目前的情况而言，无机高分子絮凝剂与合成有机高分子絮凝剂仍会在短期内成为絮凝剂的主要应用对象，并在发展过程中不断演化。虽然生物絮凝剂在各方面均优于以上两种絮凝剂，但面临着两方面问题：首先是该絮凝剂普及度不高，操作难度相对较大，不容易在短期内大范围广泛应用；其次是技术相对不够成熟，使用成本也相对较高，以当前全球经济发展状况而言，生物絮凝剂的发展必然会受到一定的限制。所以仍应将技术研究对象锁定在无机高分子絮凝剂及合成有机高分子絮凝剂方面，从其使用的成分、材料元素及生产工艺等方面进行优化，继而确保其能够在生物絮凝剂广泛应用之前，达到使用安全、高效及经济等方面的标准。

第三节　采出水三级处理技术

一、超滤技术

（一）技术原理

超滤是以压力为驱动的重要膜分离技术之一，膜平均孔径为 $3 \sim 100nm$，利用超滤膜的不同孔径对杂质进行物理筛分可去除粒径 $0.005m$、相对分子质量 1000 以上的粒子，可有效截留水中的悬浮物、石油类颗粒、TGB、SRB 和铁细菌等杂质。超滤技术具有操作简单、分离效果良好、化学添加剂用量少、无相变、能耗低等优点，在含油采出水精细处理中受到越来越多的重视。

（二）处理工艺

目前，江苏油田采出水处理系统的主导工艺为二级沉降除油 + 二级过滤和二级压力（或气浮）除油 + 二级过滤。根据过滤技术的工艺特点可知，若要达到《碎屑岩油藏注水水质推荐指标及分析方法》（SY/T 5329—94）中 A1 级注水水质标准，需要通过膜过滤进行处理。针对现有采出水处理工艺，按照技术先进、经济实用的方针可采用图 2 - 3 - 1 所示组合工艺的采出水处理流程。

图2-3-1 超滤组合工艺流程

针对原油脱水装置的脱出水液量及水质不稳定的现象,设置一座承上启下的调储设施能够有效地实现后续处理装置水量和水质的平稳运行。通过调储设施的稳定作用后,采出水再通过气浮装置的进一步处理,使出水含油质量浓度及悬浮物质量浓度均低于20mg/L,达到滤罐对滤前水质的要求。

经除油段处理后的采出水,首先通过一级预过滤器,然后根据所要求的水质标准,确定采用第二级或第三级过滤。

含油采出水经过除油段和过滤段之后,大幅度削减了污染负荷,提高了超滤装置的来水水质,保证了后续超滤处理装置的运行效果。超滤膜的选用应根据水质特性及处理要求进行中试研究,保证与所处理采出水水质相匹配。

(三)应用实例

目前,超滤技术已在江苏油田真武采出水处理站进行了应用。通过膜材料性能和膜组件特点对比,选用化学稳定性好的疏水性材料改性聚偏氟乙烯(PVDF)有机管式超滤膜,设计处理量为10m³/h,处理后采出水输往许51断块进行有效回注。图2-3-2为该站主要工艺流程,图2-3-3为有机管式膜过滤器,图2-3-4为管式膜内部结构。

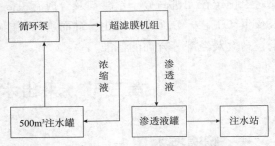

图2-3-2 超滤处理工艺流程

图2-3-3 有机管式膜过滤器

图2-3-4 管式膜内部结构

从管式膜运行的监测数据(表2-3-1)可以看出,正常运行出水时,悬浮固体和含油都得到有效去除,平均去除率分别为78.3%和87.1%,达到了设计指标,即悬浮固体质量浓度和含油质量浓度小于3mg/L，其中出水含油量指标已达到《碎屑岩油藏注水水质推荐指标及分析方法》(SY/T 5329—94)中A1级注水水质标准，SRB指标达到A2级注水水质标准。现场运行表明，管式膜超滤采出水处理装置抗冲击能力强，在来水条件恶劣时，可保持一定出水水质的稳定，主要问题是清洗周期变短，通量下降较快，难以满足回注供水需要。

表2-3-1 真武站管式膜进口、出口水质

水样	悬浮固体质量浓度/ (mg·L^{-1})	含油质量浓度/ (mg·L^{-1})	粒径中值/ m	颗粒去除率/ %	SRB含量/ (个·mL^{-1})
来水	8.89	68.64	1.545		2500
出水	2.56	—	1.778	99.7	—
来水	9.68	2.89	1.599		250
出水	2.30	—	1.487	98.9	0.6
来水	8.85	1.53	1.488		6
出水	1.10	0.59	1.456	97.8	2.5

二、Fenton氧化-活性炭吸附采出水处理技术

(一)工艺流程

Fenton氧化-活性炭吸附法处理工艺流程如图2-3-5所示。油田原油终端处理厂采出水处理系统的生化处理段的脱聚单元来水进入Fenton氧化单元，经Fenton试剂氧化降解后进入混凝/絮凝池，在斜板沉淀池中实现泥水分离。上清液进入中间水池加入脱氮剂脱除NH$_3$-N后，进入活性炭吸附单元过滤，最后进入排海缓冲池外排。底部的污泥经过排泥系统排至厂区污泥干化设备。

图2-3-5 Fenton氧化-活性炭吸附法处理工艺流程

(二)主要构筑物及设计参数

1. Fenton氧化单元

该套Fenton氧化反应器包含3个反应罐，罐体尺寸为Φ2400mm×3500mm，采用Q235碳钢结构，内防腐为酚醛树脂漆料喷涂，外部采用聚氨酯防腐漆喷涂。出口提升系统采用卧式离心泵，1用1备，流量为50m³/h。通过第3级中和罐中安装的静压式液位计控制出口提升泵的启停。

2. 混凝沉淀单元

混凝沉淀单元利用厂区原有的一组斜板混凝/絮凝沉淀池。反应混凝/絮凝池尺寸为

2700mm×2857mm×4510mm（内壁），有效水深为3560mm，混凝池内设置1台混凝池搅拌机，絮凝池内设置1台絮凝池搅拌机。斜板沉淀池尺寸为6000mm×6000mm×4510mm（内壁），表面负荷为0.82m³/（m²·h），板间距为100mm。

3. 中间水池单元

中间水池尺寸为3300mm×3300mm×2000mm，其中脱氮剂反应池尺寸为1200mm×1200mm×2000mm，采用Q235碳钢结构，内防腐为酚醛树脂漆料喷涂，外部采用聚氨酯防腐漆喷涂。斜板沉淀池的上清液加注脱氮剂后降低其中的NH_3-N浓度，为进入活性炭吸附单元做好准备。脱氮剂主要成分为氯的氧化物，投加量为200mg/L。

4. 活性炭吸附单元

在原有3套活性炭吸附器的基础上，新增设3套活性炭吸附器，改造为6组并联运行的活性炭过滤罐。罐体尺寸为$\Phi2600mm×2300mm$，采用Q235碳钢结构，内防腐为酚醛树脂漆料喷涂，外部采用聚氨酯防腐漆喷涂。

（三）工程调试过程

1. H_2O_2投加量及投加方式

采用Fenton试剂处理采出水的有效性和经济性主要取决于H_2O_2的投加量。该工程中取H_2O_2投加量与原水COD_{Cr}质量浓度之比接近1:1，根据Fenton氧化单元入口水质COD_{Cr}的质量浓度，H_2O_2的投加量取300mg/L。

2. $FeSO_4$投加量

在Fenton氧化体系中，Fe^{2+}起到催化剂的作用。在调试中，Fenton反应pH值设定为1.9~2.2，设定$m(Fe^{2+})/m(H_2O_2)$值分别为1:2、1:3、1:4、1:5、1:6、1:7、1:8、1:9，考察Fenton氧化单元出口的COD_{Cr}去除率的变化趋势，结果如图2-3-6所示。

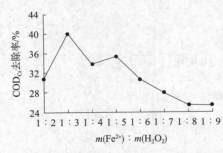

图2-3-6 $m(Fe^{2+})/m(H_2O_2)$值对COD_{Cr}去除率的影响

由图2-3-6可以看出，在$m(Fe^{2+})/m(H_2O_2)$值为1:3时，COD_{Cr}的去除率最高，故该系统选定$m(Fe^{2+})/m(H_2O_2)$值为1:3。

3. Fenton氧化反应pH值调节

Fenton试剂在酸性条件下发生作用，pH值的变化直接影响到Fe^{2+}、Fe^{3+}的络合平衡体系，从而影响Fenton试剂的氧化能力。一般废水pH值为2~4时，COD_{Cr}的去除率较高，但针对不同的工业采出水，其适宜的pH值范围不尽相同。

Fenton氧化单元pH值的精确控制是通过在线pH仪控制H_2SO_4注入泵的启停实现的，本次调试设定的pH值控制范围分别为1.9~2.2、2.2~2.5、2.5~2.8、2.8~3.1、3.1~3.4、3.4~3.7，在H_2O_2的投加量为300mg/L、$FeSO_4$的投加量为100mg/L的条件下，考察Fenton氧化单元出口的COD_{Cr}去除率变化趋势，结果如图2-3-7所示。

由图 2-3-7 可以看出，pH 值设定为 2.2~2.5 时 Fenton 氧化反应效率最高。

4. 斜板沉淀池的调节

Fenton 反应产生的 SS 细小，在 pH 值较低的情况下难以沉降，为了提高沉淀池出水的水质，采取以下 3 种措施。

（1）将 Fenton 氧化单元出水 pH 设定值提高到 9.0~9.5。

（2）提高斜板沉淀池排泥频率，3h 排泥 1 次。

（3）在混凝池中注入质量浓度为 30mg/L 的 PAM，促进 SS 的沉降。

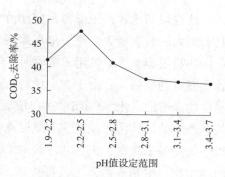

图 2-3-7　Fenton 反应 pH 值对 COD_{Cr} 去除率的影响

中间水池为沉淀池出水缓冲池，在此注入脱氮剂，投加量为 500mg/L。出口在线氨氮分析仪的数值控制在 3mg/L 以下。

5. 活性炭吸附单元的调节

本单元采用的活性炭选用 U-4XX 系列煤质炭，具有比表面积大、孔隙发达、孔分布合理、吸附能力强、颗粒分布均匀、耐磨强度大等特点。

活性炭单元入口 COD_{Cr} 的质量浓度为 150~170mg/L，每罐装入 3t 活性炭，根据过滤实验，在处理 500m³ 中间水池来水后即达到饱和状态，应更换滤料，并对原滤料进行再生处理。HRT（水力停留时间）为 1h。

三、臭氧-生物活性炭技术

(一)实验处理工艺

1. 工艺流程

臭氧-生物活性炭技术工艺流程如图 2-3-8 所示。

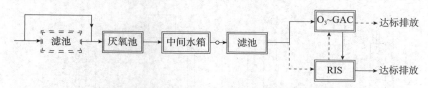

图 2-3-8　臭氧-生物活性炭技术实验工艺流程图

2. 主要处理工艺

臭氧是一种氧化剂，油田采出水中的链式不饱和化合物、芳香族和杂环化合物等多种难生物降解污染物都易于与臭氧发生反应。为了节省投资和处理成本，限制了臭氧的投加量，不要求将污染物深度氧化，而仅希望实现一定程度打开长链和一定程度降低 COD，同时实现后续处理中提高生化效果的目的，剩余臭氧对活性炭有活化作用，对生化作用有一定催化作用。实验表明，臭氧投加量为 5~6mg/L 时较为经济有效。

活性炭的比表面积通常大于 1000m²/g，由于巨大的表面积和细孔构造等特点，使其具有强大的吸附能力，是采出水深度处理常选用的吸附剂(实验选用 8#炭)。活性炭具有一定的吸附容量，单纯用于吸附时，吸附容量达到饱和后需再生。生物炭是使吸附的污染物在有氧的条件下，由于微生物对污染物的降解使活性炭进行生物再生。生物炭用于处理易生物降解的采出水(BOD/COD 值较高)时，由于活性炭对 BOD₅ 吸附量大，微生物增殖快，产生的活性污泥使炭粒变成泥球，从而使炭的吸附性能很快丧失。生物炭适用于处理难生物降解采出水，由于活性炭对 COD 的吸附量低，微生物增殖速度慢，从而可实现吸附与生物再生相平衡，工艺可持续运行，不需要再生或更新。生物炭床可 1~3d 冲洗 1次，长期运行生物炭会有约 5% 的损失，需定期补充。

(二)工程改造及可行性分析

按照日处理 15000m³/d 的规模计算，需对现有工艺的隔油、缓冲池进行改造；增设 1组气浮设备和臭氧 – 生物炭工艺；改建 1 座厌氧罐；新增 8 组土壤渗滤柱等设备设施。经过估算，改造投资约为 3235 万元，运行成本约为 3.76 元/t。

(三)应用实例

1. 原水水质

以胜利油田某油站水解酸化 + 好氧生化中试实验的出水作为处理对象，其水质指标如表 2 – 3 – 2 所示。

表 2 – 3 – 2　原水水质指标　　　　　　　　　　　　　　　　　　　　mg/L

水质指标	BOD₅	COD$_{Cr}$	石油类	NH₃ – N
出水范围	5~20	70~100	1~5	4~10

2. 实验设备

臭氧 – 生物活性炭技术实验设备流程如图 2 – 3 – 9 所示。

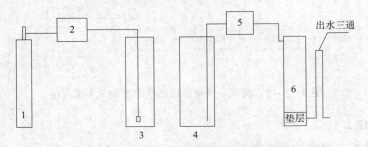

图 2 – 3 – 9　臭氧 – 生物活性炭技术实验设备流程图
注：1—氧气源；2—臭氧发生器；3—臭氧接触反应器 A；
4—臭氧接触反应器 B；5—蠕动泵；6—生物活性炭反应器

生物接触氧化工艺的出水，进入臭氧反应接触器 A，由底部砂滤曝气，进行臭氧、水的接触反应，为间歇式运行。反应后水进入臭氧反应接触器 B，使水中残余臭氧得到释放。经臭氧释放后，臭氧氧化出水进入生物活性炭反应柱进行生物降解处理，连续流运行。生物活性炭采用淹没式出流。

3. 工艺主要参数

通过前期不同臭氧投加量对接触氧化出水的处理实验研究，确定臭氧－生物活性炭工艺中的臭氧投加量为5mg/L。生物活性炭柱如图2-3-10所示，总高度为60cm，内径为10cm。底部5cm为承托层，承托层为一定大小的砾石构成，防止活性炭泄漏。活性炭层往上4cm处设布水环，以便均匀布水。水流为下向流。底部用砂滤曝气头曝气，供以足够的溶解氧。活性炭层所占体积为3.5L。实验采用活性炭为柱状活性炭，主要参数如表2-3-3所示。

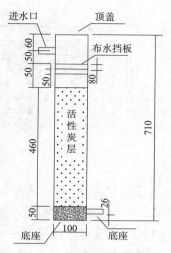

图2-3-10　生物活性炭柱示意图

表2-3-3　活性炭主要参数

主要指标	参数
碘吸附值/$(mg \cdot L^{-1})$	>850
比表面积/$(m^2 \cdot g^{-1})$	950
总孔容积/$(cm^2 \cdot g^{-1})$	0.80
机械强度/%	>90%
真密度/$(g \cdot cm^{-2})$	0.80
堆积比重/$(g \cdot L^{-1})$	460
含水率/%	<3
灰分含量/%	10
pH值	8~9
长度/mm	3~5
粒径/mm	3

4. 生物活性炭生物膜固定方法

采用沉淀法生物接种挂膜法，取胜利油田某活性污泥水处理工艺中的活性污泥（含水率>90%），将其打碎，与好氧生化出水按1∶5的比例投配。混合均匀后，静置，取上层混合液倒入活性炭反应柱内，静置2h后放空，继续倒入投配好的混合液，静置放空。如此重复6次，此时生物活性炭上已吸附少量微生物。随即开始进水。

5. 处理效果

1）NH_3-N去除效果

调整生物活性炭反应器的进水流量为0.3L/h，则水力停留时间为3h。连续运行O_3-BAC工艺，得NH_3-N的去除效果，如图2-3-11所示。

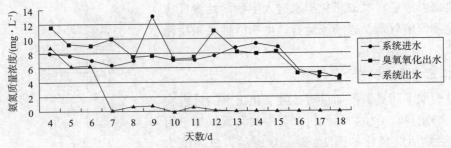

图 2 – 3 – 11　NH$_3$ – N 去除效果图

连续稳定运行 18d，从图 2 – 3 – 11 可以看出，O$_3$ – BAC 处理工艺从第 12d 开始稳定，对 NH$_3$ – N 的去除非常稳定。生物活性炭能够使进水中的 NH$_3$ – N 彻底氧化分解，使出水中的 NH$_3$ – N 质量浓度保持在 0.2mg/L 以下。

而臭氧氧化对 NH3 – N 的去除作用不明显，反而使 NH$_3$ – N 含量升高。以上现象出现的原因可能由于氨是比较稳定的化合物，无论是臭氧分子还是氢氧自由基对氨的氧化效果都不明显。当采用 5mg/L 的臭氧投加量时，臭氧对有机物的反应占主导，此时对水中的氨氮基本不反应，反而使一部分含氮有机物被臭氧氧化分解后，产生部分 NH$_3$ – N，此时的臭氧氧化不仅没有使 NH$_3$ – N 的质量浓度降低，反而增加。

2）COD$_{Cr}$ 去除效果

通过 18d 的连续运行，得到 COD$_{Cr}$ 去除效果，如图 2 – 3 – 12 所示。

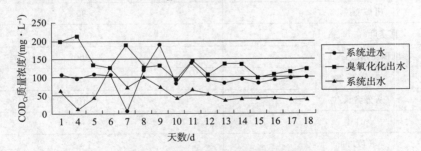

图 2 – 3 – 12　COD$_{Cr}$ 去除效果图

由图 2 – 3 – 12 看出，BAC 在挂膜的初期，出水 COD$_{Cr}$ 质量浓度在第 4d 降至最低，为 10mg/L 左右，之后开始升高，在达到一个峰值后回落，于第 12d 后开始稳定，维持在 40mg/L 左右。分析上述现象认为，在活性炭挂膜初期，对臭氧氧化出水有适应性降解能力的微生物数量不多，在对臭氧氧化出水处理过程中活性炭吸附占主导地位，使得 O$_3$ – BAC 工艺出水 COD$_{Cr}$ 质量浓度迅速降低。当活性炭吸附饱和后，吸附能力降低，出水 COD$_{Cr}$ 质量浓度开始升高。随着对臭氧氧化出水有适应性降解能力的微生物的不断繁殖，微生物数量增多，生物降解开始在整个 BAC 工艺处理过程中占主导地位，出水 COD$_{Cr}$ 质量浓度回落并保持在稳定的范围，此时，认为生物挂膜完成。

在 5mg/L 的臭氧投加量下，臭氧氧化出水 COD$_{Cr}$ 质量浓度基本高于进水。以上现象是因为臭氧氧化并不能把水中的污染有机物完全氧化为 CO$_2$ 和 H$_2$O，而主要是改变原水中有机物的结构组分，将大分子的有机物氧化为中、小分子的有机物，更利于活性炭的吸附和生物降解。

3）其他指标去除效果

在 O_3 – BAC 工艺运行稳定后进行了石油类、总有机碳（TOC）的测定。从第 14d 开始至第 18d，O_3 – BAC 进水石油类质量浓度平均约为 0.5mg/L，臭氧氧化出水质量浓度稳定为 0.15mg/L，活性炭出水石油类则基本低于检测限。作为水解酸化 + 好氧生化的出水（即 O_3 – BAC 进水）石油类经臭氧氧化后，去除了大部分石油类，去除率为 70% 左右，处理效果理想。与此同时，臭氧氧化出水 COD_{Cr} 质量浓度没有降低反而升高。分析认为，经臭氧氧化后，大分子的油类化合物被臭氧氧化为小分子的化合物，使石油类含量降低，但有机物含量没有降低，反而更容易被检测出来，从而导致臭氧氧化出水 COD_{Cr} 质量浓度的升高。臭氧氧化出水经过生物活性炭反应柱后，出水石油类已基本低于检测限，处理效果理想。在 O_3 – BAC 工艺运行稳定后，O_3 – BAC 进水 TOC 质量浓度平均为 17.0mg/L 左右，臭氧氧化出水 TOC 质量浓度平均为 16.8mg/L 左右，而活性炭出水 TOC 质量浓度稳定为 4mg/L 左右。O_3 – BAC 系统进水和臭氧出水的 TOC 质量浓度基本相同，臭氧出水的 COD_{Cr} 质量浓度反而升高。分析认为，臭氧投加量为 5mg/L 时，改变了水中有机污染物的分子结构，将长链、环状的大分子污染物氧化为小分子的化合物，但有机物的总量没有发生变化，反而更容易被检测出来，导致了臭氧氧化的进水、出水 TOC 值基本相同，而臭氧出水的 COD_{Cr} 质量浓度反而高于进水的现象发生。

四、离子交换技术

（一）工艺原理

离子交换法的原理是水中所含的各种离子和离子交换树脂进行离子交换反应而被除去的过程，又称为化学除盐处理，被广泛用于含盐采出水处理。

当水中的各种阳离子和阳离子树脂反应后，水中只含一种从阳树脂上被交换下来的阳离子；而水中的阴离子和阴离子交换树脂反应后，水中只含一种从阴离子树脂上被交换下来的阴离子。若水中仅存的这种阳离子和阴离子能结合成水，则能实现水的离子交换除盐。显然这种阳树脂是氢型，而所用的阴树脂是氢氧型。此方法可使水的含盐量达到几乎不含离子的纯净程度，既可以用作深度除盐，也可以用作部分化学除盐。

离子交换脱盐水处理方法发展较早、工艺成熟、出水水质高、工程造价较低、运行稳定、容易控制、便于运行和管理，因此，被确立为一种重要的水除盐工艺。

（二）西区油田现场试验及效果分析

1. 水质概况

西区油田 27#集邮站，油井采出液含水率为 45%~55%，通过取样分析，结垢物成分中硫酸盐不溶物含量高达 61.8%~75.8%，Fe_2O_3 含量为 4.79%~8.98%，有机物和水分占 6.66%~11.5%。

2. 处理工艺

1）来水混凝沉淀

接通罐区采出水来水管线，流速为 600L/h，取来水水样 500mL；在混凝沉降池中加药并搅拌后，静置 1h；所加药品为聚合氯化铝（PAC）、聚丙烯酰胺（PAM），加药量分别为 50mg/L 和 20mg/L。经混凝沉降后，水质明显变清，仍含有少量悬浮物。

2）三级过滤

经混凝沉降后，采出水由增压泵进入一级粗过滤器，进口压力为 0.06MPa；一级过滤出水进入二级除油过滤，压力为 0.03MPa；出水进入三级精细过滤，压力为 0.01MPa。取三级过滤出水水样 500mL，水质清澈，无明显悬浮物。

3）阴离子交换

经三级过滤出水，含油、悬浮物质量浓度均已低于 5mg/L，完全达到树脂交换要求水质。采用高效去硫酸根阴离子树脂合成技术，使用阴离子交换法去除含油采出水中的硫酸根离子，对采出水进行深度处理。同时应用具有高交换容量、高强度、大孔隙、超强吸附交换的 SL300 型、SL301 型特种离子交换树脂进行去 SO_4^{2-} 处理。交换期间不时对出水进行取样，分析出水中 SO_4^{2-} 含量，确定树脂在额定处理量下，交换周期。交换过程中，取出水水样 500mL。

处理过程中，定时取样、检测、调整处理流量流速、加药量等参数，并做好记录。同时，观察装置运行情况，确定无渗漏、无过热、无憋压现象，保证各级运行顺畅。装置经运行 24h，各环节运行良好，达到设计目的，工艺流程合理，出水水质达到预期效果，经反复运行，验证装置及工艺稳定。

3. 处理效果

1）处理前后水质对比

经过该流程处理后，水质达到了油田回注要求。

①含油质量浓度从 1030mg/L 降到 2.86 ～ 10mg/L。

②悬浮物质量浓度从 349mg/L 降到 3.02mg/L。

③含油质量浓度为 2.0 ～ 5.71mg/L，悬浮物质量浓度为 1.0 ～ 2.4mg/L，颗粒中值从 40.23μm 下降到 0.126μm。

④出水 SO_4^{2-} 质量浓度从 840 ～ 1333mg/L 降到 0 ～ 23mg/L。HCO_3^- 质量浓度从 410mg/L 降到 26mg/L。

具体结果如表 2－3－4 和表 2－3－5 所示。

表 2－3－4　采出水处理前后水质对比表

水样类别	离子质量浓度/(mg·L⁻¹)								总矿化度/(g·L⁻¹)	水型
	$K^+ + Na^+$	Ca^{2+}	Mg^{2+}	Ba^{2+}	Cl^-	SO_4^{2-}	CO_3^{2-}	HCO_3^-		
进水	14000	1610	337	0	25000	840 ～ 1330	13	410	43.0	$CaCl_2$
出水	12000	1250	313	0	22100	0 ～ 48	0	26	36.0	$CaCl_2$

表 2 - 3 - 5　处理前后主要项目测试结果表

序号	水样类别	悬浮固体质量浓度/(mg·L^{-1})	颗粒中值/μm	含油质量浓度/(mg·L^{-1})
1	原始采出水	349	40.23	1030
2	气浮后水	35 ~ 51		30 ~ 36
3	三级过滤	3.02		2.89 ~ 10
4	离子交换后净化水	1.0 ~ 2.4	0.126	2.0 ~ 5.71

2）腐蚀速率

腐蚀速率的影响因素较多，如溶解氧、SRB、H_2S、CO_2、pH 值及含盐量等，试验采用挂片失重法对水质腐蚀速率进行综合评价，得出原水和离子交换后净化水的腐蚀速率分别为 0.00053mm/a 和 0.00491 ~ 0.00739mm/a，都远低于行业标准 0.0076mm/a。

3）处理后水的配伍性

水质资料和配伍性试验结果如表 2 - 3 - 6 所示。原始采出水和高钡离子地层水严重不相容，经过离子交换后的净化水与高钡离子的某井地层水配伍性较好，回注油层，不会造成有害影响。

表 2 - 3 - 6　配伍性试验水质结果

mg/L

分析项目	集油站原始采出水	处理后净化水	某油井地层水	高 $SO_4{}^{2-}$ 地层水
$K^+ + Na^+$ 质量浓度	14000	12000	41600	9030
Ca^{2+} 质量浓度	1610	1250	7670	467
Mg^{2+} 质量浓度	337	313	772	141
Ba^{2+} 质量浓度	0	0	2870	0
Cl^- 质量浓度	2500	22100	81200	7610
$HCO_3{}^-$ 质量浓度	410	26	180	965
$CO_3{}^{2-}$ 质量浓度	13	0	0	0
$SO_4{}^{2-}$ 质量浓度	1330	48	0	9450
pH 值	6.5	6.5	5.9	7.1
总矿化度	43000	36000	134292	27700
水型	$CaCl_2$	$CaCl_2$	$CaCl_2$	Na_2SO_4

4）处理前后水对岩心伤害对比

对原始采出水和处理后净化水进行岩心流动试验，比较处理前后水对地层渗透率影响。岩心伤害试验模拟地层温度、压力、流体黏度、离子强度等条件。试验结果如图 2 - 3 - 13 和图 2 - 3 - 14 所示。

27#集油站站内原始采出水，$SO_4{}^{2-}$ 质量浓度为 600 ~ 1330mg/L。用该水进行岩心驱替，当注入倍数为 5 时，对岩心产生的伤害就达到 22.57%，PV 达到 20 倍，伤害率为 47.62%，最终 PV 为 85 时，伤害率达到 80% 以上。说明这两种水严重不相容，该水注入地层，会产生严重的堵塞伤害。

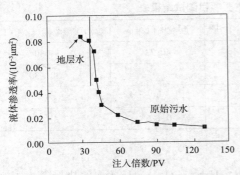

图 2 - 3 - 13 岩心渗透率伤害试验曲线

注：岩心为长 6；空气渗透率 0.163 × 10⁻³ μm²；
孔隙度 6.991%；水测渗透率 0.0424 × 10⁻³ μm²；
试验温度 45℃

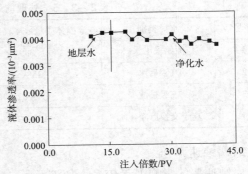

图 2 - 3 - 14 岩心渗透率伤害试验曲线

注：岩心为长 4 + 5；空气渗透率 0.124 × 10⁻³ μm²；
孔隙度 5.141%；水测渗透率 0.0043 × 10⁻³ μm²；
试验温度 45℃

经气浮、三级过滤及离子交换除去 SO_4^{2-} 的净化水，进行岩心驱替，当注入倍数（PV）从 5 到 25 倍，产生的岩心渗透率伤害很低，仅为 2.66% ~ 11.71%，说明这两种水相容性很好。该水注入地层，不会产生有害影响，从而证明处理后的水是良好的注入水。同时进行了岩心驱油试验，由表 2 - 3 - 7 可以看出，通过离子交换的去 SO_4^{2-} 水较原始采出水驱油效果明显。

表 2 - 3 - 7 岩心水驱油试验结果

井号	层位	气体渗透率/（10⁻³ μm²）	孔隙度/%	长度/cm	直径/cm	原始含油饱和度/%	试验温度/℃	无水驱油效率/%	最终驱油效率/%	备注
1	侏罗	409.138	18.37	6.628	2.542	56.63	40	38	38.86	原采出水驱油
2	长 3	1.138	11.87	3.268	2.542	44.16	40	57.47	74.74	去 SO_4^{2-} 水驱
3	长 2	0.787	13.38	7.046	2.542	50.21	40	32.5	39.58	—

（三）离子交换工艺用于油田热采废水回用经济分析

1. 工程概况

该联合站废水回用系统于 2008 年投产，设计处理规模 4000 m³/d，实际处理量 3000 m³/d，项目投资 5300 万元，项目投运后年节约清水用量 109.5 × 10⁴ m³。其处理工艺为沉降—气浮—两级过滤—两级离子交换软化，离子交换采用大孔弱酸树脂两级串联。其处理流程如图 2 - 3 - 15 所示，主要设备参数如表 2 - 3 - 8 所示。

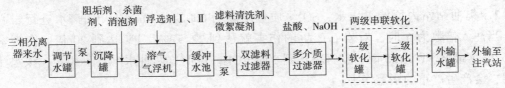

图 2 - 3 - 15 联合站废水深度处理工艺

表 2-3-8 主要设备参数

项目	数量	参数
调节水罐	2 个	2000m³
絮凝沉降罐	2 个	3000m³
溶气气浮(DAF)机	2 台	400m³/d
浮选水池	1 座	400m³
双滤料过滤器	3 个	32m³
多介质过滤器	3 个	32m³
一级软化罐	3 个	32m³
二级软化罐	3 个	32m³

该项目设计处理后的废水含油、悬浮物、pH 值、硬度(以 $CaCO_3$ 计)等指标应达到回用注汽锅炉的要求,设计进水及分段处理水质指标如表 2-3-9 所示。

表 2-3-9 设计进水及分段处理水质指标

项目	进水	调节水罐出水	沉降罐出水	溶气气浮机出水	双滤料过滤器出水	多介质过滤器出水	软化出水
含油质量浓度/($mg \cdot L^{-1}$)	1000	400	150	10	5	2	2
悬浮物质量浓度/($mg \cdot L^{-1}$)	1000	500	150	15	8	2-5	2
溶解氧质量浓度/($mg \cdot L^{-1}$)	0.2	0.15	0.15	1	1	1	<0.8
总硬度/($mg \cdot L^{-1}$)	250	250	250	250	250	250	<0.05
矿化度/($mg \cdot L^{-1}$)	≤5000	≤5000	≤5000	≤5000	≤5000	≤5000	≤5000
pH 值	6.5	6.5	6.5	7.5	7.5	7.5	7.5

2. 处理效果

1)取样及测定方法

分别从三相分离器出水口、调节水罐出水口、浮选机出水口、双滤料过滤器出水口、多介质过滤器出水口、二级软化罐离子交换器出水口取样,测定样品中油、悬浮物、溶解氧、总硬度及 pH 值。从三相分离器出水口及二级软化罐离子交换器出水口取样测定矿化度。废水中油含量采用比色法测定,悬浮物含量采用滤膜过滤法测定,溶解氧含量采用测氧管比色法测定,检测方法参照《碎屑岩油藏注水水质推荐指标及分析方法》(SY/T 5329—94)。总硬度采用滴定法测定,检测方法参照《水质 钙和镁总量的测定 EDTA 滴定法》(GB 7477—1987)。矿化度采用重量法测定,pH 值采用便携式 pH 计法测定,检测方法参照《水和废水监测分析方法》(第4版)。

2)处理效果

该项目经离子交换软化后,出水含油质量浓度为1.4mg/L,悬浮物质量浓度为0.94mg/L,溶解氧质量浓度为<0.05mg/L,总硬度<0.1mg/L,满足表中水质要求,各处理阶段处理效果如表2-3-10所示。

表2-3-10 联合站废水深度处理效果

项目	进水	调节水罐出水	沉降罐出水	溶气气浮机出水	双滤料过滤器出水	多介质过滤器出水	软化出水
含油质量浓度/(mg·L⁻¹)	2000	320	316	9	1.9	1.5	1.4
悬浮物质量浓度/(mg·L⁻¹)	1000	450	510	18	2.8	1.9	0.94
溶解氧质量浓度/(mg·L⁻¹)	0.2	0.15	0.15	1.0	1.0	0.12	<0.05
总硬度/(mg·L⁻¹)	250	250	250	250	250	250	<0.1
矿化度/(mg·L⁻¹)	≤5000	—	—	—	—	—	≤5000
pH值	6.5	6.5	6.5	7.5	7.5	7.5	8.05

该项目运行以来,取得了良好的处理效果,运行稳定,炉管结垢速率能够维持在正常范围内,废水回用于锅炉基本没有负面影响,有效解决了废水出路问题。

3)处理成本

该联合站废水深度处理成本约为4.04元/m³,包括药剂费2.48元/m³,电费1.29元/m³,离子交换树脂更换费0.27元/m³,如表2-3-11所示。

表2-3-11 废水深度处理成本　　　　　　　　　　　　　　　　元/m³

项目	成本
药剂	2.48
电费	1.29
树脂更换费用	0.27
合计	4.04

综上所述,在进水矿化度及总硬度较低的情况下,离子交换工艺处理油田热采废水回用于锅炉在技术、经济上可行。

3. 经济效益分析

废水深度处理后回用注汽锅炉产生的经济效益具体体现在以下几方面。

1）节约清水费用

废水回用注汽锅炉可替代注汽锅炉清水用量，节约清水取水费用，按照清水 3 元/m³ 计，每利用 1m³ 废水可节约清水费 3 元。

2）充分利用废水热量，减少燃料费用

注汽锅炉用水需要将清水或回用废水加热，一般取用的清水温度在 20℃ 左右，处理后的废水温度为 50℃ 左右，温差 30℃。加热以燃料油计，每 kg 燃料油热值 41.8MJ，燃料油价格按照 2450 元/m³ 计，锅炉热效率以 84% 计。

每 m³ 水温升高 30℃ 需热量为：$30 \times 4.2 \times 1000 = 126000(kJ) = 126(MJ)$。

上述热量需要消耗燃料油：$126 \div (41.8 \times 84\%) = 3.57(kg)$。同清水相比每 m³ 废水可以节约热能费用：$3.57 \div 1000 \times 2450 = 8.75(元/m³)$。

3）节约废水回灌或外排处置费用

假设未采取废水回用措施的情况下，锅炉采用清水，产生的富余废水需要外排或者无效回灌地层。

按照现有剩余废水外排及回灌的比例测算，约有 37.5% 的废水外排，62.5% 的富余废水无效回灌地层，处理成本按照生化处理外排 2.8 元/m³，回灌以 8 元/m³ 计，每产生 1m³ 富余废水的处置费用为：$0.375 \times 2.8 + 0.625 \times 8 = 6.05(元)$。

假设油田注入水量与产出水量基本平衡，即取用 1m³ 清水相应产生 1m³ 富余废水。那么每回用 1m³ 废水，即节约 1m³ 清水，可节约富余废水处置费用 6.05 元。

4）废水回用处理成本

废水深度处理后回用锅炉的成本按照 4.04 元/m³ 计，回用 1m³ 废水增加处理成本 4.04 元。

5）废水回用的综合经济效益

废水回用锅炉的综合经济效益为节约清水费用 + 节约燃料费用 + 节约富余废水外排或回灌费用 - 废水回用处理成本 = $3 + 8.75 + 6.05 - 4.04 = 13.76(元)$，即每回用 1m³ 废水可以产生 13.76 元的经济效益。

按照该联合站处理水量 3000m³/d 计，废水回用每年的经济效益为 1506.72 万元，该项目投资 5300 万元，静态投资回收期为 3.5 年。

五、悬浮污泥过滤采出水处理技术

（一）技术原理

悬浮污泥过滤（SSF）采出水净化处理技术主要包括 SSF 采出水净化器和物化工艺两部分，是一套纯物理化学法处理系统。净化系统中的旋流式凝聚池可以近似看成一个连续搅拌反应器（Continuous Stirred Tank Reactor，CSTR），悬浮污泥是很好的凝聚和过滤介质，可以认为随水流上升与悬浮层中的泥渣碰撞是同向凝聚条件。用同向凝聚理论可以近似描述工艺原理并计算其主要参数。当加药后的采出水由底部进入 SSF 固液分离组件后，由于组件的特殊构造，水流方向发生很大变化，造成较强烈的紊动。

絮凝成形的污泥颗粒在不断上升的过程中，密度越来越大，流速越来越小。慢慢开始发生沉降的污泥颗粒还会被罐底不断涌入的采出水的上升水流冲击，当重力与向上的冲击力相等时，污泥保持动态的静止，于是形成了一个活性污泥悬浮层。悬浮层中的颗粒由于拦截进水中的杂质而不断增大，污泥颗粒沉速不断提高，从而可以提高水流上升流速和产水量。值得注意的是，这个致密的悬浮泥层是由采出水中的污泥及混凝药剂形成的絮体本身组成的。随着絮体由下向上运动，使泥层的下表层不断增加、变厚；同时，随着过滤水力学原理形成的罐体的旁路流动，引导着悬浮泥层的上表层不断流入中心接泥桶，上表层不断减少、变薄。这样悬浮泥层的厚度达到一个动态的平衡。当混凝后的出水由下向上穿过此悬浮泥层时，此絮体滤层靠界面物理吸附和电化学特性及范德华力的作用，将悬浮胶体颗粒、絮体、细菌菌体等杂质全部拦截在此悬浮泥层上，使出水水质达到三级处理的水平。

（二）主要优点

1）工艺简单、处理精度高

用一套SSF采出水净化处理装置可替代采出水处理中的混凝、沉淀和过滤的三项工艺。相比其他处理技术，通过SSF采出水净化技术处理后的采出水水质达到油田采出水回注标准，且长期水质稳定。

2）运行费用低、经济效益强

充分利用水力学原理使药剂达到最佳效果。总费用（药剂费和电费）在0.7元/m^3采出水以下。在常压工作下运行，不需要反冲洗设施，一次性投资少，对油田含油采出水处理具有更显著的优势。

第四节　采出水处理技术新进展

一、人工湿地处理技术

随着采出水处理技术的发展，人工湿地以其低耗高效且具有高度环境友好性的特点逐渐得到良好发展，其应用领域从原来的生活采出水处理逐步扩展到富营养化湖水、暴雨径流、工业废水处理等方面。

（一）技术原理

人工湿地主要由植物、基质、水体以及微生物四部分组成。各部分相互依存，相互关联，共同形成一个半自然、半人工的生态系统。人工湿地中污染物的净化方式与湿地的组成部分密切相关，具体包括植物吸收作用，植物、介质表面附着的生物降解作用，沉淀作用，植物体、植物根系以及介质的过滤作用，介质的吸附作用，细菌、病菌等微生物的自然衰亡，紫外线、植物分泌物对细菌等的抑制、灭活作用。人工湿地污染物净化方式如表2-4-1所示。

表2－4－1 人工湿地污染物净化方式

污染物种类	净化方式
可降解有机物（BOD）	生物降解、沉淀、植物/微生物吸收
其余有机物	吸附、挥发、光降解
悬浮颗粒物	沉淀、过滤、吸附
氮	沉淀、吸附、硝化/反硝化、植物/微生物吸收、挥发
磷	沉淀、吸附、植物/微生物吸收
病原菌	自然衰亡、沉淀、紫外线降解、吸附、动物吞噬
重金属	沉淀、吸附、植物吸收

（二）工艺流程

采油厂联合站采用"油水分离→混凝沉淀→过滤"等传统采出水处理工艺首先对油田含油采出水进行预处理，处理后的采出水经联合站管线输送到人工湿地前端的蓄水缓冲池，池内的采出水通过配水装置排入人工湿地系统并经渠道系统进入湿地各处理单元，湿地植物、基质及微生物在各单元内对含油采出水进行相应的生物处理后汇集到排水渠，最终排入集水区，定期排走。人工湿地技术处理油田含油采出水工艺流程如图2－4－1所示。

（三）技术优势

与传统的采出水处理技术相比，人工湿地技术具有以下优势。

（1）人工湿地技术处理油田含油采出水具有建设费用低、构筑物少、无运行动力设备、无须电能、无须投加化学药剂、运行维护简便等优势。

（2）油田含油采出水具有高矿化

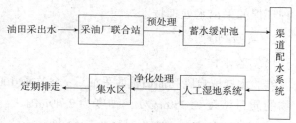

图2－4－1 人工湿地技术处理油田
含油采出水工艺流程

度、高含盐量、水质显碱性等特点，且在进行油水分离时化学药剂的投加使其污染物成分更为复杂。在对采出水进一步处理的过程中，选择合适的处理工艺较为困难。相对于厌氧－好氧生物处理工艺而言，人工湿地系统对油田含油采出水有一定的耐受能力，湿地植物的优势品种——芦苇具有很强的耐盐碱性，并可在生长过程中吸收采出水中的N、P和氯离子等。相关研究表明，浅层土壤中芦苇根系的生长对微生物及石油烃降解有明显的促进作用。此外，湿地基质亦可与采出水中的各种离子进行胶体置换，降低污染物浓度，较大程度地削减含油采出水的生物毒性。

（3）人工湿地技术处理油田含油采出水具有显著的经济效益。含油采出水对芦苇的材质并无明显影响，同时其在一定程度上有利于增加单位面积芦苇的生物量。收获的芦苇可用于造纸等工业生产，从而保证芦苇在不进入食物链的前提下，既无二次污染又可获得可观的经济效益。

（4）人工湿地技术处理油田含油采出水还可恢复油区生态环境，提高油田景观效应。近年来，我国大部分地区干旱少雨，天然湿地面积大幅萎缩，很多已退化成草原或沙地。

利用人工湿地技术对油田含油采出水进行生物处理，可有效缓解湿地沙化、盐碱化过程，有利于恢复油田生态环境。

(四)结论

作为新兴的采出水生态处理工艺，人工湿地技术既具有高效低耗、运行维护简便、处理效果良好等优势，又存在较大的环境效益和经济效益。然而目前我国针对人工湿地技术处理油田含油采出水方面的研究还比较少，只有通过科研人员对该工艺的不懈探索、研究，才能将人工湿地采出水处理技术更好地推广及应用到油田含油采出水处理领域。

二、超声波降解油田含聚采出水新技术

(一)超声波处理技术

1. 技术原理

利用超声波降解采出水中的污染物是近几年发展起来的一项新型采出水处理技术。其原理主要利用超声波的空化现象，在空化作用下，液体局部产生了高温高压作用，同时空化作用还产生了具有强烈冲击力的微射流，水分子在高温高压下裂解产生·OH和·H、H_2O_2等具有氧化性的粒子，并在微射流的作用下进入溶液，使液体中的有机物分子发生分解，从而达到对采出水进行处理的效果。该技术无须外加试剂，也不产生其他污染，是一种环保的采出水处理技术。

2. 实验研究

1)实验水样

实验水样取自胜利油田桩西采油厂，每次取100mL水样进行实验。水样中聚丙烯酰胺聚合物的质量浓度为759mg/L，黏度为2.49mPa·s，Na^+、K^+、Ca^{2+}、Mg^{2+}、Cl^-、SO_4^{2-}、HCO_3^-质量浓度分别为1956mg/L、48mg/L、89mg/L、16mg/L、2720mg/L、20mg/L、758mg/L，pH值为8.3，含油质量浓度为2400mg/L，悬浮物质量浓度为158mg/L，BOD_5/COD为0.092。

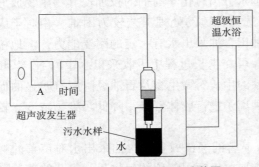

图2-4-2 超声波降解实验装置

2)实验装置

实验装置如图2-4-2所示。超声波发生器功率为0~500W(可调)，发生频率为20~60kHz(可调)，发生器连接辐射状换能器和变幅杆，实验所用水浴槽为自制恒温水浴槽，反应器为烧杯。

3)分析方法

水样的黏度使用美国BROOKFIELD公司的LVDVⅡ+型黏度计测定，COD采用标准重铬酸钾法测定，BOD_5采用稀释倍数法测定。首先测量原水样在不同温度下的黏度、BOD_5及COD质量浓度，然后将水样进行超声处理，选择超声波作用强度、频率、温度为变量，在不同的时间内，测定经超声波处理后水样的黏度、BOD_5及COD质量浓度。

3. 实验结果分析

对于采出水黏度和其可生化性的影响，主要从以下三个方面进行分析。

1）超声波功率的影响

在温度为20℃条件下，固定频率为45kHz，分别选取100W、200W、300W、400W不同功率的超声波对水样进行处理，每隔10min取样进行黏度及COD与BOD$_5$质量浓度的比值分析，结果如图2-4-3和图2-4-4所示。

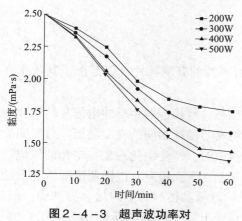

图2-4-3 超声波功率对
采出水黏度的影响

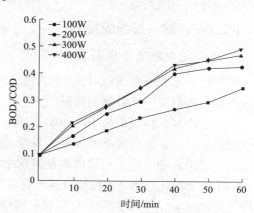

图2-4-4 超声波功率对
采出水可生化性的影响

分析认为，功率为300W时，采出水黏度降低效果较明显，而超过300W时，效果虽有增强，但是负声压相内空化核增长过大，在随之而来的正相内来不及被压缩而崩溃，导致超声波能量利用率降低，同时更多的声能转化为热能，不利于空化效应。因此，在单独考虑功率因素时，选择300W最为经济。

2）超声波频率的影响

在温度为20℃的条件下，微波功率300W时，分别选取25kHz、35kHz、45kHz、55kHz、65kHz频率的超声波进行实验，结果表明，60min后，采出水黏度降幅分别为33.8%、43.4%、35.2%、39.5%、38.6%，可见频率对采出水黏度的影响并不明显。

对于采出水可生化性的影响如表2-4-2所示。

表2-4-2 频率对采出水可生化性的影响

频率/kHz	25	35	45	55	65
BOD$_5$/COD	0.492	0.470	0.367	0.255	0.249

由表2-4-2可知，超声波频率对实验采出水可生化性的影响较大，可生化性水随着频率的增大而降低，这种现象主要是由超声波频率对特定有机物的降解机理不同引起。

3）温度的影响

在超声波功率300W，频率45kHz，处理时间60min的条件下，对比20℃、30℃、40℃、50℃条件下的采出水黏度和可生化性，如表2-4-3所示。

表2-4-3　温度对采出水黏度和可生化性的影响

温度/℃	20	30	40	50
黏度/(mPa·s)	1.47	1.43	1.42	1.39
BOD$_5$/COD	0.47	0.43	0.41	0.40

由表2-4-3可以看出，高温比较有利于黏度的降低和可生化指数的降低，但是影响效果不明显。一般来说，声化学反应的温度应控制为10~30℃。

(二)超声波–超滤膜技术

1. 超声波杀菌清洗技术原理

超声波是指频率在2000Hz以上的声波，具有声波的普遍特性。但是由于其频率高于一般声波，因而有一些特殊的性能。

利用超声波发生机产生20~40kHz的电功率信号，经换能器将脉冲电信号转换成相应的机械振动，产生定向传播的纵波，各质点形成稠密与稀疏相间的交变波形，分子间原有的吸引力被破坏而下降。对液体施足够功率的超声波时，产生空化现象。空化的气泡数可达50×10^3个/s。局部增压峰值可达数百甚至上千大气压。超声波传播速度随着介质的变化而产生速度差，从而在界面上形成剪切应力，导致垢晶体与管壁间结合力减弱，因此，能够阻止或逐步清除杂质微粒附着在管壁和容器内壁上，达到动态清洗的目的。另外，由超声波所激发的微水流对杂质微粒也有显著的清除作用，同样，超声波对微生物也有强烈破坏作用。它能使微生物细胞内容物受到剧烈的震荡而破坏细胞。在水溶液内，由于超声波的作用，能产生过氧化氢自由基，具有杀菌能力。微生物细胞液受高频声波作用时，其中溶解的气体变为小气泡，小气泡的冲击可使细胞破裂，因此，超声波对微生物有一定的杀灭效应。

超声波清洗优点：超声波清洗的效果很好、清洁度高、清洗速度快，不需人手接触清洗剂，安全可靠，同时将超声波清洗和超滤膜分离技术共用可以利用超声波的振动作用有效防止超滤膜堵塞，减小超滤膜反冲洗的次数，避免超滤膜的二次污染，节省热能、清洗剂、场地和人工等。超声波清洗已经显示出巨大的优越性，将逐步取代传统的清洗方法。

2. 超滤膜分离技术原理

膜技术是一门崭新的跨学科实用技术，膜分离过程是一种无相变、低能耗物理分离过程，具有高效、节能、无污染、操作方便和用途广等特点，近半个世纪以来，膜技术已在许多领域中得到广泛应用，被公认为当代最有前途的高新技术之一，超滤膜从20世纪90年代得到广泛应用。

超滤是介于微滤和纳滤之间的一种膜过程，平均孔径为3~1000nm。超滤膜技术是一种能够将溶液进行净化、分离、浓缩的膜分离技术。其截留机理主要是筛分作用，但有时膜孔径既比溶剂分子大，又比溶质分子大，故膜表面的化学特性(膜的静电作用)也起截留作用。以膜两侧的压力差为驱动力，以超滤膜为过滤介质，在一定的压力下，当水流过膜表面时，只允许水及低相对分子质量溶质通过，从而达到溶液的净化、分离与浓缩的目的。

膜技术自开始应用于水处理领域以来，能够有效截留污染物、细菌和病原菌，已成为水处理领域中最具有发展潜力的技术之一。与常规水处理工艺相比，膜分离技术具有出水优质稳定、安全性高、占地面积小、容易实现自动控制等优点。

3. 实验器材及相关参数的影响

1）膜组件及结构形式

该方案将超声波发生器与超滤膜技术融合，用超声波的清洗作用降低了超滤膜堵塞率，减少了超滤膜组件膜的反冲洗次数；应用超声波的空化作用、振动性能对采出水有很好的破乳杀菌效果，使得超滤膜的处理能力大大加强，提高了超滤膜的使用寿命，减少了膜的二次污染。其超声波－超滤膜采出水处理流程如图2－4－5所示。

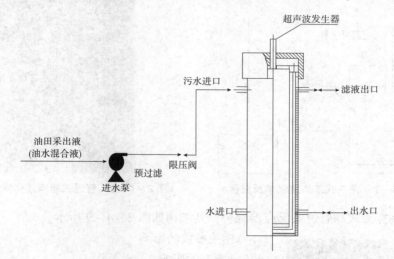

图2－4－5　超声波－超滤膜采出水处理流程图

超声波－超滤膜组件如图2－4－6所示。

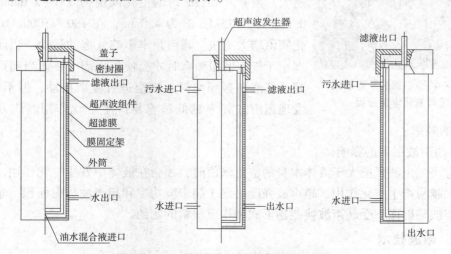

图2－4－6　超声波－超滤膜组件示意图

2）超滤膜材料

该方案采用纳米 Al_2O_3 改性聚偏氟乙烯（PVDF）超滤膜（以下简称超滤膜），考察了超滤膜对油田采出水的处理效果。

3）超声波发生器

超声化学反应器是通过换能器将电能转换成声能的仪器设备。利用不同的换能器可制成不同形式的超声化学反应器，非变幅辐射式超声化学反应器（如槽式声化学反应器）和变幅辐射式超声化学反应器，如探头式声化学反应器和管道式声化学反应器（图2-4-7~图2-4-8）。

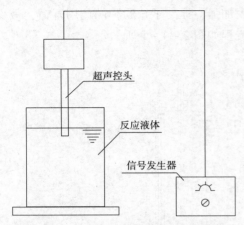

图2-4-7　探头式超声波化学反应器

图2-4-8　管道式超声波化学反应器

该方案将探头式和管道式反应器融合，其结构如图2-4-9所示。

图2-4-9　探头及管道式超声波化学反应器

4）相关参数的影响

（1）频率的影响。

超声波频率与空化阈值有密切关系，频率越高空化阈值越大，频率为 15kHz 时的空化阈值为 0.5~2.0atm（1atm = 0.1MPa），175kHz 时为 4.0atm，在 100~1000kHz 之间空化阈值增大更快。超声频率影响气泡的运动：当超声波频率小于气泡谐振频率时才会使气泡闭灭；而当超声波频率超过气泡谐振频率时，气泡进行复杂振动，但不能闭灭。发现超声波频率越低越容易产生空化作用。该方案使用 200kHz 的频率。

（2）超声波强度的影响。

只有当超声波强度大于液体本身的空化阈值时，才会在液体中发生空化作用。超声波强度越大越易产生空化作用，超声波强度决定于超声波功率和超声波辐射面积，超声波功率和超声波辐射面积受超声波换能器形式和构成材料的制约。

（三）微波技术

1. 微波作用原理

微波指频率为 $3 \times 10^8 \sim 3 \times 10^{11} Hz$、波长为 1mm~1m 的电磁波，具有反射、透射、干

涉、衍射、偏振等现象，广泛应用于工业、科学及医学领域。在微波照射下，某种强烈吸收微波的"敏化剂"可以把微波能传给待反应物质而诱发化学反应，使反应速度达常规反应的数十倍，甚至上百倍，即微波诱导催化反应。很多常规条件下不能进行的化学反应，在微波照射下也能够很好进行，因此，微波被广泛应用于各类化学反应。

目前，微波催化技术应用于生活采出水处理，在我国南方部分地区已应用于工程，并取得了较好的处理效果，而在处理难降解废水和农药等有毒有害废水的应用上仍处于研究阶段，但数据表明处理效果优于没有微波催化的传统工艺。

2. 微波技术应用原理

将微波技术应用在水处理方面，是近几年新兴的研究领域，不仅可以提高处理效率、缩短反应时间，还不受地域、气温等条件限制，尤其适合于我国北方高寒地区废水处理。当微波辐射与其他水处理技术联合应用时产生"协同效应"，可提高采出水中污染物的去除率，加速处理进程。目前将微波技术直接用于油田含油废水处理的方式主要有三种。

1）氧化

该方式主要是降解 COD，在微波照射下利用氧化剂将有机物氧化为 CO_2 和 H_2O。

2）絮凝

该方式可去除 SS、COD 等，利用微波催化加速絮凝反应过程，同时提高絮凝效果。

3）破乳

该方式可去除油类物质，利用微波的热点效应，使破乳剂和乳状油所在点形成局部高温，从而加速破乳过程。

3. 微波法处理油田废水的特点

微波对流体中的物质进行选择性加热，对吸微波物质有低温催化作用；能够加速流体中固、液分离；具有低温杀菌、均匀加热、迅速升温、快速穿透等功能。达到去污除浊杀菌的效果，不产生二次污染。

微波催化处理油田废水是对物理化学法的技术改进。和传统工艺相比主要有以下优点。

（1）催化作用加速化学反应，其速率是传统工艺的十倍以上。

（2）杀菌作用使经过微波法处理后的油田废水中的细菌个数远远低于出水水质标准，免去传统工艺的消毒过程。

（3）针对乳化油，微波具有破乳作用，有利于后期采用重力法进行油水的分离。

（4）对 PAM 的混凝作用起到了一定的促进作用。

（5）与传统的工艺相比，微波设备具有反应速度快，占地少，可移动操作，出水水质高，不受气温、地域、水质等条件的影响等优点。

（四）超声波破乳除油反应器

1. 系统设计

油田采出水采用槽式反应器进行处理，在超声波功率为 1000W，频率为 27kHz，声强为 $0.46W/m^2$、反应时间为 3min，处理水量为 12L，温度为 45℃的最佳条件下，以除油率可达 90.2% 的小试实验参数为放大原型，计算出 $5m^3/h$ 油田采出水超声波破乳除油反应器设计参数分别为：总容积为 0.42m³，过水断面面积为 0.278m²，有效体积为 1.5m × 0.7m × 0.5m。

油田采出水超声波破乳除油反应器及系统包括固液分离箱、超声脱油反应器、超声波换能器、超声波发生器、电动扣油阀和控制系统等，如图 2 - 4 - 10 所示。

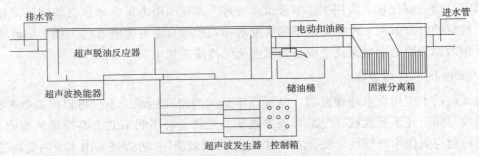

图 2 - 4 - 10　油田采出水超声波破乳除油反应器及系统示意图

2. 应用实验

1）静态

实验条件：进一级分离罐前管道引出原水初始原油质量浓度为 344.537mg/L，水温为 45℃，pH 值为 7，超声反应器体积为 0.3m³，超声反应器总水作用面积为 4738.5cm²，超声波功率为 1820W，超声频率为 27kHz，超声波破乳声强为 0.39W/m²，作用一定时间后，分别取样静置 5min，测其油含量并计算除油率。

在该实验条件下，6min 之前去除率随着反应时间延长而急剧上升，但 6min 后去除率随着反应时间延长而大幅度下降（主要是再次乳化造成）。结果表明：最佳反应时间为 6min 时，除油率达 90.74%。

2）连续动态

（1）超声功率对除油率的影响。

实验条件与静态应用实验的实验条件相同，流速为 2.28m³/h，改变超声功率连续作用，取样静置 5min，测其油含量并计算除油率。超声功率对除油率的影响结果表明，在该实验条件下，除油率随着超声功率增大而急剧上升，超声功率为 1820W 时，除油率达到 92.69%。

（2）流速对除油率的影响。

实验条件与静态应用实验的条件相同，改变流速连续作用，取样静置 5min，测其油含量并计算除油率。实验表明：流速为 2.28m³/h 时，除油率为 92.69%；流速为 4.8m³/h 时，除油率为 80.5%。

（五）超声波降解技术

1. 研究进展

目前，国内外对聚丙烯酰胺（HPAM）超声波降解技术的报道基本处于实验理论探究阶段，在油田施工现场应用相对较少。Yen 等探究了部分水解 HPAM 溶液超声波降解的影响因素，实验发现，随着超声时间的增加和溶液体系温度的提高，HPAM 的降解程度提高，且其降解程度与体系温度符合 Arrhenius 定律，超声波降解 HPAM 的活化能达到 43.9kJ/mol。陈荣等对 500mL 的油田含聚采出水分别进行不同作用时间、不同频率和辐射功率的超声波辐照。结果显示，超声波对聚合物具有很好的降解作用，一般处理 20min 后，降解率可达 90% 以上；45℃时的降解率比 25℃时的降解率增加约 40%，高温有助于提高聚合物的降解效率。

超声波降解技术最显著的特点是能有效降低油田含聚采出水的黏度，不仅为后续水处理过程减少了负荷，而且提高了对含聚采出水中聚合物降解的效率。刘新亮等曾开展了超声波降解含聚油田采出水的室内研究。实验结果表明，超声波的空化效果可以将一部分难以生化降解的聚合物转化为黏度较低的易降解的小分子物质，采出水黏度降低达 40% 以上。黄伟莉等通过处理大庆油田采油一厂的采样含聚采出水发现，超声波可有效地破坏采出水中聚合物分子间形成的空间网络结构，降低采出水黏度，削减中间相的出现。经超声波处理后黏度降至 $1.0 \sim 1.1 mPa \cdot s$，采出水含油测量值较处理前降低了 2% ~ 14%。杨凤华等测试了大庆油田含聚采出水超声波作用前、后的黏度损失率，并探讨了超声波对降低聚合物溶液黏度的微观机理。实验发现，超声波的作用可使三元复合驱采出水的黏度由 $4.3 mPa \cdot s$ 降至 $3.3 mPa \cdot s$，黏度降低率达 23%。

目前，油田应用的超声波介入技术除了将超声波与化学氧化法相结合，还包括与膜处理法和光催化降解法等处理方法有机结合。其中，冶君妮等提出了超声波联用超滤膜技术用于油田油水分离及杀菌的思路和施工方案，在短时间内有效降低各种细菌的数量从而达到油田注入水的水质标准。Aarthi 等开展了超声和紫外线辐照降解水溶性聚合物的研究。研究发现，超声波和紫外线组合降解总速率的增加是由于每条分子链断裂产物的数量增加，而不是由于两者固有降解速率的叠加。郑永哲等针对大港油田的采出水使用单一紫外线杀菌技术透光率较低，无法有效去除采出水中还原菌等问题，引入超声波降解技术。耦合实验表明，在超声波协同紫外线杀菌装置的作用下，硫酸盐还原菌 SRB 数量从 10^5 个/mL 减至 6 个/mL，杀菌率达到 99.8% 以上。

2. 未来展望

超声波技术用于处理油田含聚采出水时具有氧化能力强、降解速率快、发声装置容易介入等优点。纵观国内外对超声波降解油田含聚采出水的机理研究与应用，今后超声波降解技术还可以应用在一些油田含聚采出水的处理中。

(1)目前，高盐油藏、高凝油油藏采出水中矿化度高、含油率大、易结垢和析蜡，严重影响采出水处理装置的降解效率；而超声波技术可以有效防止采出水中 Ca^{2+} 的析出，其机械振动和热作用能有效抑制蜡体结晶，超声波在处理该类苛刻油藏采出水时具有一定的可行性。

(2)针对国内外稠油油藏、重质油油藏中的采出水黏度高、密度大、含油量高和采出水处理工艺复杂等问题，可以采用超声波技术对油田采出水进行预处理，不仅可以减轻后续采出水处理工艺的负担，而且可以替代部分采出水处理工艺，提高采出水处理效率。

(3)由于海上含聚采出水、污泥对周围环境的污染严重，且海上油田空间有限，作业流程较短，导致采出水、污泥的处理难度增大；而超声波发声装置具有体积小、易于介入和无二次污染等优点，可以应用于海上采出水、污泥的处理，与其他处理技术联用可以实现海上采出水、污泥零排放的要求。

（4）超声波技术与新型物理降解技术的联用已经成为目前的研究热点，如超声波与电气浮技术、电絮凝技术、无机盐调理技术和超滤装置等联用，不仅可有效降低生产成本，而且两者还可产生协同效应。

三、嗜盐菌处理技术

（一）油田含盐采出废水对普通土壤微生物的影响

油田含盐采出废水通常具有矿化度高、含油量较高等特点，对采用普通微生物处理带来一定的难度。虽然无机盐类是微生物生长所必需的营养元素，在微生物生长过程中起着促进酶反应、维持膜平衡和调节渗透压的重要作用，但是盐类浓度过高会对普通微生物的生长产生毒性。

（1）对微生物多聚物（如蛋白质）的影响。盐类可以吸收水分，增强疏水键，导致构象变形甚至盐析，从而使蛋白质对水分子的利用率下降，导致一些重要的生物反应不能进行。

（2）对微生物活性影响。盐浓度的增加会减小微生物呼吸速率，使酶活性受阻，从而降低微生物对有机物的去除率。Woolard C R 研究发现，在含盐 3.5% 的系统中，每 mg 污泥降解总有机碳的能力从 0.3mg/h 降至 0.12mg/h。金文标等研究结果也表明，普通微生物对石油烃的降解能力和盐浓度之间存在反比的关系，即盐浓度越高，降解能力越低。

（3）对微生物种类的影响。由于普通微生物不能耐受高盐的冲击，因此，高盐度将导致普通微生物种群不断减少甚至消失。

（二）嗜盐菌的作用机理

1. 嗜盐菌分布特征及分类

嗜盐菌多生长于天然（盐湖、盐碱湖、死海、海洋）和人工（盐制品、盐场等）等高盐环境。我国拥有广阔的盐域环境和丰富的嗜盐菌资源。嗜盐菌大多数不运动，只有少数靠丛生鞭毛缓慢运动，采用二分分裂法进行繁殖，无休眠状态，不产生孢子，适宜于偏碱性（pH 值为 9～10）环境，具有极高的生长速率，世代周期约为 4h；嗜盐菌利用的碳源十分广泛，一些嗜盐菌在葡萄糖、氨和无机盐的介质中即可生长，但大多数嗜盐菌需要氨基酸或维生素等生长因子。根据嗜盐菌对盐的不同耐嗜程度，将其进行分类，结果如表 2 - 4 - 4 所示，中度嗜盐菌基本是真细菌，极端嗜盐菌属于一种古细菌。

表 2 - 4 - 4　嗜盐菌的分类

分类	最适培养基浓度/(mol·L^{-1})(NaCl 计)	举例
非嗜盐菌	<0.2	多数普通真细菌和多数淡水微生物
轻度嗜盐菌	0.2～0.5	大多数海洋微生物
中度嗜盐菌	0.5～2.5(饱和)	弧菌属、副球菌属、假单胞菌属
极端嗜盐菌	2.5～5.2	嗜盐杆菌属、嗜盐菌属

2. 嗜盐菌的嗜盐机制

嗜盐菌能够适应外界高盐环境主要由于以下独特机制。

1）嗜盐菌具有特殊的细胞结构和生理特性

嗜盐菌细胞壁不含肽聚糖，而以脂蛋白为主。嗜盐菌的细胞内拥有和细胞外基本相等的离子浓度，这样可以抵抗胞外高盐溶液对细胞的脱水作用。另外，嗜盐菌具有浓缩 K^+ 和排斥 Na^+ 的能力，因此，在 Na^+ 占优势的高盐环境中也不会使过多的 Na^+ 进入细胞，嗜盐菌在高盐环境中能保持细胞结构稳定并能很好地生存。

2）嗜盐菌的酶稳定和活性发挥需要高盐浓度

嗜盐菌内的很多酶在高盐浓度下依然能够保持稳定性，称为嗜盐酶。嗜盐酶的稳定和活性发挥需要高盐浓度，如从内蒙古碱湖分离得到的极端嗜盐碱杆菌 C - 212 菌株的胞外淀粉酶的稳定性受 NaCl 浓度影响，随着 NaCl 浓度的增加，酶的热稳定性提高。

3）嗜盐菌特有的细胞结构对高盐环境的适应

嗜盐菌细胞膜上具有一些特殊的呈六面格子形状的紫色斑块，称为紫膜。紫膜是嗜盐菌细胞结构的一大特征，也是嗜盐菌长期适应高盐环境的结果。紫膜是一个功能稳定的光能转换器，在光能作用下驱动细胞膜内外细胞质子，使其形成质子梯度，产生能量可以合成腺苷三磷酸（ATP），弥补在高盐条件下（盐浓度越高，溶解氧越低）底物氧化所需能量的不足，为细胞浓缩 K^+ 和排斥 Na^+、吸收营养物质提供能量保证，以满足嗜盐菌正常的生理需要。

4）嗜盐菌细胞产生小分子溶质以适应高盐浓度

大多数嗜盐菌能根据外界高盐环境，迅速合成糖（主要有蔗糖、海藻糖、甘油葡萄糖）、氨基酸等小分子溶质，以调节渗透压，维持细胞在高盐环境下的正常新陈代谢活动，如在一种嗜盐的外硫红螺菌中发现环状氨基酸，在细胞内浓度可达 0.25mol/L，有利于稳定和保护菌体内酶的活性，使其能在高盐浓度下正常生长。此外，嗜盐菌的细胞质蛋白还可特异地结合许多低相对分子质量的亲水性氨基（若疏水性氨基过多则会成簇，使细胞质失去活性），使细胞质呈现溶液状态，以在高盐环境中发挥其功能。

（三）实例应用

1. 油田含盐采出废水

嗜盐菌能在 15%~32% 及 4700~204000mg/L 的 NaCl 介质中生长繁殖，且能降解石油烃类。Sorkhoh 等调查了科威特 38 处被石油污染的沙漠样本，分离出 368 株高效耐温耐盐石油烃降解菌，在温度为 60℃、含盐量 4%~7% 条件下，5d 内可以降解原油 80%~89%。魏纳从长期被石油开采及炼油废水污染的土壤底泥及深井油泥中筛选出 5 种优势菌，对高含盐石油废水进行处理，在废水的 Cl^- 质量浓度为 20~36g/L、COD 质量浓度为 1600~4000mg/L 范围内，高含盐量对耐盐复合高效微生物无明显抑制作用，结合物化处理方法对 COD 的去除率稳定在 90% 左右，处理后的废水达到国家标准《污水综合排放标准》（GB 8978—1996）中的二级标准。李顺成等在 SBR 反应器中投加嗜盐菌种，研究嗜盐菌对微生物组成和活性污泥活性的影响，结果发现嗜盐菌的存在能改善微生物组成，增强反应主体活性污泥的活性，投菌状态下 COD_{Cr} 平均去除率为 80.7%。此外，在 SBR 反应器中投加大盐湖土壤中筛选出的嗜盐菌，用于处理含酚（含酚质量浓度约为 100mg/L，含盐量为 14%）油田废水，经过 7 个月的连续运行，出水中的酚浓度小于 0.1mg/L，TOC 质量浓度小于 10mg/L，悬浮物浓度小于 50mg/L；吴方平研究表明，河南油田总矿化度为 4466.3mg/L 的稠油采出水经含有耐盐、耐高温（60~70℃）菌种的生物膜水解酸化/接触氧化工艺处理后，出水水质达到国家标准《污水综合排放标准》（GB 8978—1996）中的二级标准；嗜盐菌经驯化后，用厌氧－好氧联合工艺处理含 Cl^- 为 11000~12000mg/L 的高盐度含油采出水，出水 COD_{Cr} 为 14~67mg/L，且水质稳定，达到国家标准《污水综合排放标准》（GB 8978—1996）中的一级标准；另外，经嗜盐菌强化后的生物活性炭对于胜利油田地区乐安现场采油废水和现河首站采油废水有着较好的处理效果，水力停留时间为 5h 时，COD 去除率可分别达到 64.86%、53.62%。

2. 其他有机污染物

嗜盐菌的许多种属具有与传统微生物相同的有机物代谢机制，而且对含油废水的处理效果表明嗜盐菌对于高盐环境中的石油污染物能够有效降解。此后，进一步发掘嗜盐菌处理环境中有机污染物的能力与潜力，并进行了大量的实验研究。Garcia 等研究了中度嗜盐菌对以苯酚为代表的芳烃的降解能力，通过 16srRNA 序列分析、PCR 扩增分析发现菌体内具有编码 catechol1，2－dioxygenase 和 protocatechuate 3，4－dioxygenase 两种双加氧酶的基因，因此，嗜盐菌具有在高盐环境下降解芳烃的能力。Peyton 等研究表明 5 种不同的嗜盐菌在含盐量为 10% 的酚培养基中能将 50mg/L 的酚降解到 2mg/L。将嗜盐菌在序批式生物膜反应器中进行培养，处理含盐量为 1%~15% 的合成含酚废水，即使含盐量高达 15% 时，处理系统仍能对酚进行稳定有效的去除，且对酚的去除率依然在 99% 左右。张波等通过中试研究了投加复合嗜盐菌剂对厌氧反应器启动的影响以及对高盐有机废水生化处理的强化作用。结果表明，投加复合嗜盐菌剂能够加快厌氧反应器的启动，且能有效改善生化系统对 TOC 的去除效果，对 TOC 的去除率由投菌前的 50% 左右提高至 70% 以上。Hamoda 等采用活性污泥法处理含盐废水的研究发现，在高盐环境下生物活性和有机物去除率均有提高，TOC 去除率在 NaCl 质量浓度为 0、10g/L、30g/L 时分别为 96.3%、98.9%、99.2%，并指出高盐度环境促进了一些嗜盐细菌的生长，使反应器内微生物浓度增加，提高了有机物的降解率。此外，通过研究嗜盐菌对苯乙酸和多氯联苯的降解能力，发现嗜盐菌在 20h 内对 1g/L 苯乙酸的降解率达 95% 以上；在 72h 内对多氯联苯的降解率达 90% 以上。

四、表面活性剂在油田采出水处理中的应用

表面活性剂是由两种不同性质的原子基团组成：一种是亲水的极性基团，另一种是疏水的非极性基团。因其能吸附于两相界面并提高界面活性，降低界面张力而广泛应用于各个行业。目前，表面活性剂在油田应用也同样广泛，主要有钻井过程中的气泡剂、乳化剂、页岩抑制剂，采油用的驱油剂、降黏剂，油气集输用的破乳剂、消泡剂等。除此以外

还有采出水处理用的絮凝剂、缓蚀剂、杀菌剂等。目前，国内大部分油田采用注水方式采油，且大部分已进入高含水期。根据可持续发展战略的要求，随着我国油田的开采，油田采出水经深度处理后才能排放或回注。因此，大力发展水处理剂对环境保护和节约水资源具有重要作用。

（一）作用机理

1. 缓蚀作用

在油田开发后期，会产生大量的 H_2S、CO_2、Cl^- 及 SO_4^{2-} 等腐蚀介质，这些物质溶解在地下采出水中，形成弱酸体系，对注水系统井下管柱造成腐蚀。具有缓蚀作用的表面活性剂可以在金属表面形成吸附膜，表面活性剂在金属表面发生吸附时，其亲水基团吸附在金属表面上，因亲水基团性质的不同而与金属表面发生物理吸附或化学吸附。疏水的非极性部分在水溶液中形成一层斥水的屏障覆盖着金属表面使其得以保护。

1）阳离子型表面活性剂

阳离子型表面活性剂主要有脂肪族胺盐、季铵盐。脂肪族的胺盐在中性或碱性溶液中的溶解度小，但易溶于酸性水溶液中，所以脂肪族胺盐一般用作酸性介质中金属的缓蚀剂。在酸性水溶液中，胺首先形成铵离子，然后吸附到金属表面。氯化十六烷基吡啶（CpyCl）是一种叔胺，可在 0.5mol/L 盐酸溶液中作为金属锌的缓蚀剂使用。Achouri 等研究了一类以连接基团将长碳链二甲基叔胺连接起来的 Gemini 阳离子表面活性剂，抑制铁在盐酸中的腐蚀。结果表明，其对 1mol/L 盐酸中的金属铁有很好的保护作用。随着该剂浓度增大，缓蚀效果也随之提高，并在临界胶束浓度（cmc）附近达到最大值。

含适当长碳链的季铵盐表面活性剂具有较好的杀菌作用，常用作水处理杀菌剂。此外，在使用中还发现，有的季铵盐兼具明显的缓蚀作用。张英菊等合成了含氮杂环季铵盐缓蚀剂（9912－1），该剂在质量分数为 3% NaCl 饱和 CO_2 溶液体系中的电化学实验结果与挂片失重法测试的结果基本一致，9921－1 对 Q235A 碳钢在质量分数为 3% NaCl－H_2O 饱和 CO_2 体系中有良好的抑制腐蚀作用，缓蚀率都达到 95% 以上。

2）阴离子型表面活性剂

阴离子型表面活性剂可对酸性溶液中铝的腐蚀具有缓蚀作用。如十二烷基硫酸钠（SDS）、十二烷基磺酸钠（DSASS）、十二烷基苯磺酸钠（DBSAS）。此外研究还发现 SDS 可作为盐酸溶液中碳钢的缓蚀剂，并且与 OP－10 和 EDTA 复配后具有良好协同缓蚀作用。

3）非离子型表面活性剂

非离子型表面活性剂也可用于金属缓蚀方面。例如，Tween 系列非离子表面活性剂可以抑制酸性溶液中钢的腐蚀。在 cmc 附近可得到最佳缓蚀效率，随着疏水碳链长度的增加，缓蚀效率提高。

4）两性型表面活性剂

Hajjaji 等研究了 N－烷基甜菜碱在 1mol/L 盐酸中对铁的缓蚀行为，结果表明 N－烷基甜菜碱的缓蚀作用随介质 pH 值的升高而降低，说明缓蚀作用与溶液中 H^+ 浓度有关。同时 N－烷基甜菜碱在低浓度时，缓蚀效率随缓蚀剂浓度增大而提高，在 cmc 附近缓蚀效率达到最大。此外，蒋馥华等研究了 N−十二烷基甘氨酸对低碳钢的缓蚀行为，结果表明浓度在 cmc 附近时，缓蚀效果最好。

2. 絮凝作用

油田采出水处理工程中，如仅采用机械沉降、过滤等，还很难达到净化目的，因为微小颗粒或胶体沉降很慢，甚至不沉降，而油滴、细菌都严重影响过滤设备的正常工作。此时加入絮凝剂，可使油珠、机械杂质及其他悬浮物絮凝沉降，然后再经滤池过滤，可使采出水较好净化。用作絮凝剂用的表面活性剂常为高分子化合物，相对分子质量一般为几千以上，甚至高达几千万。这类高分子物质并不具有显著降低表面张力的作用，在溶液中也不能形成通常意义上的胶束，但可以吸附于固体表面，具有分散、稳定和絮凝的作用，在工农业生产中有重要作用，被称为高分子表面活性剂。而传统的表面活性剂本身不具有絮凝功能，或者其絮凝效果不如原先使用的高分子聚合物。但研究表明，在表面活性剂的作用下，高分子聚合物的絮凝效果有显著增加。

3. 阻垢作用

油气田开发过程中，结垢是一个伴随始终的严重问题。结垢一般是指具有反常溶解度的难溶或微溶盐类物质在储层、管线及设备中形成密实的垢。油气田进入中后期开发后，普遍采用注水采油和排水采气等工艺，同时为消除环境污染，对油气田采出水主要采取回注处理。结垢会使油气产量下降，降低设备传热效率，缩短油井使用寿命，甚至使油气井停产、报废，严重影响油田开发效益。因此，研究能够有效防止或减轻结垢的阻垢剂对油田正常生产具有重要意义。油田常用的阻垢剂有无机聚磷酸盐、有机膦酸盐阻垢剂、聚合物阻垢剂等。传统单一表面活性剂并不具备阻垢性能，但是表面活性剂与聚合物阻垢剂复配后具有更高的表面活性。与单一表面活性剂相比，复合溶液的表面张力、cmc 小，界面吸附行为和胶体分散体系稳定性及增溶性能较好。中国石油大学姚同玉等采用阳离子表面活性剂十六烷基三甲基溴化铵（CTAB）与阻垢剂羟基亚甲基二膦酸（HEDP）复配，并通过测量表面张力考察了混合表面活性剂在油藏水中的表面活性。结果表明，HEDP 使 CTAB 溶液的表面张力和 cmc 均大幅降低，表面活性提高，CTAB 摩尔分数为 0.7 时的表面活性最好，同时具有较好的阻垢效率。郭德济等都对表面活性剂与阻垢剂复配后的阻垢效果进行了研究，发现复配体系阻垢效果更好，且能减少阻垢剂的用量。

4. 杀菌作用

对油田危害最大的细菌是硫酸盐还原菌、铁细菌和腐生菌。它们可引起金属腐蚀、地层堵塞和化学剂变质，因此，需要添加杀菌剂进行杀菌。根据杀菌原理的不同，将杀菌剂分为两类，即氧化型杀菌剂和非氧化型杀菌剂。氧化型杀菌剂主要通过与细菌体内的酶发生反应，使其不能正常进行新陈代谢；而非氧化型杀菌剂主要通过选择性地吸附到菌体表面，在细菌表面形成高浓度的离子团而直接影响细菌细胞的正常功能，直接损坏控制细胞渗透性的原生质膜，使之干枯或充涨死亡。由于细菌表面通常带负电，所以季铵盐型表面活性剂是特别有效的吸附型杀菌剂，不仅具有杀菌作用，还能降低水的表面张力，剥离污泥，与其他化学药剂配伍增效，具有一剂多能的特性，是目前油田广泛使用的杀菌剂之一。常见的季铵盐型杀菌剂有 1227(十二烷基二甲基苄基氯化铵)、1231(十二烷基三甲基氯化铵)、新洁尔灭(十二烷基二甲基苄基溴化铵)、氰基季铵盐、双 C8 烷基季铵溴盐以及聚氮杂环季铵盐、吡啶类衍生物(如十六烷基溴化吡啶)等;但季铵盐型杀菌剂也存在不足之处,如季铵盐型杀菌剂与水中电负性物质发生作用,不能吸附于细菌表面而降低杀菌活性,且季铵盐型杀菌剂易起泡沫,长期单独使用易使细菌产生抗药性,因此,需要不断开发新的杀菌剂或新配方,其中季铵盐双子表面活性剂研究较多。双子表面活性剂因其特殊的结构和高效的性能,引起国内外相关科研人员的关注,且取得较好的成果。如梅平等合成了双子表面活性剂 12 - 4 - 12,并研究了其对 SRB 的杀菌性能,结果发现 12 - 4 - 12 比油田目前使用的杀菌 1227(十二烷基二甲基苄基氯化铵)杀菌效果好。赵剑曦等考察了双子表面活性剂 C12 - s - C12(s = 2,3,4,6)对大肠杆菌、金黄色葡萄球菌和白色念珠菌的杀菌性能,结果发现它们具有很强的杀菌效果。孙玉海等研究还发现,双子表面活性剂的结构越不对称,其杀菌性能越好。

5. 超滤技术

超滤技术是国外最先发展起来的一种水处理技术,利用表面活性剂两亲结构的特性除去水中的离子和有机物等较小颗粒。主要包括胶束超滤和液膜超滤。胶束超滤原理是在采出水中加入特定表面活性剂,当表面活性剂浓度达到 cmc 时,分散在溶液内的表面活性剂分子会吸附在水中离子或有机物表面形成胶束。胶束颗粒较大,从而能够被滤膜隔离而分离出来。超滤技术用的表面活性剂可以通过盐沉淀和萃取的方法回收,从而达到真正的绿色循环利用。

(二)应用

1. 在油田采出水杀菌中的应用

在油田注水系统中,各种微生物,如硫酸盐还原菌(SRB)、铁细菌、腐生菌以及其他微生物,在生长、代谢、繁殖过程中,可引起钻采设备、注水管线及其他金属材料的严重腐蚀,并堵塞管道,损害油层,引起注水量、石油产量、油气质量下降,也为原油加工带来严重困难,造成极大的经济损失。据中国石油天然气总公司 1992 年的统计显示:每年由于腐蚀给油田造成的损失约两亿元。世界上许多产油国都投入了资金和技术致力于细菌处理的研究,美国、法国、加拿大、苏联和荷兰等国家都采用了相应的措施,如采用清洗注水系统、调整注水流程、紫外线或放射性照射等物理方法以及化学处理的方法对注水细菌进行综合治理,其中,由于化学处理方法具有经济、方便、见效快等特点,一直作为主要的处理手段。我国注水系统杀菌剂的研究起步于 20 世纪 60 年代,广泛使用则从 20 世纪 80 年代初期开始,经过近二十年的努力,在注水杀菌剂的研制方面已取得了一定的成绩。

1)油田采出水常用的杀菌剂

我国各油田采出水常用的杀菌剂按其功能和组成可分为两大类,即氧化型杀菌剂和非氧化型杀菌剂。

(1) 氧化型杀菌剂。

氧化型杀菌剂主要通过与细菌体内的代谢酶发生氧化作用,将细菌完全分解为 CO_2 和水以杀死细菌。这类杀菌剂主要包括氯气、溴素、臭氧、次氯酸钠、稳定性二氧化氯、三氯异三聚氰酸、溴氯二甲基海因、高锰酸钾、高铁酸钾等。我国各油田早期注水杀菌常用氯气。这种杀菌剂通常具有来源丰富、价格便宜、使用方便、作用快、杀菌致死时间短、可清除关闭附着的菌落、防止垢下腐蚀、污染较小等优点;但药效维持时间短,在碱性和高 pH 值时,用量大,且易于和水中的氨生成毒性很大的氯氨,造成严重的环境污染,目前已很少采用。但也有将氧化型杀菌剂与非氧化型杀菌剂配合使用,以提高杀菌效率、降低处理成本的现场实例。

国外氧化型杀菌剂主要向使用较安全、杀菌效率较高的方向发展,如使用稳定性二氧化氯、三氯异三聚氰酸、溴类杀菌剂等。目前,国内一些科研机构也开始着手这方面的研究,在稳定性二氧化氯溶液的制备和二氧化氯发生器的制造方面皆取得了长足进步,如我国的渤海油田主要使用这类杀菌剂。但我国多数陆上油田,注水系统主要在密闭条件下进行,注水中有机质含量很高,通常需要大量的氧化剂才能达到杀菌的目的,而且经过长期的现场试验研究,其杀菌效果不佳且会增加腐蚀,不能在现场推广和使用。高铁酸钾是一种强氧化型杀菌剂,且没有公害和污染问题,近年来引起关注,但其制备成本较高,难以大量推广使用。

(2) 非氧化型杀菌剂。

氯酚及其衍生物是应用得较早的一类杀菌剂,这一类杀菌剂包括的品种很多,其杀菌率递增顺序为:邻氯酚 < 对氯酚 < 2,4 - 二氯酚 < 五氯酚钠 < 2,4,5 - 三氯酚 < 2,2′ - 二羟基 - 5,5′ - 二氯苯甲烷。国产杀菌剂 NL - 4 主要成分为 2,2′ - 二羟基 - 5,5′ - 二氯苯甲烷,其他组成为少量的乙二胺和对氯酚等,虽然氯酚的杀菌能力很强,但其为不易被其他微生物迅速降解的药物,毒性高,排放入水域后易造成环境污染。

目前,我国大多数油田使用的杀菌剂多为非氧化型杀菌剂,其中季铵盐型杀菌剂是我国各大油田使用最多、应用最广的一类杀菌剂,主要是抗菌性的表面活性剂。

2) 油田采出水杀菌用表面活性剂。

一些表面活性剂不仅具有杀菌作用,还对杀菌活性组分具有增效作用,对黏泥也有很强的剥离作用,可以杀死生长在黏泥下面的硫酸盐还原菌。由于细菌表面通常带负电,所以使用最早最多的是阳离子表面活性剂;其中脂肪胺的季铵盐杀菌效果最好,常见的有1231(十二烷基三甲基氯化铵)、1227(十二烷基二甲基苄基氯化铵)、新洁尔灭(十二烷基二甲基苄基溴化铵)、1247、DS - F(C18 - 19 烷基二甲基苄基氯化铵)、YF - 1(1227 + 有机胺醋酸盐)、氰基季铵盐、双 C8 烷基季铵溴盐以及聚氮杂环季铵盐、聚季铵盐(TS - 819)、双季铵盐等。

杀菌剂季铵盐是一类有机铵盐,具有离子型化合物的性质,极易溶于水而不溶于非极性溶剂上。纯品一般为白色晶体,化学性质稳定,化学结构可表示为:

$$\left[R - \overset{R^1}{\underset{R^3}{N}} - R^2 \right] X^-$$

R、R^1、R^2、R^3 代表不同的烃基，X 为卤素离子。作为杀菌剂使用的季铵盐，其中一个烃基往往具有 C$_{12}$ ~ C$_{18}$ 的长碳链结构，具有 C$_{12}$ ~ C$_{18}$ 长碳链的季铵盐分子中，既有憎水的烷基，又有亲水的季胺离子，因此，是一类能降低溶液表面张力的阳离子表面活性剂。由于具有杀菌性能和表面活性剂作用，所以季铵盐在水处理技术中是一个很好的杀菌剂，也是一个很好的污泥剥离剂。

季铵盐杀菌剂的作用机理主要是阳离子通过静电力、氢键力以及表面活性剂分子与蛋白质分子间的疏水结合等作用，吸附带负电的菌体，聚集在细胞壁上，产生室阻效应，导致细菌生长受抑而死亡；同时其憎水烷基还能与细菌的亲水基作用，改变膜的通透性，继而发生溶胞作用，破坏细胞结构，引起细胞的溶解死亡。

季铵盐杀菌剂具有高效、低毒、不易受 pH 值变化的影响、使用方便、对黏液层有较强的剥离作用、化学性能稳定、分散及缓蚀作用较好等特点；但存在易起泡沫、矿化度较高时杀菌效力降低、容易吸附损失，如果长期单独使用，易产生耐药性等缺点。

目前，国内使用的以季铵盐为主复配的杀菌剂。尽管国内一些主要的研究油田采出水杀菌剂的机构对新型杀菌剂进行了进一步的研究与开发，但面对油田水复杂的处理环境，这方面的研究仍没有大的突破。

2. 在油田采出水除油中的应用

采出水中的油是以油珠的形式存在于水中。油珠表面由于吸附了阴离子型表面活性物质而带负电（图 2 – 4 – 11），因此，可用阳离子型表面活性剂（如烷基三甲基氯化铵）或有分支结构的表面活性剂（如聚氧乙烯聚氧丙烯丙二醇醚），通过中和油珠表面的电性和不牢固吸附膜的形成，使油珠易于聚并、上浮而在分离器中将其除去。

这些有分支结构的表面活性剂可取代油珠表面原有的吸附膜，从而在油珠表面形成新的界面膜，但此时，新膜的强度大大被削弱，从而使油珠易于聚结、上浮，与采出水分离。

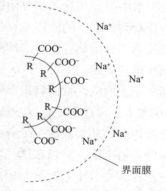

图 2 – 4 – 11 吸附了阴离子型表面活性物质而带负电的油珠表面

3. 在油田采出水防垢中的应用

表面活性剂型防垢剂是一类重要的防垢剂，磷酸酯盐是重要的一类，可用下列结构的磷酸酯盐（图 2 – 4 – 12）作防垢剂。

除磷酸酯盐外，硫酸酯盐、硫酸盐、羧酸盐等类型的表面活性剂也有防垢作用。为了将 R 的碳链延长，提高其防垢效果，这些表面活性剂结构中都引入了聚氧乙烯基以保证其水溶性。图 2 - 4 - 13 中的表面活性剂可用作防垢剂。

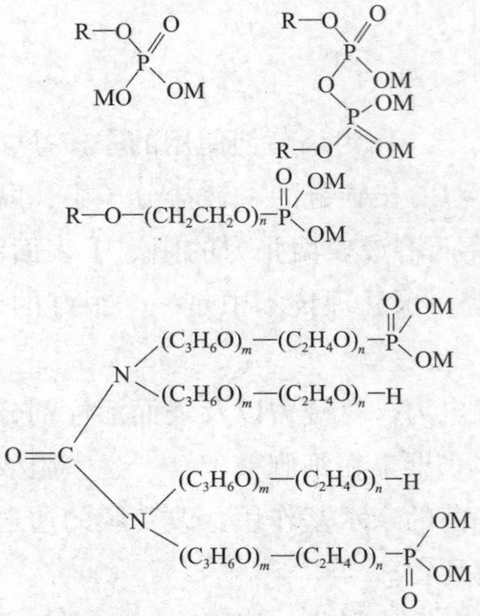

图 2 - 4 - 12　磷酸酯盐结构

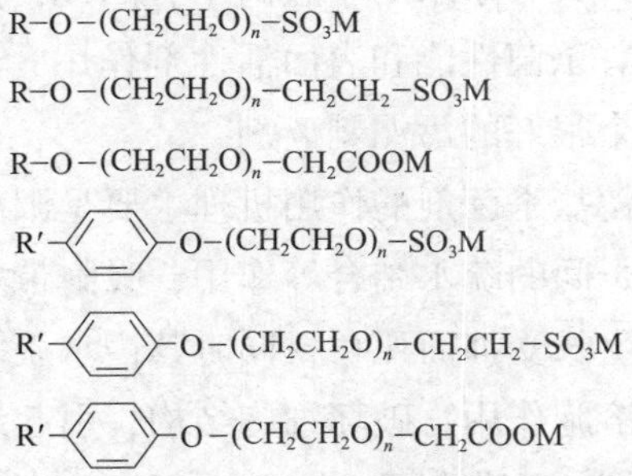

图 2 - 4 - 13　可用作防垢剂的表面活性剂

其中，R 为 $C_{12} \sim C_{18}$，R′为 $C_8 \sim C_{14}$，
n 为 2 ~ 10，M 为 Na、K、NH_4。

在防垢的表面活性剂中，磺酸盐、羧酸盐等类型表面活性剂的热稳定性（至 150℃）明显优于磷酸酯盐、硫酸酯盐型表面活性剂的热稳定性。

4. 在油田采出水絮凝中的应用

油田水中的固体悬浮物可用絮凝剂除去。能使水中固体悬浮物形成絮凝状沉淀物的物质称为絮凝剂。水中的固体悬浮物主要是表面带有负电荷的悬浮颗粒，它们之间的相互排斥作用使其不易聚结、下沉。絮凝剂有的能中和悬浮颗粒表面的负电性，有的能使失去电性的颗粒迅速聚结、下沉。

高分子表面活性剂的碳碳单键在一般条件下可以自由旋转，主键的碳碳单键的键角大致为 109°28′，再加上聚合度一般较大，即主链相当长，所以在介质中，主链并不是直线的，而是弯曲的和卷曲的。带有多个负电荷的卷曲的线形分子，在分子主链上的数个部位被固体颗粒所吸附，就像在这些固体微粒之间架起桥似的。这种使固体微粒相对地聚集起来的过程称为高分子絮凝剂与固体之间的吸附架桥作用。

1）阳离子高分子絮凝剂

（1）阳离子型聚丙烯酰胺。

阳离子型聚丙烯酰胺（简称 C – PAM），其制造方法概括起来可分为两大类：一是聚丙烯酰胺的阳离子改性；二是丙烯酰胺单体与阳离子单体共聚。

（2）聚二甲基二烯丙基氯化铵。

PDMDAAC 是一种具有特殊功能的水溶性阳离子型高分子材料，作为一种水溶性氧离子聚合物，二甲基二烯丙基氯化铵（DM – DAAC）的均聚物（PDMDAAC）及其共聚物具有正电荷密度高、水溶性好、相对分子质量易于控制、高效无毒、造价低廉等优点。

（3）天然高分子改性阳离子型絮凝剂。

天然高分子改性阳离子型絮凝剂具有无毒、可生物降解、廉价等优点，近年来得到国内外学者的重视。其中包括用于废水处理的有改性阳离子淀粉的衍生物、木质素衍生物、甲壳素衍生物等。

2）两性有机物高分子絮凝剂

两性高分子絮凝剂在同一高分子链节上兼具阴离子、阳离子两种基团。在不同介质条件下，其所带离子类型可能不同，适于处理带不同电荷的污染物。它的另一种优点是适用范围广，酸性介质、碱性介质中均可应用。对废水中由阴离子表面活性剂所稳定的分散液、乳浊液、各类污泥、各种胶态分散液，均有较好的絮凝及污泥脱水功效。

3）阴离子型高分子絮凝剂

阴离子聚丙烯酰胺（简称 A-PAM），易溶于水，几乎不溶于有机溶剂，在中性和碱性介质中呈高聚合物电解质的特征，对盐类电解质敏感，与高价金属离子能交联成不溶性的凝胶体。A-PAM 作为絮凝剂用于选矿、冶金、洗煤、食品行业固液分离。作为絮凝剂，在油田广泛应用，一般投加量为 1~10mg/L，还可与铝盐配合使用，效果更好。对不同的悬浮固体粒子的水悬浮液，应采用不同型号的 A-PAM，在油田的最主要用途是作为三次采油的注水增稠剂。

4）非离子型絮凝剂

非离子型聚丙烯酰胺通过其高分子的长链把采出水中的许多小颗粒或油珠吸附后缠在一起而形成架桥。它是一种絮凝能力非常强的絮凝剂，其絮凝速度比 A-PAM 快。在油田含油采出水处理时，通常与铝盐配合使用。使用前要通过实验确定其最佳用量，用量过低，不起作用；用量过高，起反作用。这是因为超过一定浓度，PAM 不但不起絮凝作用，反而起分散稳定作用。加药时应使用较低的浓度，以保证混合均匀。非离子型 PAM 作为高选择性的絮凝剂，用于使用膨润土的低固相钻井泥浆中，因为它可以絮凝被钻下的岩屑，使膨润土仍然保持分散状态。

高分子表面活性剂在油田采出水处理中有广泛应用，尤其是阳离子高分子絮凝剂和两性高分子絮凝剂因其独特的结构和性质更是日益受到重视，有广阔的开发和应用前景。

五、电渗析法采出水处理技术

（一）实验器材与方法

1. 实验器材

1）实验原料

该实验采用的含油废水是胜利油田孤岛采油厂所提供的废水，其溶解固体总量（TDS）质量浓度为 9350mg/L，电导率为 16510μS/cm，硬度为 627mg/L（$CaCO_3$）。

2）实验装置

该实验所用的电渗析装置由山东某膜技术有限公司提供。所用电渗析器带有 3 个 30L水槽，分别为浓缩室、淡化室以及极室。膜对数为 50，膜尺寸为 200mm×600mm，膜堆电极为钛涂钌电极。实验采取半循环式运转方式，经曝气、过滤之后的原水同时进入到浓缩室与淡化室，极室为 NaCl 溶液。其中阴阳离子交换膜皆为山东某公司生产的异相膜。

3）实验仪器

硬度测试仪为 HY-YD300 便携式水质硬度测试仪；电导率/TDS 仪；Bante5 系列携带型电导率 TDS/盐度/℃计。

2. 实验方法

根据原水高含油量的特点，引入 HCF 高梯度聚结气浮处理技术去除水中的原油。其具体步骤包括：①经曝气之后的水分别经过精密过滤器-锰砂过滤器-精密过滤器除去水中的残油、固体悬浮物以及大部分铁离子。②将处理之后的水分别泵入电渗析器的浓缩室与淡化室，使其在一定的流速下与膜堆形成循环回路，在直流电压的作用下，浓缩室的 TDS 逐渐升高，而淡化室的 TDS 将逐渐减小。③当淡化室产水的 TDS 达到实验所需的要求时，开启半循环进行产水，并调节浓室产水流量与淡室产水流量的比值，使其产水的 TDS 稳定在实验所要求的范围内。具体的实验流程图如图 2-4-14 所示。

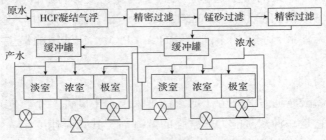

图 2-4-14　油田回注水处理流程

为了增加装置的电流效率以及避免因浓度差过大造成的能耗增加和浓差极化现象，采用二级串联的方式，将两个相同的电渗析器串联，分级对废水进行脱盐。第一级电渗析系统将废水的 TDS 质量浓度降至 5000mg/L 左右，第二级电渗析系统将处理之后的废水的 TDS 质量浓度降至 1000mg/L 左右。

（二）结果与讨论

1. 电压对脱盐过程的影响

在电渗析过程中，电压的选择是首要考虑的因素。因为电压直接影响废水的脱盐效率以及膜的寿命。当电压较小时，离子的迁移速率慢，要达到实验所需的产水标准，必须降低产水量；而当电压较高时，离子的迁移速率会加快，能在较短的时间内将 TDS 质量浓度降低到实验要求的范围内，从而提高产水量，但是，较高的电压伴随着更多的能量消耗以及更短的膜寿命。实验以电渗析的第一级 75% 的回收率为基准，确定浓水出水流量为40L/h、淡水出水流量为 120L/h，观察不同电压下浓室和淡室的 TDS 质量浓度、电导率以及硬度的变化，实验结果如图 2-4-15 和图 2-4-16 所示。

从图 2-4-15 和图 2-4-16 可以看出，在 30~43V 的电压范围内，浓室出水的电导率和 TDS 质量浓度都随着电压的增加而升高，而淡室出水与之相反。另外，当电压为 40V时，淡室出水的 TDS 质量浓度恰好维持在 5000mg/L 左右，如果继续增大电压，虽然可以使出水的 TDS 质量浓度进一步降低，但是就膜的使用寿命而言，是不可取的。因此，选取

40V 为实验的操作电压。

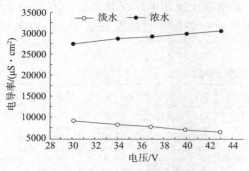

图 2 - 4 - 15 不同电压下第一级
电渗析出水电导率变化

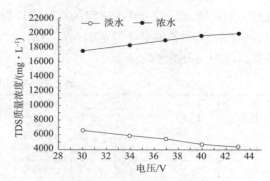

图 2 - 4 - 16 不同电压下第一级
电渗析出水 TDS 质量浓度变化

2. 废水回收率对产水的影响

除了使产出水的 TDS 质量浓度和电导率满足回注要求外，实验另一个重要任务是确定废水的最佳回收率。因为废水的回收率越大，表明需外排的浓缩废水量会越少，实验才具有意义。在 40V 的电压下，通过调节第二级电渗析浓室出水和淡室出水的流量比确定废水的最终回收率。为了满足废水的日处理量以及回注水水质的要求，通过实验选取第二级电渗析的淡室产水流量为 40L/h，淡室产水与浓室出水的流量比对出水水质的影响如图 2 - 4 - 17 所示。

由图 2 - 4 - 17 可以看出，当回收率大于 60% 时，所得的淡室产水 TDS 质量浓度在 1500mg/L 以上，不能满足回注水的要求。当回收率小于或等于 50% 时，所得的产水 TDS 质量浓度能达到实验要求。出现这种现象的原因归结于浓室与淡室的浓度差。当浓室出水流量较小，即回收率较高时，浓室的浓缩水与淡室的淡化水在膜堆中的接触时间变长，在相同的电压情况下，接触时间越长，浓室中含盐量较高的浓缩水在浓度差的作用下会扩散到淡室，造成淡室产水的 TDS 质量浓度上升；当

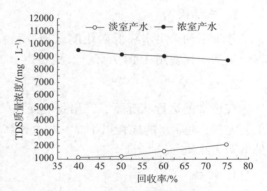

图 2 - 4 - 17 不同回收率下第二级
电渗析出水 TDS 质量浓度变化

回收率为 40% 和 50% 时，所得产水的 TDS 质量浓度分别为 1100mg/L 和 1200mg/L，皆满足回注水的要求。因此，50% 确定为最佳回收率。同时还可以看出，当回收率为 50% 时，浓室出水的 TDS 质量浓度维持在与原水相同的水平，为此可以将第二级电渗析的浓室出水加以回用，作为第一级电渗析进水。这样不仅使得第二级电渗析的废水回用率达到 100%，而且也使得整个电渗析装置的废水回收率能够维持在 75% 左右。

3. 膜的抗污染性

当操作电压控制在合理的范围内时，膜的抗污染能力成为衡量膜寿命的最重要指标，

膜一旦出现污染或堵塞，将会直接影响到废水的处理量。针对废水含油量较高的特点，实验拟采用连续运行的方式测试膜的抗污染性能，并采取正反相电压交替运行的方式防止结垢。通过实验的各项参数确定膜的污染情况，连续运行各项参数情况如表2-4-5所示，各参数均为当天的平均值。

表2-4-5 连续运行参数

日期	电压/V	电流/A		电导率/($\mu S \cdot cm^{-1}$)		TDS质量浓度/($mg \cdot L^{-1}$)		硬度/($mg \cdot L^{-1}$)	
		一级	二级	一级	二级	一级	二级	一级	二级
10月12日	39.8	13.2	6.5	7350	2433	4923	1268	65.8	21.0
10月13日	39.8	13.1	6.9	7310	2330	4888	1258	70.7	18.4
10月14日	39.7	13.4	6.3	7258	2163	5025	1258	73.9	20.4

从表2-4-5可以看出，在3d的连续运行实验中，第一级以及第二级电渗析淡室出水水质一直稳定在一定的范围内，变化幅度很小。另外，在实验结束后，用清水对膜堆进行循环清洗，基本无残留油污。因此，可以得知膜对处理后的含油废水有良好的抗污染能力。

实验结果表明，电渗析法处理含油废水效果明显，采用二级电渗析串联装置能将废水的TDS质量浓度降低到回注水的标准，且膜的抗油污染性能较好，适合长期运行。

（三）电渗析技术处理油田采出水的经济分析

1. 工程投入

含聚采油采出水降低矿化度处理及稀释聚合物现场实验项目预计投资2525.8万元，其中包括工程费用2110万元，其他费用162.8万元，预备费用253万元。

2. 运行费用

在正常的运行状况下，产出每吨淡水的直接能耗为0.9kW·h，考虑到自动化控制和工艺完善，每t水的能耗以1kW·h电计算。工业电价为0.46元/kW·h，每制备$1m^3$水的电费为0.46元。

3. 效益

按$6000m^3/d$淡水制备能力计算，则每天可节约清水$6000m^3$，按3.5元/m^3计算，则全年节约清水费用760万元。对于油田含聚采油采出水处理，全年可节省聚合物438t以上，节约聚合物费用788万元以上，并且可以消除外排采出水对环境的污染，对油田合理开发和实现我国石油能源安全战略具有重大现实意义。

六、电凝聚气浮技术

（一）技术原理

电凝聚气浮技术是利用电解、絮凝沉淀及浮升原理处理废水。在直流电作用下，金属阳极解离溶于水中，生成具有凝聚性能的金属氢氧化物，对水中的胶体及悬浮物产生混凝作用。电凝聚反应过程是电凝聚、絮凝、电气浮、溶液中以及极板上的氧化还原反应共同作用的结果。各种机理往往同时或交叉发挥作用，当反应条件不同时，其主导机理也不同。

针对气田采出水中污染物成分，电凝聚气浮技术的作用机理有很大差别。对于含油废水中的主要污染物（乳化油或悬浮颗粒），如图 2-4-18 所示，其过程包括以下三个主要阶段。

（1）电解反应。在该阶段，可溶性金属阳极极板和阴极极板表面发生电解反应，阳极铁溶蚀，经过水解、聚合以及亚铁的氧化过程，形成多核羟基络合物，阴极产生氢气。

（2）带电的污染物颗粒在电场中泳动，其部分电荷被电极中和脱稳，最后吸附于絮体上，即电凝聚作用。

（3）气体的上升浮力将吸附有污染物的絮体浮出水面，达到去除污染物的目的，即电气浮作用。

采用铝电极对陕北某油田采油废水进行电凝聚气浮处理实验。静态实验研究表明，电流密度和电解时间对处理效果有显著的影响。选择电流密度 $3.97mA/cm^2$、极板间距 10mm 作为操作条件，对初始含油质量浓度为 632mg/L、pH 值为 7.2 的采油废水电凝聚气浮 40min 后，去油率可达 68.08%。

动态实验研究表明，水力停留时间为 40min，电凝聚气浮槽电流密度为 $3.70mA/cm^2$，电解气浮槽电流密度为 $3.30mA/cm^2$，初始 pH 值为 7.2，极板间距为 10mm 时，去油率达到 85.7%，出水含油质量浓度 92.7mg/L。实验证明采用电凝聚气浮技术处理采油废水，处理效果很好。

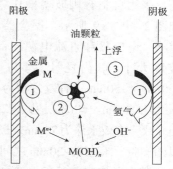

图 2-4-18　电凝聚气浮技术
作用过程

（二）技术优点和不足

1. 优点

（1）与一般的化学法，如化学混凝等相比，该方法不需要投加化学药剂，可以节约化学药剂与投加设备的费用，所生成的 Fe^{2+} 和 Al^{3+} 等为单质，成分单纯、没有阴离子、无杂质，不会产生二次污染。

（2）处理效果较好。电极产生的 Fe^{2+} 和 Al^{3+} 等活性较高，絮凝能力强，产生的污染量少而密实，对于悬浮物、胶体等去除率较高；电氧化可破坏有机物分子结构而改变其属性，可能直接将其氧化成为 CO_2 和 H_2O 而不产生污泥。

（3）具有气浮作用，反应中产生 O_2、H_2 气体，既可以起到搅拌作用，也可以作为气浮的微小气泡，吸附轻质悬浮颗粒或憎水物质，使之分离出来，尤其对阴极析出的氢气，其浮升的基本条件及浮载力更强，对水中的油类、COD、SS 具有更强的去除作用。

（4）电凝聚过程中，阳极发生的氧化反应能使有机物或氰化物分解成无害成分，使氯化物氧化成氯气或次氯酸盐，起杀菌作用；在阴极发生的还原作用，能使氧化性色素还原为无色，使金属元素在阴极上析出。

（5）设备简单、操作简单且费用低。其方法处理设备仅包括电源、反应槽体、极板；操作时只需要根据负荷大小调节电流密度即可。操作费用低，不需要化学试剂，维护费用低。

（6）能量效率较高，反应过程一般在常温常压下即可进行。

2. 缺点

（1）阳极被消耗，需要定期更换。

（2）耗电量较大。

（3）阴极上形成的钝化膜会导致装置效率降低。

（4）溶液要保持一定的电导率。

（5）氢氧化物的乳状液会在某些情况下重新溶解，导致混凝效能降低。

（三）室内实验

1. 实验装置

采用自制有机玻璃槽作为反应器，如图 2 - 4 - 19 所示，反应器主要由反应槽、电极板和直流电源三部分组成。装置大小（以内径计算）为 100mm × 100mm × 150mm，有效容积为 1.0L，极板大小 80mm × 60mm，板厚 2mm，共 4 组 8 片，有效水深为 70mm。极板间距可以随实验要求在 8 ~ 20mm 之间变动。

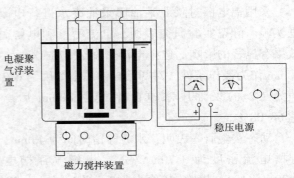

图 2 - 4 - 19　实验装置

磁力搅拌装置用于提高电解槽内的搅拌强度，有以下几方面的作用：①加强电凝聚反应器内的传质。②通过加强溶液的传质减小浓差极化产生的过电位。③增加水中的曝气均匀性。④改善气泡停留在极板板面带来的不利影响。

2. 实验仪器、项目及分析方法

实验仪器：78 - 1A 磁力加热搅拌器、电导率仪、IWY - Ⅱ集成电路稳压电源、紫外分光光度计、秒表。

分析项目：分析项目有 COD_{Cr}、石油类、SS 等特征污染物；分析方法参照《水及废水监测分析方法》（第四版）中 3.2.1 紫外分光光度法测定废水中油的含量。

3. 气田废水水质

以四川某气田水质为背景，确定了人工配置模拟气田废水水质，如表 2 - 4 - 6 所示。

表 2 - 4 - 6　人工配置模拟气田废水水质

水质指标	质量浓度/(mg · L⁻¹)	配置成分	质量浓度/(g · L⁻¹)
石油类	200	72#柴油	0.3
COD_{Cr}	1000	十二烷基苯磺酸钠	2
氯化物	1.0×10^4	NaCl	10
SS	200	硅藻土	0.2

4. 实验材料及方法

实验材料及方法选定如下。

(1)紫外分光光度法：测定波长为225nm；绘制曲线标准以最小二乘法对实验数据进行拟合；测量相对标准偏差为4.03%。

(2)实验电极选用"铁－不锈钢板"电极，此电极电流强度、絮凝沉降性能、pH值适应范围、对污染物的去除能力、成本都要比铝电极更有优势。

(3)电极选用单极式连接，其电流强度、气体产生量、气浮效果、对石油类 COD_{Cr} 等去除率高于复极式连接。

5. 实验最佳条件

经过对实验条件(pH值、电流密度、通电时间)的正交分析，得出最佳条件为：电流密度为3.7mA/cm³，通电时间为30min，pH值为7。

6. 实验结果

最佳条件下，石油类、COD_{Cr}、SS的去除率分别达到82.1%、80.7%、79.4%。

(四)实例应用

1. 气田采气废水水质

川西边远区块五口气井采气废水分析结果如表2-4-7所示。

表2-4-7 川西边远区块5口气井采气废水污染指标分析   mg/L

井号	川孝160	川孝374	川孝464	川孝168	川孝469
COD质量浓度	1710.00	2740.00	3630.00	15100.00	2260.00
石油类质量浓度	902.20	2840.00	1923.00	2669.00	2017.00
悬浮物质量浓度	73.00	15.00	206.00	240.00	602.00
硫化物质量浓度	1.39	1.29	0.00	0.05	0.02
铜质量浓度	0.10	0.29	0.10	0.08	0.07
铅质量浓度	0.19	0.70	0.75	0.58	0.45
锌质量浓度	0.00	0.30	0.31	0.14	0.24
镉质量浓度	0.00	0.09	0.10	0.06	0.07
铁质量浓度	3.37	73.60	23.19	37.95	35.41
锰质量浓度	0.59	5.90	6.90	2.34	8.26

由表2-4-7可看出，这五口井的采气废水，主要污染成分较为复杂，污染负荷较高，特别是COD、石油类、悬浮物、铁、锰的质量浓度等指标远超过国家及地方规定的排放标准。

2. 废水处理工艺

电凝聚气浮方面，经现场试验表明：电流强度为3500A时，废水COD去除率可达61.1%，而电流强度增加，去除效率增幅缓慢，因此，现场确定3500A为最佳电流强度。

在 3500A 电流强度下测定不同电解处理时间下对应的 COD 处理结果，如图 2－4－20 所示。

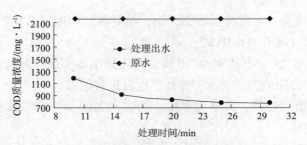

图 2－4－20　不同反应时间的 COD 质量浓度变化图

而现场采用的处理工艺为电凝聚气浮＋斜管沉淀＋复合氧化工艺、过滤的组合工艺，其流程如图 2－4－21 所示。

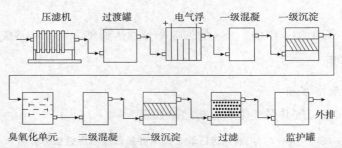

图 2－4－21　川西边缘区块采气废水现场处理设备工艺流程图

运用该组合工艺对现场 856m³ 的采气废水进行处理，对比处理前后 10 组样品，其结果如表 2－4－8 所示。

表 2－4－8　现场处理结果对比表

水样编号	COD/ (mg·L⁻¹)		石油类质量浓度/ (mg·L⁻¹)		SS 质量浓度/ (mg·L⁻¹)		硫化物质量浓度/ (mg·L⁻¹)		pH 值	
	进水	出水	进水	出水	进水	出水	进水	出水	进水	出水
1	1927	89	381	1.6	318	59	1.9	0.3	9.7	7.4
2	1853	76	294	1.1	288	27	2.5	0.1	8.7	7.3
3	2339	95	778	2.8	699	46	1.3	0.2	8.4	6.9
4	1780	84	957	2.1	213	57	0.4	0.5	7.9	7.2
5	2320	79	1291	3.1	307	57	0.9	0.1	9.1	7.3
6	1296	54	878	1.9	319	65	1.8	0.4	8.4	7.5
7	1424	78	558	2.3	94	18	1.9	0.3	8.7	7.4
8	919	80	635	0.7	290	59	0.4	0.4	8.8	7.4
9	1078	43	371	1.4	216	8	2.7	0.2	7.8	7.2
10	1497	68	363	1.5	227	49	4.5	0.4	8.1	7.2

由表2-4-8可看出，该组合工艺处理效果较好能够达到国家标准《污水综合排放标准》(GB 8978—1996)中的一级标准。

七、新型聚四氟乙烯膜处理技术

(一)新型聚四氟乙烯膜在油田采出水处理中的试验研究

油田开采后期的含油采出水在水质上发生了很大变化，尤其是水中悬浮固体增多，悬浮固体颗粒变得更加细小，使得目前使用的双层滤料过滤器很难适应水质变化，过滤后的水质难以达到油田低渗透油层回注水水质控制指标(含油质量浓度≤8.0mg/L、悬浮固体质量浓度≤3.0mg/L、颗粒粒径中值≤2.0μm)。根据前期的探索性试验结果，认为改性聚四氟乙烯膜精细过滤技术适应油田开发后期的含油采出水水质变化，适于处理大庆油田高含水后期含油采出水，不仅改善了回注水水质，也为油田外围低渗透率油层的开发和可持续发展提供了技术保证。笔者对该项技术进行了工业性放大试验，并确定该精细膜过滤器的设计和运行参数，为今后的工业生产提供技术依据。

1. 工业性放大试验

选择在"杏十二联含油采出水新型高效处理现场试验工程"项目设计中，进行放大试验。

1)处理规模

改性聚四氟乙烯膜精细过滤器的处理量为5m³/h，选用的膜滤芯孔径为0.8μm[单根过滤通量为0.231m³/(m²·h)]，过滤压力≤0.30MPa，反冲洗压力≤0.30MPa。现场试验装置在滤罐内对称布置12根膜滤芯。

2)处理水质

改性聚四氟乙烯膜滤装置进出水水质要求如下。

原水：含油质量浓度≤10mg/L，SS质量浓度≤10mg/L，SS粒径中值≤5.0μm。

出水：含油质量浓度≤8.0mg/L，SS质量浓度≤3.0mg/L，SS粒径中值≤2.0μm。

3)工业放大试验工艺流程

改性聚四氟乙烯膜精细过滤器现场试验的工艺流程如图2-4-22所示。

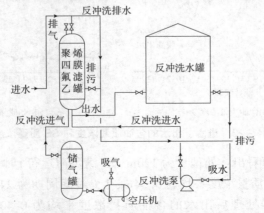

图2-4-22　改性聚四氟乙烯膜滤器现场试验的工艺流程

流程中改性聚四氟乙烯膜精细过滤器的来水取自海绿石－磁铁矿双层滤料过滤器出水。

2. 结果与讨论

1) 处理量和过滤周期的优化

选择处理量为 96m³/d、过滤周期为 12h，以及处理量为 120m³/d(满负荷)、过滤周期为 12h 和 24h，进行改性聚四氟乙烯膜精细过滤器过滤试验，过滤压力为 0.05MPa。试验中取海绿石－磁铁矿组成的双层滤料过滤器出水、改性聚四氟乙烯膜精细过滤器出水，测定含油量、SS 含量和 SS 粒径中值并进行对比，其试验结果如表 2－4－9 所示。

表 2－4－9 不同处理量和过滤周期下的改性聚四氟乙烯膜过滤试验结果

处理量/ (m³·d⁻¹)	含油质量浓度/(mg·L⁻¹)		SS 质量浓度/(mg·L⁻¹)		SS 粒径中值/μm		运行周期/ h
	双层滤料出水	膜滤出水	双层滤料出水	膜滤出水	双层滤料出水	膜滤出水	
96	2.35	痕量	4.73	0.89	2.474	1.544	12
120	2.64	痕量	5.15	1.09	2.198	1.651	12
120	3.31	痕量	5.37	1.17	2.216	1.592	24

分析表 2－4－9 中的数据可以看出：在处理量为 96m³/d(小于设计负荷)或 120m³/d(满负荷运行)，进水含油质量浓度 < 5mg/L、SS 质量浓度 < 5mg/L，过滤周期为 12h 或 24h 的条件下，经改性聚四氟乙烯膜精细过滤器处理后出水的含油量、SS 含量和 SS 粒径中值均达到低渗透率油层回注水水质控制指标，其含油量达到了特低渗透率油层回注水水质控制指标(≤1.0mg/L)。

2) 稳定考核运行试验

选择改性聚四氟乙烯膜过滤装置满负荷处理量为 120m³/d 进行稳定考核试验，试验结果如图 2－4－23 所示。

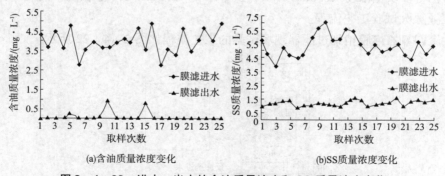

(a)含油质量浓度变化　　　　(b)SS 质量浓度变化

图 2－4－23 进水、出水的含油质量浓度和 SS 质量浓度变化

由图 2－4－23 可以看出：处理量为 120m³/d(满负荷运行)时，在进水含油质量浓度平均为 3.98mg/L 和 SS 质量浓度平均为 5.34mg/L，过滤周期为 24h 的条件下，经改性聚四氟乙烯膜精细过滤器处理后出水的含油质量浓度平均为 0.40mg/L、SS 质量浓度为

1.20mg/L、SS 粒径中值为 1.703μm，均达到了油田低渗透率油层回注水水质控制指标。

3）反冲洗再生试验

膜精细过滤器能否保证出水稳定达标，关键在于滤膜的再生效果，而且膜精细过滤器在油田含油采出水处理中进行推广应用时面临的最大问题是滤膜难以再生，使用寿命短，更换滤膜费用较高。针对滤膜的再生问题，根据前期小型试验装置的试验结果，对改性聚四氟乙烯膜精细过滤装置进行了"气水—水"以及"气—水"反冲洗再生方式的优化试验。

（1）"气—水"反冲洗再生试验。

试验中采用的"气—水"反冲洗再生方式是"先气后水"。该反冲洗方式操作步骤为：第一步打开膜精细过滤器的排污阀，排出罐内的部分水；然后关闭反冲洗排污阀，由反冲洗水管进空气；当滤罐压力升至 0.3MPa 时，再打开反冲洗排污阀快速释放罐内空气，反复多次，其中空气反冲洗流量为 1.6m³/min，冲洗时间 5min。第二步停止进空气，使用滤后水进行反冲洗，水反冲洗流量为 26m³/h，膜过滤器进口压力为 0.2MPa、出口压力为 0.18MPa，冲洗时间 10min。

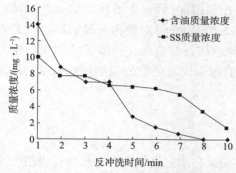

图 2 - 4 - 24 "气—水"反冲洗排水的
含油质量浓度及 SS 质量浓度

采用"先气后水"反冲洗方式时，在水反冲洗阶段，每隔 1min 取反冲洗排水测定含油与 SS 质量浓度，其随时间的变化情况如图 2 - 4 - 24 所示。

从图 2 - 4 - 24 可以看出：经过 5min 的气洗，再进行 10min 的水洗后，反冲洗排水中的含油质量浓度降为 0，SS 质量浓度降为 2.0mg/L 以下（反冲洗时排水的含油质量浓度最初为 14mg/L 左右、SS 质量浓度为 10mg/L 左右）。

（2）"气水—水"反冲洗再生试验。

"气水—水"反冲洗再生方式为"先气水混合反冲洗再用滤后水"，其操作步骤为：第一步用混合有空气的水进行反冲，关闭反冲洗排水阀；当滤罐内压力达到 0.3MPa 时打开反冲洗排水阀，反复操作多次，其中空气反冲洗流量为 1.6m³/min，水流量为 1.38m³/（m² · h），冲洗时间 5min。第二步使用滤后水进行反冲洗，其中水反冲洗流量为 26m³/h，膜过滤器进口压力为 0.2MPa、出口压力为 0.18MPa，冲洗时间为 10min。采用"气水—水"反冲洗方式时，同样在水反冲洗阶段每隔 1min 取反冲洗排水检测其含油质量浓度及 SS 质量浓度，结果如图 2 - 4 - 25 所示。

从图 2 - 4 - 25 可以看出：经过 5min 的气水混合反冲洗及 10min 的水洗，反冲洗排水中的含油质量浓度减为 0，SS 质量浓度降为 2.0mg/L 以下，但反冲洗排水的初始含油质

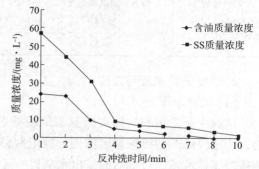

图 2 - 4 - 25 "气水—水"反冲洗排水的
含油质量浓度及 SS 质量浓度

量浓度为25mg/L左右、SS质量浓度为58mg/L左右。由此说明气水混合—水反冲洗方式比气—水反冲洗方式的冲洗效果好。"气水—水"反冲洗再生方式可以有效地将滤膜截留的杂质和污油冲洗掉，从而达到再生的目的，因此，改性聚四氟乙烯膜精细过滤器的再生应选择"气水—水"的反冲洗再生方式，其运行操作参数也得以确定。

（二）改性聚四氟乙烯膜精细过滤技术处理油田含油采出水探索性试验研究

随着油田开发的不断深入，大庆油田已进入高含水开发后期，采出水在油田采出液中的比例不断加大。油田采出水若不经达标处理直接排放，不仅会对环境带来很大的污染，而且也浪费了水资源。因此，油田在采用注水驱油的开发过程中，若将油田开采过程中产生的大量含油废水经处理后，使其达到满足油田回注水水质标准全部回注地层，既达到了油田开发的需要，又能取得较大的经济效益，具有重大的意义。然而，随着三次采油化学驱油技术在油田的推广与应用，大庆油田采出水性质趋于复杂，如过滤前悬浮固体的超标、硫酸盐还原菌大量繁殖、油田开发各环节投加的化学剂种类和数量较多等，致使采出水处理难度增大，现有由石英砂和磁铁矿组成的双层滤料过滤器，难以适应变化的水质，处理后的水质很难达到油田低渗透油层回注水水质控制指标（即：含油质量浓度≤8.0mg/L、悬浮固体质量浓度≤3.0mg/L、颗粒粒径中值≤2.0μm）。针对油田开发后期变化的水质特性，该试验研究采用改性聚四氟乙烯（PTFE）膜精细过滤技术，开展了油田采出水过滤的现场试验研究，以期确定适合油田高含水后期含油采出水处理的精细过滤技术，从而改善回注水水质，提高注水后的驱油效果。

1. 试验材料与方法

1）大庆油田采出水水质特点

由于采出水中聚丙烯酰胺（PAM）含量较高，致使采出水黏度增大、油珠粒径中值变小和颗粒数增高（尤其是粒径≤2.0μm的颗粒体积占总体积百分数高），悬浮固体中有机物含量高，由此造成采出水中油珠浮升速度低，悬浮固体颗粒稳定性较强、沉降特性差，油、水、悬浮固体之间分离难度加大，经现有的双层滤料过滤器过滤后很难达到油田低渗透率油层回注水水质控制指标。油田开发后期含油采出水水质变化如表2-4-10所示。

表2-4-10 油田采出水水质特点

含油质量浓度/ （mg·L⁻¹）	聚丙烯酰胺质量浓度/ （mg·L⁻¹）	黏度/ （mPa·s）	油珠粒径中值/ μm	≤2.0μm颗粒的 体积分数/%
≤500	≥20	≥0.8	10~35	60~96

2）现场试验原理与方法

（1）试验原理。

试验中所采用的改性聚四氟乙烯膜滤芯为闭端式过滤。来水由于滤芯内外的压差作用，依靠膜滤芯的机械截留作用、吸附截留作用和架桥作用，采出水经侧壁的膜体过滤，杂质被膜体截留，过滤后的采出水从另一端流出，采用下向进水的方式进行过滤。

改性聚四氟乙烯膜的特点为对膜表面进行了钴放射性处理，使得滤膜表面形成一层纳米级膜涂层，能起到同电极相排斥的作用，可以更充分地截流杂质并使杂质不易黏附在滤膜表面或穿透滤膜，有利于反冲洗和膜的再生，膜分离过程不发生相变。

（2）滤膜的选择与试验工艺流程。

①膜滤芯参数。

该试验中所采用的改性聚四氟乙烯滤膜1#膜过滤器的膜滤芯孔径为$0.45\mu m$，2#膜过滤器的膜滤芯孔径为$0.8\mu m$。

②试验工艺流程。

试验地点选在采油九厂杏西含油采出水处理站，选择了两个处理工艺流程（图2-4-26）进行试验。虚线框的部分为杏西采出水处理站生产流程和设备。

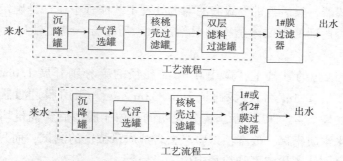

图2-4-26　处理工艺流程图

2. 现场试验结果与讨论

1）1#膜滤器在工艺流程一和工艺流程二条件下的试验结果

选用1#膜滤器分别开展单根流量分别为$0.6m^3/h$[过滤通量为$0.333m^3/(m^2 \cdot h)$]、$1.0m^3/h$[过滤通量为$0.556m^3/(m^2 \cdot h)$]、$1.5m^3/h$[过滤通量为$0.833m^3/(m^2 \cdot h)$]膜过滤器的现场小型探索试验。试验周期为2个，取滤膜进出水分析含油量、悬浮固体含量和颗粒粒径中值，分析结果如表2-4-11（均为平均值）所示。

表2-4-11　单根1#膜滤器不同流程和不同处理流量的试验数据

含油质量浓度/$(mg \cdot L^{-1})$		悬浮固体质量浓度/$(mg \cdot L^{-1})$		粒径中值/μm		单根流量/$(m^3 \cdot h^{-1})$	备注
滤膜进水	滤膜出水	滤膜进水	滤膜出水	滤膜进水	滤膜出水		
2.28	0.32	5.53	0.65	1.392	1.115	0.6	试验工艺流程一
2.16	0.39	3.75	0.30	2.005	1.367	1.0	
1.93	0.58	5.5	0.82	1.607	1.241	1.5	
2.93	0.74	5.20	0.72	1.817	1.558	0.6	试验工艺流程二
3.15	0.80	8.42	1.03	1.729	1.407	1.0	
4.20	0.77	5.16	0.77	1.919	1.755	1.5	

由表2-4-11可以看出：1#膜滤器在处理工艺流程一和工艺流程二的条件下运行，膜滤后出水各项指标均达到油田低渗透率油层回注水水质控制指标，即含油质量浓度≤8mg/L、悬浮固体质量浓度≤3mg/L、悬浮固体颗粒粒径中值≤2μm，且含油量和悬

浮固体含量达到了油田特低渗透率油层回注水水质控制指标，即含油质量浓度≤5mg/L和悬浮固体质量浓度≤1mg/L。说明该种滤膜适应油田含油采出水处理，既可以作为油田处理工艺中的二级过滤器，也可以作为油田处理工艺中的三级过滤器应用于油田含油采出水处理。另外从试验记录得出，每个处理工艺条件下运行2个周期后膜过滤器的进口、出口压差变化不大。

2) 2#膜滤器在工艺流程二条件下的试验结果

该项试验的目的：一是考虑增大滤膜的孔径，以便将来在含油采出水处理工艺流程中，考察能否替代现有处理工艺中的二级双层滤料过滤器，或者是能够应用到浮选出水直接进双层滤料过滤器，然后再进二级膜滤器的处理工艺流程中；二是确定经较大膜孔径膜过滤后的出水能否达到油田低渗透率油层回注水水质指标，满足油田含油采出水处理的需要。

在1#膜滤器试验的基础上，选用0.8μm孔径的膜分别开展1.0m³/h[过滤通量为0.556m³/(m²·h)]、1.5m³/h[过滤通量为0.833m³/(m²·h)]膜过滤器的现场小型探索试验，试验结果如表2-4-12所示。需要说明的是由于膜滤后含油量均能够达到油田低渗透率油层回注水水质指标，故本项试验略去含油质量浓度的测试，而只分析化验膜滤器进口、出口的悬浮固体质量浓度和粒径中值。

表2-4-12 单根2#膜滤器在处理工艺流程二条件下不同处理流量时的试验数据

过滤周期	悬浮固体质量浓度/(mg·L⁻¹)		粒径中值/μm		单根流量/(m³·h⁻¹)
	滤膜进水	滤膜出水	滤膜进水	滤膜出水	
2	7.02	0.66	1.853	1.502	1.0
	7.97	0.87	2.120	1.664	
	6.35	0.85	2.140	1.568	1.5
	8.37	1.25	2.214	1.759	

由表2-4-12可以看出：在该处理工艺流程条件下，当2#膜过滤器运行两个周期后，滤膜进口、出口压差变化不大，且膜滤后出水各项指标均达到油田低渗透率油层回注水水质指标，说明该规格的滤膜同样适应油田含油采出水处理。另外从试验记录得出，每个处理工艺条件下运行2个周期后膜过滤器的进口、出口压差变化不大。

3) 讨论

(1) 当进水含油量和悬浮固体质量浓度平均≤5mg/L时，采用改性聚四氟乙烯膜过滤器，过滤通量≤0.556m³/(m²·h)(单根流量为1.0m³/h)时，经0.45μm和0.8μm膜滤芯过滤器处理后出水的含油量、悬浮固体含量平均值，均能够达到油田特低渗透油层回注水水质控制指标，即含油质量浓度≤5.0mg/L、悬浮固体质量浓度≤1.0mg/L，而悬浮固体颗粒粒径中值能够达到≤2.0μm低渗透油层回注水水质控制指标。

(2) 当进水含油和悬浮固体质量浓度平均≤10mg/L时，选用0.45μm聚四氟乙烯膜滤芯，在过滤通量为0.333m³/(m²·h)(单根流量为0.6m³/h)下过滤，以及选用0.8μm聚四氟乙烯膜滤芯，在过滤通量为0.556m³/(m²·h)(单根流量为1.0m³/h)下过滤，经膜过滤器处理后出水的含油量、悬浮固体含量平均值能够达到特低渗透油层要求的回注水水质指标，而颗粒粒径中值只能够达到低渗透油层要求的回注水水质指标的要求。

（3）如果选用 $0.45\mu m$ 膜滤芯进行过滤，在膜过滤通量 $\leq 0.556 m^3/(m^2 \cdot h)$（单根流量为 $1.0m^3/h$）的条件下稳定运行，既可作为二级过滤器使用，也可作为三级过滤器使用；如果选用 $0.8\mu m$ 膜滤芯进行过滤，在滤膜过滤通量 $\leq 0.883 m^3/(m^2 \cdot h)$（单根流量为 $1.5m^3/h$）的条件下稳定运行，可作为二级过滤器使用。要保证改性聚四氟乙烯膜过滤器滤后出水达到特低渗透油田要求的回注水水质指标及稳定运行，需保证进水水质。

3. 结论

（1）采用改性聚四氟乙烯膜滤芯的膜过滤器处理大庆油田含油采出水，技术上可行。可选用单根过滤通量为 $0.556 m^3/(m^2 \cdot h)$ 的 $0.8\mu m$ 改性聚四氟乙烯膜滤芯，作为油田处理工艺中的二级过滤器使用；选用单根过滤通量为 $0.333 m^3/(m^2 \cdot h)$ 的 $0.45\mu m$ 改性聚四氟乙烯膜滤芯，作为油田处理工艺中的二级和三级过滤器使用，并采用下向进水的方式进行过滤。

（2）要保证改性聚四氟乙烯膜过滤器滤后出水达到特低渗透率油层回注水水质控制指标要求，处理量恒定不变，运行周期内进口、出口压差变化较小且运行稳定，需保证进水含油质量浓度和悬浮固体质量浓度 $\leq 5mg/L$；要达到低渗透率油层回注水水质控制指标要求，处理量不变且运行稳定，需保证进水含油和悬浮固体质量浓度 $\leq 10mg/L$。

八、双向过滤技术

（一）双向过滤器原理

双向过滤器是一种新型的水处理过滤设备，结合了正向过滤、多层滤料过滤、反向过滤、反粒度过滤等几种过滤原理，是一种高效率、低能耗的水处理设备。运行时，采出水从过滤器上、下两个方向同时流入，从中间流出。双向过滤器通常包含三层滤料，上部采用粒径大、相对密度较小的轻质滤料，中间采用粒径小、相对密度适中的石英砂，下部采用粒径也较大、相对密度大的重质滤料。采用这种特殊结构，过滤器的上半部分等效于双层滤料的正向过滤器，提升了过滤器的纳污能力，过滤器的下半部分相当于反向过滤器，由于其顶部有滤料层与水流的压迫，避免出现因滤速加大而导致的流化现象，可以充分发挥反向过滤的优点。两部分结构结合起来优点更加突出，因此，大幅度提高了过滤速度。

含油采出水深度处理工艺中采用的双向过滤器是以石英砂作为主滤料的滤料级配。要取得较好的水质处理效果，首先需保证来水可以平均分配至控制系统中的每一台双向过滤器，其次是每一台双向过滤器的上、下滤速比保持在 1.5:1 左右。在含油采出水深度处理的整个工艺流程中，影响来水流量平均分配和上、下滤速比大小的因素很多，如来水流量及压力变化、滤层阻力变化和一次汇管压力变化等因素。因此，要在含油采出水深度处理工艺中达到每一台双向过滤器的上、下滤速比保持在 1.5:1 左右和来水流量的二次平均分配，仅仅依靠人工的操作调节难以实现。为保证水质处理的效果，需每隔一定时间对过滤器进行反冲洗操作，反冲洗的过程中要求反冲洗的气量随时间按阶梯形变化，保证双向过滤技术的工艺条件，需配备工作可靠、功能强的自控系统。

双向过滤技术自控系统的主要功能分以下两个部分。

1）实现流量连续自动调节控制

来水流量二次平均分配和保证双向过滤器的上、下滤速比保持在 1.5∶1，是实现双向过滤器流量连续自动调节控制的主要内容。

2）实现计算机程序化自动反冲洗

计算机反冲洗程序化变流量自动控制操作在油田采出水深度处理工艺中的应用，实现了双向过滤器的自动化反冲洗。反冲洗自动控制程序和流量连续自动调节控制程序的组合，实现了含油采出水深度处理工艺生产过程的自动化控制操作。

（二）技术参数

过滤器的压力周期是指从开始过滤至滤层的水头损失达到规定的极限值而终止过滤的时间。从开始过滤到出水的水质低于规定的水质标准，到过滤过程结束，该过程所需时间即为过滤器的水质周期。过滤器的压力周期可人为设定，通常大于水质周期。在各种水处理工艺技术中，受多方面因素影响，过滤器的水质周期都不是一个固定值。为便于生产管理和保证出水的水质，普遍采用一种既能保证出水水质合格，又小于水质周期的时间周期作为过滤器的反冲洗周期。在油田采出水深度处理过程中，通常采用时间周期作为过滤器的反冲洗周期。反冲洗周期的确定主要受来水水质和出水水质执行的水质标准影响，如大庆油田含油采出水的深度处理工艺反冲洗周期的确定，首先应保证出水水质能够达到低渗透油层注水水质指标的要求。目前，大庆油田含油采出水深度处理工艺中使用的双向过滤器的反冲洗周期是：一次双向过滤器反冲洗周期为 12h，二次双向过滤器反冲洗周期为 24h。

过滤器进行反冲洗时，单位面积上所通过的反冲洗流量，称为反冲洗强度。双向过滤器的反冲洗强度基本与正向过滤器相等。对于多层滤料的过滤器，对反冲洗强度的控制要求非常严格，如果未达到强度要求，各层滤料不能同时悬浮和膨胀，这会导致滤料层冲洗不干净，严重时会结球或产生板结而失去过滤作用，反冲洗强度过大，滤料混层严重，滤料层很难恢复至初始状态，影响后续使用。反冲洗强度应根据各种滤料的粒径级配及相对密度等参数，经计算后再通过现场试验确定。计算的基本原则应首先保证各滤料层中的滤料可以全部悬浮，并使各级滤料层都处于反冲洗高效区。双向过滤器根据计算和通过现场试验确定的反冲洗强度如下：一次双向过滤器反冲洗强度为 $16\sim18\mathrm{L/s\cdot m^2}$；二次双向过滤器反冲洗强度为 $13\sim15\mathrm{L/s\cdot m^2}$。双向过滤器纳污能力较强，并且全滤层都有截留作用，下半部为反向过滤，因此，双向过滤器要比常规过滤器的反冲洗时间长。双向过滤器的反冲洗时间主要与来水水质周期和水质有关，因此，双向过滤器的反冲洗时间，应通过采出水处理站现场工艺水质条件进行测试后确定。

（三）应用效果

2012 年，在某油田某含油采出水处理站进行了一次 22 个水质周期的双向过滤器和常规重力过滤器的水质对比测试，对两种过滤器的技术性能、滤速、进出水水质进行了系统的比较。

水质检测数据表明，与油田常规过滤技术相比，双向过滤技术具备处理水质好、过滤速度高、自动化程度高、运行费用低以及大量节省基建投资等特点。应用双向过滤技术，使油田含油采出水处理技术有了突破性的发展，新建一座处理量为 $1.6 \times 10^4 m^3/d$ 的油田采出水深度处理站，与采用常规过滤技术相比，采用双向过滤技术的工程投资节省率为55%，钢材节省率为55%，操作间建筑面积节省率为43%，年节电量为 $245 \times 10^4 kW \cdot h$。

九、生化处理技术

由于含油采出水的可生化性能差，完全采用微生物工艺处理含油采出水难度较大。在水解菌的作用下，可以将难降解的有机物进行开环裂解或对长链大分子物质进行断链，使其转化为易生物降解的小分子物质以提高采出水的可生化性。因此，通过水解酸化可改善有机采出水的可生化性，减少后续工艺的负荷，同时可以缩短处理时间和提高处理效果，达到降耗增效的目的。沙漠油田采出水的另一个特点是盐度高，而盐度对未经驯化的微生物会产生明显的抑制作用，但经过一段时间驯化后，活性污泥中微生物种群显著改变，可产生良好的耐盐特性。结合新疆油田采出水的实际特点，研制出一套含油采出水进行水解酸化 – 生物接触氧化处理装置，满足油田边缘井站少量含油采出水的处理需要。

（一）试验器材与方法

1. 含油采出水来源

含油采出水取自某油田13#站，采出水经站内沉降罐一级沉降后，出水水质如表2 – 4 – 13所示。

表2 – 4 – 13　某油田13#站水质分析结果　mg/L(pH 值除外)

项目	结果	项目	结果
Cl^- 质量浓度	12322.99	pH 值	7.68
SO_5^{2-} 质量浓度	255	As 质量浓度	0
Ca^{2+} 质量浓度	352.15	挥发类质量浓度	0.53
Mg^{2+} 质量浓度	51.89	石油类质量浓度	55
$K^+ + Na^+$ 质量浓度	7745.76	S^{2-} 质量浓度	8
矿化度	20901	COD 质量浓度	278

从水质分析数据可知，某油田13#站含油采出水矿化度超过20000mg/L，属于高盐高矿化度水质，根据国家标准《污水综合排放标准》(GB 8978—1996)可知，某油田13#站含油采出水主要是 COD、挥发酚和石油类质量浓度超标。

对目前关注较高的挥发性有机污染物苯系物和具有"三致"毒性的多环芳烃(PAHs)也进行了分析，表2 – 4 – 14 和表2 – 4 – 15 是某油田13#站含油采出水的分析结果。从表2 – 4 – 14可知，某油田13#站含油采出水含6 种苯系物，其中质量浓度较高的是间二甲苯和邻二甲苯。从表2 – 4 – 15可知，某油田13#站含油采出水中含 13 种优先控制 PAHs以及大量带支链的多环芳烃，如1 – 甲基萘、2 – 甲基萘、1 – 乙基萘等，从含量分布上看，对总量贡献较大的是三环和三环以下的 PAHs。

表2-4-14 某油田13#站采出水苯系物分析   mg/L

项目	质量浓度
苯系物总量	729
苯	32
甲基苯	58
乙苯	86
间二甲苯	258
对二甲苯	74
邻二甲苯	221

表2-4-15 某油田13#站采出水多环芳烃分析   mg/L

编号	名称	进水质量浓度
1	萘	1236.2
2	1-甲基萘	2725.5
3	2-甲基萘	3764.9
4	1-乙基萘	93.6
5	苊烯	50.2
6	苊	779.9
7	芴	582.2
8	菲	627.7
9	蒽	45
10	荧蒽	60.2
11	芘	66.7
12	苯并蒽	22.2
13	屈	9.8

2. 高效原油降解菌的培养

自然环境中微生物的生存环境受到石油污染后，其群落结构会发生变化，能适应石油污染的种群可以继续发展或者更好地发展种群，不能适应石油污染的微生物种群会受到抑制，甚至被淘汰。

因此，对某油田13#站原油污染土壤中能降解石油污染物的微生物进行研究，利用常规菌种富集分离筛选方法获得了细菌。结果表明，土壤中石油类碳氢化合物降解菌共有细菌46株，25株菌可以在石蜡和萘上同时生长，15株菌对石蜡有专一降解性，6株对萘有专一降解性。说明由于原油组分的多样性导致烃降解菌种类的多样性。复杂的基质需要有不同功能的菌类的协同作用。

在此基础上，用生物强化技术，通过污泥的驯化过程，培养筛选出对石油类物质具有良好降解性能、能适应本油田采出水盐度和矿化度的"某油田13#站高效优势菌种LY-

6",该菌在高盐、高渗透压环境下培育完成,具有易培养、繁殖快、对环境的适应性好、抗负荷冲击能力强,能对石油类有机物进行很好降解等特点。

"某油田13#站高效优势菌种 LY－6"的干菌可在常温下保存,复壮过程一般为7～10d,保持水温为30℃左右,溶解氧质量浓度维持为3～4mg/L,pH 值为6～9,达到种群数量要求后,保持水温为5℃左右。

3. 生化处理装置

生化处理装置的流程示意如图 2－4－27 所示。

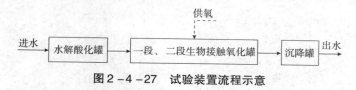

图 2－4－27 试验装置流程示意

从图 2－4－27 可看出,由站内排出的含油采出水先进入水解酸化罐,对原水的水量水质进行调节,罐内设预曝气,曝气量不小于 0.6m³/(m³·h),曝气对罐内水体搅动、充氧,防止悬浮杂质沉淀。水解酸化罐出水再进 15m³ 一段生物接触氧化罐,一氧罐出水进 9m³ 二段生物接触氧化罐,罐内曝气方式采用低噪声的曝气机加曝气装置,填料采用易挂膜、比表面积大、生物与化学稳定性好的弹性填料流力球。已经充氧的采出水完全浸没全部流力球,并以一定流速流经流力球;采出水与生物膜广泛接触,在微生物的新陈代谢功能的作用下,采出水中有机污染物得以去除。二段生物接触氧化罐出水进 6.9m³ 沉降罐,在此进行沉淀、泥水分离,出水达到国家标准《污水综合排放标准》(GB 8978—1996)。

生化处理装置为整体撬装结构,罐体为钢制方形结构,按水流方向依次为水解酸化罐,长度为 2m,宽度为 2m,高度为 3.1m,有效容积为 11.6m³,罐内设均匀布置微孔曝气头,曝气量不小于 0.6m³/(m³·h),进水采用排管式布水方式,使罐内保持均匀布液;二段式生物接触氧化罐 1 座,总尺寸 4m×2m×3.6m,其中一段接触氧化罐长度为 2.5m,宽度为 2m,高度为 3.1m,二段接触氧化罐长度为 1.5m,宽度为 2.0m,高度为 3.1m,两罐内均设置约 1.5m 高弹性填料,底部均布微孔曝气头,曝气量为 0.875m³/min,进水采用排管式布水方式,使罐内保持均匀布液;斜板沉降罐 1 座,长度为 1.5m,宽度为 2.0m,高度为 3.15m,罐内设蜂窝斜管,底部设置锥形排泥斗。四组罐均依靠高差自流进入下一流程。罐外设置鼓风曝气机,为水解酸化罐及接触氧化罐供氧。沉降罐外挂污泥回流泵,用于污泥的排放及回流。

4. 现场试验方法

2002 年 5 月 12 日,某油田 13#站油田含油采出水进入氧化罐中,将石化厂水处理的二沉池回流污泥投加到氧化罐,投加量为氧化罐有效体积的 30%。氧化罐中按 COD：N：P＝200：5：1 投加营养物质。供气强度依据控制溶解氧质量浓度为 2～3mg/L 确定。2d 内将全部流力球投加至氧化罐中,填料填充度为 50%。正常曝气 2d 以后,5 月 14 日微生物在流力球上已挂上膜,氧化罐中再加入高效菌种 20kg。开始驯化过程,按 0.25m³/h、0.5m³/h、1m³/h 三个阶段逐步提高进水量,每个阶段维持 3～5d,同时逐步减少营养物质至不再投加。每日监测水质变化，5月26日，出水指标基本趋于稳定，认为挂膜、驯化过程已经完成。菌种完成驯化过程后，流力球上污泥生长旺盛，系统水体颜色转为黄色，有较浓的土腥味，出水 COD 质量浓度稳定。这标志着活性污泥性状较好。在生化处理装置运行较为平稳的基础上，每日进行各项水质指标的检测和数据的采集。

（二）试验结果与分析

1. 含油的去除效果

进出水含油质量浓度变化曲线如图 2 – 4 – 28 所示。

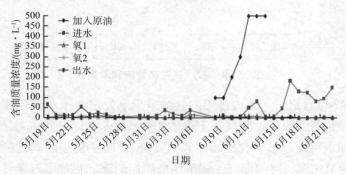

图 2 – 4 – 28　进出水含油量变化

图 2 – 4 – 28 中进水为系统来水，氧 1 为一段接触氧化罐出水，氧 2 为二段接触氧化罐出水，出水为系统出水（以下图中均类同）。从图 2 – 4 – 28 中可以看出，进水含油质量浓度为 5 ~ 180mg/L，波动比较大，但出水含油质量浓度比较平稳，小于 1mg/L，主要范围为 0 ~ 0.3mg/L。在试验的前期，2002 年 5 月 19 ~ 26 日，虽然进水量在 0.25m³/h、0.5m³/h、1m³/h 三个阶段逐步提高，但系统的出水含油质量浓度均未超过 10mg/L，这一阶段出现的系统出水含油质量浓度高于二段氧化罐出水含油的情况，是因为水解酸化罐内试验前积存油造成的二次污染。而在 5 月 27 日 ~ 6 月 7 日，按照生化处理装置的最大设计负荷 2m³/h 的进水量平稳运行期间，出水含油质量浓度比较平稳，均小于 1mg/L。

由于站内原油沉降罐排出的采出水的含油质量浓度较低，为测试装置的耐冲击情况，从 6 月 8 日开始，试验采用人为加入原油的方式提高采出水的含油质量浓度。在提高采出水含油质量浓度的初期，有出水含油质量浓度升高的情况出现，但在第二日就回到正常水平。从 6 月 17 日开始，不再人为加入原油，而进水量增至 3.0m³/h，6 月 19 日进水量增大到 4.0m³/h，这种情况下，对出水含油质量浓度和出水含油去除率也没有大的影响。

以上结果说明生化处理装置的生物系统能有效去除水中石油类物质，同时抗负荷冲击能力强，稳定性好。

2. COD 的去除效果

试验过程中，每天取样检测 COD，其进水 COD 质量浓度以及经试验系统处理后的出水 COD 质量浓度的取样检测结果如图 2 – 4 – 29 所示。

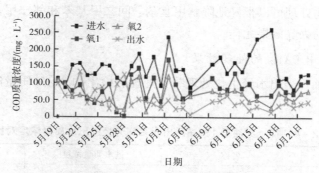

图2-4-29　进出水COD质量浓度变化

从图2-4-29中进水情况来看，开始阶段进水COD质量浓度低，只有100~150mg/L，出水COD质量浓度为60~70mg/L，去除率50%左右。5月22日因溶解氧小于2mg/L，出水COD去除率只有16%左右。5月27日、28日的系统出水COD质量浓度异常，但一段接触氧化罐出水和二段接触氧化罐出水COD质量浓度正常，造成异常的原因是取样口受到了污染。试验后期，因人为提高采出水的含油质量浓度和加大进水量，进水COD质量浓度升高，分布范围在150~300mg/L之间，试验系统出水COD质量浓度仍稳定在40mg/L左右，COD去除率升至60%~90%。同时出水水质比较清澈。可见此工艺稳定性好，对来水水质有较强的缓冲能力。

3. 挥发酚的去除效果

从图2-4-30可见，进水挥发酚质量浓度为0.01~0.4mg/L，出水挥发酚质量浓度较平稳，均为0.00~0.03mg/L，低于外排标准<0.1mg/L。系统对挥发酚的去除效果好，去除率在90%以上。

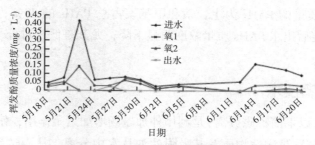

图2-4-30　进出水挥发酚质量浓度变化

4. 油田采出水中苯系物的处理效果

某油田13#站油田采出水经生化处理装置处理后检出的BTEX变化情况如表2-4-16所示。

表2-4-16　生物处理某油田13#站油田采出水苯系物变化情况　　　　　　μg/L

种类	进水质量浓度	出水质量浓度
甲基苯	0.335	0.065
间二甲苯	1.704	—
邻二甲苯	0.323	—

分析发现，生物处理可以很好地降解甲基苯、间二甲基苯和邻二甲基苯，其中间二甲基苯和邻二甲基苯的去除效果尤佳。

5. 油田采出水中 PAHs 的处理效果

某油田 13# 站油田采出水经生化处理装置处理后检出的 PAHs 质量浓度变化情况如表 2-4-17 所示。

表 2-4-17　某油田 13#站采出水多环芳烃进出水质量浓度对比　　　　　　　mg/L

编号	名称	进水质量浓度	出水质量浓度
1	萘	1236.2	12.4
2	1-甲基萘	2725.5	14.9
3	2-甲基萘	3764.9	0
4	1-乙基萘	93.6	3.9
5	苊烯	50.2	8.8
6	苊	779.9	112.9
7	芴	582.2	35.4
8	菲	627.7	60.9
9	蒽	45	3.1
10	荧蒽	60.2	22.9
11	芘	66.7	31.3
12	苯并蒽	22.2	20.3
13	䓛	9.8	8.7

分析结果表明，某油田 13# 站油田采出水中总 PAHs 质量浓度较低，种类较少，进水中仍以低相对分子质量的 PAHs 为主，萘和甲基萘占总 PAHs 的 78%，四环以上 PAHs 不到总量的 2%。稳定后出水 PAHs 质量浓度明显下降，尤其是低相对分子质量 PAHs 的去除更明显。

十、磁选分离技术

磁选分离技术(以下简称磁分离)是利用外加磁场增加絮凝作用，使油吸附在磁性颗粒上，再通过磁分离装置将磁性物质及其吸附的油从水中分离，从而达到油水分离的目的，是一种高效节能的磁种回收利用率高的技术。已有研究人员将其运用于各种含油废水的处理中，并取得了显著成效。

(一)单一磁粉分离法

20 世纪 90 年代，开始有研究者使用单一的磁粉法进行油和水分离，这种方法具有操作简便、不需要使用大型仪器且费用较低等优点。国内外学者采用直接投加 Fe_3O_4 磁粉或通过调节 pH 值将亚铁盐转化成 Fe_3O_4 等方法，使采出水中所含的油分表面活性剂和其他细微的悬浮物吸附在磁粉外表面上，从而降低采出水中的总有机含碳含量，同时去除其中的锌锰等其他重金属离子。但是直接使用磁粉处理含油采出水，水含油量难以达标，这是因为磁粉的颗粒度较大，一般为几十微米，重力作用大，难以在采出水中均匀分散，因此，无法达到与水中的油污与絮体的强相互作用，导致这种方法处理含油采出水效果一般。

（二）磁流体分离法

磁流体是由纳米级磁性颗粒（Fe_3O_4）载体（亲油或亲水的活性剂表面）和分散剂融合在一起而形成的胶体，由于具有磁性和流动性，可以更稳定地分散于水中与含油采出水互溶成溶液。

1. 亲水性磁流体

姜翠玉等先是利用发散法将乙二胺（EDA）丙烯酸甲酯（MA）甲醇等原料合成了具有磁性的 PAMAM 树状大分子处理油田采出水，实验结果表明，当 $n(EDA)/n(MA) = 1/8$，溶剂中甲醇的体积分数为 30% 合成的磁流体，在加入质量浓度为 70mg/L 时，除油率可达 85.1%，悬浮物降低了 52.9%，除油效果远好于市面出售的药剂。再以 Fe^{3+}、Fe^{2+} 为原料，聚乙二醇为表面活性剂，制备了具有良好超顺磁性的水基磁流体，其中磁性粒子的平均粒径为 31.98nm，饱和磁强度为 55.82emu/g，以其处理草西联合站油田采出水，结果表明磁流体的增效更为显著，加入量是单一磁粉的 25%，悬浮物含量降低为原来的 30%，絮体沉降时间缩短了一半，处理后采出水含油质量浓度 <1mg/L，悬浮物质量浓度降至 3mg/L 以下。

曹雨平等利用乙醇和硬脂酸对 Fe_3O_4 磁种进行表面有机改性处理，同时加入破乳剂（聚合氯化铝），并用于油田采出水处理，结果表明，当改性磁种质量浓度为 100mg/L，破乳剂质量浓度为 50mg/L 时，油污染地下水的除油率升至 96.7%。佟瑞利等采用简单的化学沉淀法在碱性环境中一步制备了纳米级的 Fe_3O_4 颗粒，然后利用 Fe_3O_4 纳米粒径小（9nm）、比饱和磁化强度低（53.279emu/g）等优点，处理油田采出水，处理后的水中含油质量浓度是直接使用市售磁粉的 1/3。

2. 亲油性磁流体

利用化学共沉淀法制备亲油性磁流体是比较常用的方法，具有合成过程简单、高效，成本低等优点。潘建新利用化学共沉淀法制备了亲油性磁流体（MCSMs），并将其应用于湛江炼油厂含油采出水进行净化处理，结果表明，强酸性环境不利于重金属离子的吸附，提高磁场强度和加快搅拌速度，可以提升除油效果，除油率最高可达 90%。同时利用相关表征手段对磁流体的除油原理进行了探讨，认为覆盖在油珠表面的表面活性剂被破坏，在磁场作用下与水分离被磁流体所吸附，完成油水分离。汪婷等采用共沉淀法制备了纳米 Fe_3O_4 磁流体，在软酸环境中室温下纳米 Fe_3O_4 的质量浓度为 4.0g/L 时，吸附 3h 后，含油量减少 70.5%，同时利用 XPS 分析了磁性纳米 Fe_3O_4 对模拟含油采出水溶液中 Pb^{2+}、Cr^{3+} 的同步吸附情况。对于一些颗粒粒径较小的油珠，借助重力和磁力的共同作用，吸附在油珠表面的磁性颗粒可以形成沉积物而下沉；对于一些粒径较大的油珠，磁性颗粒与油珠的表面活性剂发生吸附，破坏油珠表面的界面膜，最终导致油水分离，油性物质与磁性颗粒一起沉积。但是目前含油采出水的乳化度高，导致只有单亲性（亲油性）的磁流体无法实现真正的均匀分散，因此处理效果很难达到回注标准，需要与其他方法配合进行预处理或者二次净化处理。

(三)混合型综合磁分离技术

三次采油技术的运用使油田采出水的乳化稳定性大大提高,因此,需要采用磁处理与其他技术混合搭配使用,处理油田采出水达到油水分离的目的。

1. 气浮 – 磁分离

在磁分离前先采用气浮法对油田采出水进行预处理,目的是先除去乳化液中分散的油脂成分,以便于下一步深度磁吸附分离油和聚合物。许浩伟等利用高效溶气气浮和磁分离处理孤岛油田的含油废水,处理后水中的含油量下降了70%,悬浮物的质量浓度为3.5mg/L,水质达到了油田要求的回注标准,而且利用这种方法处理采出水的时间很短(不到8min)。夏江峰针对大庆油田采油二厂采出水处理工艺不完善的问题,开展了磁分离处理技术与气浮联合注水干线冲洗水,优化处理效果,控制处理成本,同时研究了移动式撬装成套设备的适应性。

2. 混凝 – 磁分离

混凝过程中磁种被絮体包裹起来,与絮体一起增加了重量,提高了沉淀速度。曾胜和朱又春以自行研制的设备利用混凝 – 磁分离混合法处理厨房的含油采出水(也是油水混合溶液,含油量和悬浮物浓度较高,可看作是模拟油田采出水),其出水含油量及悬浮物含量分别减少到原来的3%和23%,且沉降时间大幅减少,所使用设备占地面积也仅为原有设备的1/2。张太亮等利用混凝 – 磁分离方法对四川某页岩气田采出水进行了处理,在破胶剂中添加纳米级磁铁粉,观察处理后的水质指标结果表明,在破胶剂质量浓度与磁铁粉质量浓度比为5∶8,破胶时间为0.6h时,含油量降低为原来5%,絮凝物含量降低了1000倍,处理后主要水质指标均达到国家标准《污水综合排放标准》(GB 8978—1996)中的一级排放标准要求。磁分离与其他技术联合使用处理油田采出水,虽然处理效果较好、速度快,但是增加了联合技术,必然导致成本增加、设备复杂等缺点,不适用于大批量含油采出水处理。

(四)结论与展望

目前,油田为提高采油量,在水驱油过程中添加了大量复合型乳化剂,导致含油采出水的乳化度高、稳定性好。

1. 单亲性磁流体的不足

只有单亲性(亲油性/亲水性)的磁流体无法实现真正的均匀分散,且油水还存在互溶的情况。李红等以油酸包覆Fe_3O_4纳米磁性粒子得到了均匀的亲油性磁流体,研究了水对亲油性磁流体的渗入情况,结果表明,在水冲刷的情况下,水在外加磁场强度增加和盐离子存在的条件下,会渗入磁流体。可见水在一定条件下也是可以进入亲油性磁流体中,导致单一亲油性磁流体处理效果较差。

2. 双亲性磁流体

两种不同(如亲水/疏水)甚至相反(极性/非极性,正电/负电等)性质的流体在纳米复合材料表面分区集成,可以降低表/界面稳定性,这正适合于油田含油采出水的处理。

对双亲性纳米颗粒附以磁响应性，选用具有磁响应性的双亲性纳米颗粒作为磁种处理油田含聚采出水，磁性粒子粒径小，分布均匀，亲水/亲油性能稳定分散于水中形成溶液。夏募利用单层油酸改性 Fe_3O_4 磁性纳米粒子合成了高磁响应性的聚合物 PMMA – Fe_3O_4 微球，微球具有磁性粒子，另一半具有亲油性，可以高度分散在油水混合液中。查全文将 $FeCl_3$ 直接加入得到磁性糖基表面活性剂，具有高磁响应性和双亲性，在油水溶液中对酪蛋白具有良好的磁迁移作用。曹阳等采用溶剂挥发与界面聚合法将磁性聚苯乙烯微球表面涂覆亲油亲水性涂层，通过测试表明其吸油率和吸水率基本相当，即微球同时具备双亲性。以上这些研究结果表明：由于双亲性纳米具有极高的表面能进行吸附辅助破乳除油，且磁化效应强化了其絮凝能力；利用双亲性磁流体的强磁性，借助磁分离器，可以高效去除油田采出水中的残余油和悬浮物，实现油田采出水的低成本无害化资源化处理。

十一、陶瓷膜过滤技术

(一) 分离机理

陶瓷膜过滤是一种错流过滤形式的流体分离过程(图 2 – 4 – 31)。原料液在膜管内高速流动，在压力驱动下含小分子组分的澄清渗透液沿与之垂直方向向外透过膜，含大分子组分的混浊浓缩液被膜截留，从而使流体达到分离、浓缩、纯化的目的。通常认为，陶瓷膜的油水分离机理是筛分原理。膜孔径一般小于油滴的粒径，从而可以利用膜孔截留料液中的悬浮油滴，使水透过膜，达到油水分离的目的。但在实际膜过滤过程中，油滴会在压力的作用

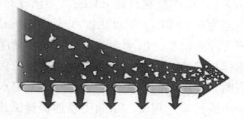

图 2 – 4 – 31　错流过滤示意图

下产生形变，从而进入膜孔中。变形后油滴的表面膜被破坏，致使油滴中的内相被释放出来，又由于膜表面具有很强的亲和性和润湿性，从而使内相吸附在膜面上，并逐渐聚结成较大的油滴，然后在压力的作用下通过膜孔，同时连续相也通过膜孔，这样就实现了油水乳状液的破乳，过孔后的油滴和连续相很容易实现进一步分相，离开原来的分散介质，进而实现油水分离。

(二) 应用

1. 国外陆上油田

国外开展陶瓷膜处理陆上油田含油采出水的研究较早，美国在 20 世纪 80 年代末期就开始对陶瓷膜过滤油田含油采出水进行研究，但直到 90 年代才有相关的文献报道。CHEN等最早报道了利用陶瓷膜错流微滤技术去除油田含油采出水中的油脂和悬浮固体，并进行了矿场试验，结果表明：利用该技术可将采出水中的含油质量浓度降至 5mg/L 以下，悬浮固体质量浓度也能降至 1mg/L，说明利用陶瓷膜处理油田含油采出水具有很好的过滤效果；同时文中还指出，膜的渗透通量是评价膜性能的一个重要指标，其大小可能会受到错流速度、跨膜压力和温度等影响。SAREH 等报道了管式陶瓷微滤膜(α – Al_2O_3)过滤炼油

厂含油采出水。试验结果表明，过滤后的出水中含油质量浓度小于 4mg/L，可以达到采出水排放标准，而且 TOC 去除率也高达 95%。NAND 等采用由高岭土、石英、长石、碳酸钠、硼酸和硅酸钠制成的低成本陶瓷膜过滤油水乳状液，实验结果表明，采出水中的含油质量浓度降至 10mg/L，截油率高达 98.8%。EBRAHIMI 等采用微滤或者溶气气浮工艺对模拟的油田含油采出水进行预处理，然后采用超滤和纳滤混合工艺进行后处理，微滤、超滤和纳滤过滤工艺的膜均为陶瓷膜。实验结果表明，预处理的去油率就已达 93%，再经过后处理，去油率高达 99.5%。

2. 国内陆上油田

刘凤云等在 20 世纪 90 年代首先报道了陶瓷膜过滤油田含油采出水的应用前景。随后单连斌研究了陶瓷膜滤材过滤含油采出水，通过实验证明陶瓷膜过滤含油采出水是可行的，同时提出，进行实际应用时，要根据陶瓷膜的种类、形式、性能指标的不同，对工艺条件进行完善。王春梅等采用 0.2μm 的氧化锆陶瓷微滤膜过滤含油采出水，含油质量浓度可降至 10mg/L 以下，满足含油采出水排放要求。谷玉洪等进行了陶瓷微滤膜过滤油田含油采出水试验，试验结果表明，过滤后出水含油质量浓度 <3mg/L、悬浮物质量浓度 <1mg/L，固体颗粒直径 <1μm。丁慧等对陶瓷膜过滤的最佳操作条件进行了优选，在跨膜压差为 0.16MPa、温度为 50℃、膜面流速为 5.0m/s 的条件下，使用 200nm 陶瓷膜过滤油田含油采出水，出水含油质量浓度和悬浮物质量浓度均小于 1mg/L，满足油田回注水水质指标。安家荣等首次利用 Fluent 软件对含油采出水陶瓷膜过滤工艺进行了数值模拟，结果表明，在适当的跨膜压差下，升高采出水温度、减小采出水浓度（进行采出水预处理）可以减小膜污染的程度，从而明显地提高采出水处理的效果。ZHONG 等研制了一种由氧化锆组成的新一代陶瓷微滤膜。先对采出水进行预处理，然后在操作压力为 0.11MPa 时通过 MF 膜，过滤后的出水含油质量浓度由 200mg/L 降至 8.7mg/L，可以达到国家采出水排放标准。研究发现，在预处理过程中，当作用压力为 0.045MPa、错流速度为 2.56m/s 时，陶瓷膜的过滤效果最好。CUI 等采用 NaA 沸石/陶瓷膜过滤含油采出水，截油率可达 99%，采出水含油质量浓度 <1mg/L，而且与普通的陶瓷膜相比，NaA 沸石膜的运行时间更长、制作成本也更低。

3. 海上油田

目前，陶瓷膜过滤含油采出水的研究主要集中在陆上油田，而在海上油田的报道则较少。国内，中海油天津化工研究院研制了功能化陶瓷超滤膜，并将其用于海上平台进行中试实验，结果发现出水中含油质量浓度 <3mg/L、悬浮固体质量浓度 <1mg/L，满足低渗透油层注水水质的要求。国外，SILVIO 等报道了多通道陶瓷超滤膜过滤海上油田含油采出水，结果表明，出水中含油质量浓度和悬浮固体质量浓度均小于 5mg/L，并且发现采用化学清洗法对污染的膜进行清洗，清洗后的膜通量可以恢复到初始通量的 95%。文献指出使用陶瓷膜过滤海上油田含油采出水具有很好的应用前景，但同时说明由于海上各井的含油采出水性质不同，必须进行大量的试验来验证其适用性。STRATHMANN 等采用 0.2～0.8μm 陶瓷微滤膜在美国墨西哥湾采油平台上进行试验，在膜面流速为 2～3m/s、料液初始含油质量浓度为 28～583mg/L 的情况下，经陶瓷微滤膜过滤后的出水中悬浮固体质量浓

度从 $73 \sim 290mg/L$ 降至 $1mg/L$。虽然上述报道说明陶瓷膜对油田含油采出水具有很好的过滤效果，但利用陶瓷膜过滤油田含油采出水的研究目前仍处于工业性试验阶段，难以大规模工业应用的原因在于：①不能够长时间维持稳定的膜通量，清洗次数频繁，这是由于陶瓷膜的过滤原理主要是利用膜孔对油滴的截留作用，随着过滤的不断进行，油滴会在膜孔中逐渐集聚，导致膜通量也会随着下降，从而使分离效果下降，因此，需要对膜进行清洗。②缺少适合的膜清洗再生方法，膜被污染后，必须采用合适的方法对其进行清洗，而清洗效果直接影响膜过滤的效果，进而决定了膜的使用前景。对此，很多研究者对膜通量的稳定性以及膜的清洗方法进行了研究，下文对以上研究进行总结。

(三)膜通量稳定性的影响因素

陶瓷膜分离效果主要取决于膜的通量，膜通量越大，分离效果越好；反之，分离效果越不好。而在膜分离过程中，膜通量会受到很多因素的影响，这些因素主要有膜本身的性能、原料液的性质、过程的操作参数以及其他影响因素。

1. 膜本身的性能

1)孔径

膜孔径对膜通量和油滴截留率有很大影响。孔径越大，膜通量越大，但截油率会变小，因为小油滴会进入到膜孔中，同时膜污染的速率也会加大。MUELLER 等测试了两种不同孔径($0.2\mu m$ 和 $0.8\mu m$)的 $\alpha - Al_2O_3$ 陶瓷微滤膜处理含油采出水的效果，实验发现，在相同的过滤时间($80min$)内，$0.8\mu m$ 的陶瓷膜的膜通量下降了 50%，而 $0.2\mu m$ 的陶瓷膜的仅下降了 18%。EMANI 等报道了 3 种不同孔径($3.06\mu m$、$2.32\mu m$、$2.16\mu m$)的陶瓷膜过滤油水乳状液，结果表明，膜通量会随着膜孔径的增大而增大，而截油率会随着膜孔径的增大而减小。这是由于膜孔径较大，部分油滴会透过膜，从而使截油率降低。WESCHENFELDER 等研究发现，相同条件下，经过 $60min$ 的膜过滤操作，$0.1\mu m$ 的陶瓷膜的膜通量为 $10L/(m^2 \cdot h)$，而 $0.05\mu m$ 和 $0.2\mu m$ 的陶瓷膜的膜通量分别为 $230L/(m^2 \cdot h)$ 和 $255L/(m^2 \cdot h)$。以上实验结果表明，膜孔径不是越大越有利于膜过滤，在实际过滤过程中，要根据料液中油滴和颗粒物质粒径选择适合的膜孔径。

2)材料及组分

陶瓷膜的材料一般有氧化铝、氧化锆、氧化硅、碳化硅、二氧化钛等。ZSIRAI 等研究发现，在跨膜压差、错流速度、温度等操作条件都一样时，碳化硅陶瓷膜的处理效果优于二氧化钛陶瓷膜，但是碳化硅陶瓷膜比二氧化钛陶瓷膜易于污染。VASANTH 等研究了 4 种不同材料制成的陶瓷膜，其材料组分如表 $2 - 4 - 18$ 所示，扫描电镜图像如图 $2 - 4 - 32$ 所示。

表 2 - 4 - 18　膜制备的材料组分 %

材料组分	M1 膜	M2 膜	M3 膜
高岭土含量	50	50	50
石英含量	25	25	25
碳酸钙含量	25	22	15
二氧化钛含量	—	3	10

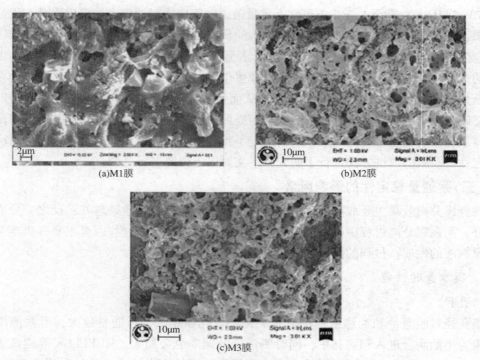

图2-4-32　不同组分膜的扫描电镜图像

由表2-4-18中可以发现，M1、M2和M3膜的材料组分均为高岭土、石英、碳酸钙和二氧化钛，其中，3种膜中高岭土和石英的含量都一样，而碳酸钙和二氧化钛的含量却各不相同。从图2-4-32中可以看出，M1、M2和M3膜的表面形貌和膜孔径有很大差别。这说明膜材料的组分可以极大地影响膜的表面形貌和膜孔径，进而可以影响膜的过滤效果。实验测得M1、M2和M3的孔径分别为1.42μm、1.21μm和0.56μm，而M1、M2和M3膜的最大截油率分别90.8%、96.3%和98.4%。这说明膜的截油率取决于膜孔径，同时也说明材料组分会影响膜的孔径，进而影响膜的过滤效果。

2. 原料液性质

1）含油质量浓度

TORAJ等研究了料液含油量对高岭土陶瓷膜膜通量的影响，文献对通量因子进行了定义，为油水乳状液的膜通量与纯水膜通量的比值。在压力为0.1MPa、温度为25℃、流速为2.5L/min的条件下，将料液中的含油质量浓度由500mg/L增至2000mg/L，结果发现，通量因子几乎保持不变，但是当料液中的含油质量浓度增至3000mg/L时，通量因子会突然下降。这是由于在膜表面有油层生成，当料液含油量较低时，膜表面生成的油层会被流体的水动力作用去除；而当含油量较高时，流体的水动力对膜表面的油层的作用就不明显了，随着运行时间的增长，油层会逐渐加厚，导致通量下降。文献报道，料液含油量对膜渗透通量的影响并不大，当含油质量浓度从500mg/L增至2000mg/L时，膜的渗透通量只从170L/（m²·h）降至130L/（m²·h）。由此可以发现：当含油质量浓度较低时（<2000mg/L），含油量对陶瓷膜的膜通量几乎没有影响；而当含油质量浓度较高时

（>3000mg/L），含油量对陶瓷膜的膜通量有较大影响，随着含油量的增大，膜通量随之减小。

2）pH 值

谷和平认为 pH 值的变化对膜渗透通量的影响很大，pH 值一方面可通过改变料液中悬浮颗粒的带电性影响膜通量；另一方面也可以直接影响膜表面的电荷性质，从而影响膜通量。实验发现，当料液 pH 值由 2 增至 6 时，膜通量也随着增大；而当 pH 值在 6 附近时，膜通量达到最大值，然后随着 pH 值的继续增大，膜通量又会随之减小；在 pH 值为 12 时，膜通量降至最小值。而 HUA 等研究也发现类似规律，当料液 pH 值由 3.8 增至 5.8 时，膜通量会显著增大；而当 pH 值由 5.8 继续增大 9.9 时，膜通量会缓慢下降 [由 163L/（m² · h）降至 41L/（m² · h）]。该作者认为这是由于料液的 pH 值会影响料液中油滴的电极电位，导致油滴的大小发生变化，从而导致相应的膜通量的变化。但是 ZHAO 等研究发现，膜通量会随着 pH 值（2~10）的增大而下降，而不是随着 pH 值的增大呈现出先增大后减小的趋势。因此，对于料液 pH 值对膜通量的影响还有待进一步的实验验证。

3）料液浓度

谷和平发现膜通量随着料液浓度的增大呈现出先减小后基本保持不变的变化趋势：在当料液浓度较低时，膜通量会随着浓度的增大而显著减小；而当料液浓度超过一定的范围后，膜通量不再随料液浓度的增大而变化。导致该现象的原因是：当料液浓度较低时，浓度的升高会增大膜面油层的覆盖率，随着过滤的进行，膜通量会持续下降；当浓度继续升高时，膜表面的覆盖层会逐渐趋于稳定，层内油浓度也逐渐达到饱和状态，层外料液浓度对膜通量的影响减弱；随着料液浓度的继续增大，覆盖层最终达到稳定状态，层内油浓度也达到饱和态，因而，膜通量不再随料液浓度而变化。

4）料液温度

丁慧等研究发现，膜通量与料液温度近似呈线性关系，即膜通量随着温度的升高而增大。分析认为这主要是由两方面的原因造成的：一是由于料液温度的升高可以使料液的黏度降低，导致膜过滤过程中的传质阻力减小，从而使膜通量增大；二是温度的升高可以使料液中颗粒物质的扩散能力得到提升，从而使膜通量增大。很多学者通过实验得到了相同的结果。但有学者认为料液温度对膜通量也具有双重影响：SAREH 等认为温度升高，一方面可以使黏度降低，从而使膜通量增大；但另一方面，温度升高也能使渗透压增大，从而导致膜通量减小。但在实际生产中通过提高料液温度而增大膜通量不可行，因为提高料液的温度，必须对料液进行加热处理，这样会导致能耗增大，从而导致运行费用升高，同时随着温度的不断升高，也可能导致膜的通量下降，因此，建议实际生产过程中，不必对温度进行控制。

3. 过程的操作参数

1）跨膜压差

HUA 等研究发现，膜通量随着跨膜压差的增大而增大，但膜通量的增幅却在逐渐减小，一旦跨膜压差超过某个临界值，随着跨膜压差的增大，膜通量保持不变。这是因为随着跨膜压差的不断增大，油滴会受压变形而进入膜孔中，随着油滴在膜孔中的不断积累，进而导致膜污染。同时由于压差的不断增大，导致产生浓差极化，在高压差条件下，浓差极化会导致膜通量减小，从而使增幅逐渐变缓。SAREH 等研究发现：当跨膜压差较低时，膜通量与跨膜压差成正比，膜通量会随着跨膜压差的增大而增大；当跨膜压差较大时（>0.125MPa），随着压力的增大，膜通量几乎保持不变。沈浩等研究发现膜通量随着跨膜压差的增大呈现出先增加后下降的趋势，当压差由 0.2MPa 增至 0.4MPa 时，膜通量随压差的增大而大幅增大；而当压差进一步增至 0.5MPa，增幅明显减小，而且过滤时间不到 30min，就出现膜通量低于 0.4MPa 时对应的膜通量的现象。这是因为随着压差的不断增大，料液中的污染物进入膜孔内堵塞孔道，同时污染物也能提高膜表面污染层的密室厚度，导致过滤阻力变大。由此可以得出，在进行膜过滤时存在一个临界压差，低于这个压差时，增大压差有利于提高膜分离效果；而高于这个压差时，膜通量的增幅几乎为 0。但增大压差，会导致能耗增大，从而导致过滤成本增加。因此，在进行膜过滤时，要对跨膜压差进行优选。

2）膜面流速

由于陶瓷膜过滤采用错流过滤形式，因此，理论上来说，膜通量会随着膜面流速的增大而增大。SAREH 等通过实验验证了该结论，并分析了其中的原因，认为增大流速可以增大湍流传质系数。湍流传质系数的增大可以减少料液组分在凝胶层的聚集，致使聚集在膜表面的物质通过扩散返回到料液中，这可以削弱浓差极化的效果，从而使膜通量增大。HUA 等发现，当膜面流速由 0.21m/s 增至 2m/s 时，膜通量也随之逐渐增大，文献同时利用雷诺数的变化解释了这一现象。雷诺数的定义如下：

$$Re = \frac{\rho v d}{\mu} \qquad (2-4-1)$$

式中，ρ 为液体的密度，g/cm^3；v 为液体的流速，m/s；d 为管线的直径，μm；μ 为液体的黏度，$mPa \cdot s$。

由公式（2-4-1）可知，膜面流速越大，雷诺数越大。理论上讲，雷诺数一旦超过 4000，液体会出现湍流现象。另外，当膜面流速由 0.21m/s 增至 2m/s 时，料液雷诺数会从 836 增大到 6680。这中间会出现湍流现象，湍流现象的产生会削弱浓差极化的效果，从而使膜通量增大。但丁慧等研究发现在较低的膜面流速下（<5m/s），膜通量随着膜面流速的增大而增大，而在较高的膜面流速下（>5m/s），膜通量随膜面流速的增大而减小。分析认为流速增大使膜孔内部压力不均匀，导致膜通量下降。彭兆洋也发现相似规律，当流速由低速增至 4m/s 左右时，通量的增加几乎与速度成正比；而当流速超过 4m/s 时，通量不升反降。分析认为，增大流速可以增大侧向剪切应力，对沉积在膜表面的油滴的冲刷作用增大，从而使膜表面上凝胶层的厚度减小，导致膜通量增大；而流速过大（>4m/s）又会减少料液在膜面的停留时间，同时流动的阻力也会增大，从而导致膜通量减小。

4. 其他因素

1）反冲洗

徐超研究了膜的反冲洗特性，结果发现，进行反冲洗膜的通量衰减速度低于没有进行反冲洗膜的通量衰减速度，同时还发现，高频率的反冲洗效果优于低频率反冲洗。文献报道了用热水对在最优条件下过滤 100min 的膜进行反冲洗，结果表明，反冲洗可以使膜通量恢复到原始通量的 95%，即连续的反冲洗可以去除堵塞在膜孔中的油滴和颗粒物质。然而，随着过滤不断进行，已经透过膜面的小油滴会聚集在膜孔中，导致严重的膜污染，此时，再用热水对膜进行反冲洗，只能使膜恢复 40% 的初始膜通量。这说明一旦膜过滤工业化，反冲洗不能用于恢复膜通量。以上研究说明，短时间内，采用反冲洗可以恢复膜通量，但对于长时间运行的膜，采用反冲洗只能减缓膜通量的衰减速度，而不能恢复膜通量，此时必须采用化学清洗的方法才能恢复膜通量。

2）吸附剂

MOHSEN 等研究了吸附剂（粉末活性炭）对莫来石陶瓷膜和莫来石氧化铝陶瓷膜过滤体系中膜通量的影响。实验结果表明：在莫来石陶瓷膜过滤体系中，当吸附剂的浓度较低时，膜通量随着吸附剂浓度的增大而增大；而当吸附剂的浓度较高时，膜通量则随着吸附剂浓度的增大而减小，而且当吸附剂的浓度增至 800mg/L 时，膜通量低于吸附剂浓度为 0 时的膜通量。在莫来石氧化铝陶瓷膜过滤体系中也能发现相似的变化规律。这说明加入适量的吸附剂，可以提高膜过滤的效果。这是因为当吸附剂的浓度较低时，可以吸附料液中的油滴，然后沉降在膜表面，在膜表面上形成多孔层，这与不加入吸附剂时单一的油层相比，膜污染减小，从而可以提高膜通量。但是当吸附剂的浓度较高时，大量的吸附剂颗粒会沉积在膜表面，加重膜污染，从而导致膜通量下降。由此可以说明，添加一定量的吸附剂有利于膜过滤。

3）混凝剂

MOHSEN 等采用混凝 – 微滤共混工艺过滤含油采出水，以研究混凝剂对共混系统过滤含油采出水效果的影响。实验用的混凝剂的组成分别为：$AlCl_3 \cdot 6H_2O + Ca(OH)_2$、$Al_2(SO_4)_3 \cdot 18H_2O + Ca(OH)_2$、$Fe(Cl)_2 \cdot 4H_2O + Ca(OH)_2$、$FeSO_4 \cdot 7H_2O + Ca(OH)_2$，现分别用 M1、M2、M3、M4 表示。实验结果表明：当其他运行条件保持不变时，料液中混凝剂的质量浓度由 50mg/L 增至 200mg/L 时，含有 M1、M3、M4 体系的膜渗透通量均呈现出先增大后减小的趋势；而含有 M2 体系的膜渗透通量随着混凝剂浓度的增大而减小。这说明料液中混凝剂的浓度并不是越大越有利于膜过滤，在一定浓度范围内，混凝剂的加入有助于膜过滤。这是因为含油采出水中的大部分胶体杂质带负电，由于静电斥力的存在，因此，具有很强的稳定性。而混凝剂加入可以使料液中含有大量的带正电的金属离子，一方面可以与带负电的胶体杂质反应生成大颗粒的絮凝颗粒；另一方面也能对带负电的油滴产生很强的吸附作用；同时还能减小油滴与膜表面的吸附能，使油滴失稳，还能减小其在膜表面上的吸附作用，从而有利于膜过滤。但是，一旦混凝剂的浓度超过一定范围，则不利于膜过滤。这是由于在高混凝剂浓度下，料液中的 pH 值会增大，从而使料液中金属阳离子发生水解反应，产生阴离子，导致电荷反转现象的产生，从而使油滴再次稳定，不利于膜过滤。

（四）陶瓷膜的污染与清洗方法

1. 膜污染

陶瓷膜污染是指料液中的小油滴、颗粒物质以及大分子溶质物质在膜表面或膜孔中吸附、聚集、沉积形成凝胶层，导致膜的渗透通量下降。在膜过滤操作过程中，随着运行时间的不断增加，油滴和颗粒物质会在膜表面和膜孔中不断沉积，最终导致膜污染。因此，必须采取适当的方法对污染的膜进行清洗，才能保证膜过滤操作的正常运行。

2. 清洗方法

膜的清洗方法主要有物理清洗、化学清洗、生物清洗、电清洗和超声波清洗。由于在实际运行中，膜已经严重污染，此时仅靠物理、生物、超声波等清洗方法已经很难使膜通量有很好的恢复率，必须借助化学清洗。黄有泉等报道了针对 ZrO_2 陶瓷膜污染的碱洗–络合剂洗–氧化剂洗三步清洗法，中试实验结果表明清洗后，陶瓷膜高压端膜通量恢复率可达 97.1%，且该方法重复性较好，在成本控制、操作条件与清洗效果等方面都有明显优势。文献报道了陶瓷膜一步清洗法，在药剂一次性加入的情况下，清洗 120min，低压端膜通量恢复率可达 91.9%，而且与三步清洗法相比，一次清洗法的药剂用量、清洗时间等都比三步清洗法少。丁慧等使用 NaOH 和 HNO_3 联合清洗方式，膜通量恢复率约为 97%。王志高等先用 NaOH 和十二烷基苯磺酸钠溶液去除膜面油层，然后用清水冲洗至 pH 值为 7，再使用 HNO_3 溶液进行酸洗，可以使膜通量恢复率达 95% 以上。虽然使用化学清洗方法能够达到较好的清洗效果，但同时也存在一些问题：①化学药剂的使用一方面可以去除膜孔和膜面的污染物质，同时也会对膜的性能产生影响，频繁的清洗势必会对膜的材质及结构产生影响，从而影响膜过滤的效果。②使用化学药剂清洗后产生的废液也会给环境带来一定的污染。

（五）结束语

随着环保要求提高以及油田回注水标准提升，油田含油采出水处理技术正朝着"无污染、低成本、低能耗"的方向发展，而陶瓷膜过滤技术可以满足这些要求，具有很好的应用前景。但是，一方面由于陶瓷膜易污染，膜通量衰减较快，导致清洗频繁；另一方面，已经污染的陶瓷膜，目前还没形成有效通用的清洗方法，导致膜使用周期不长，从而限制了陶瓷膜在工业上的大规模应用。因此，针对目前存在的问题，提出了以下建议。

（1）研究陶瓷膜过滤的微观过程及原理，明确膜污染形成的根本原因；同时也要加大抗污染膜的研究力度，从膜材料的制备和选取上寻找突破口，研制出抗污染能力强的陶瓷膜。

（2）选取合适的方法对含油采出水进行预处理，去除含油采出水中的固体颗粒和大分子物质，这样既减小了膜污染的速率，又有利于提高膜的清洗效率，从而保证膜过滤操作的高效稳定运行。

（3）加强物理清洗、化学清洗、生物清洗、电清洗和超声波清洗的组合清洗方法的研究，探索出"经济、高效、环保"的清洗方法。膜过滤技术只有解决上述问题，才能在油田含油采出水处理中大规模应用，相信随着研究深入以及技术突破，膜过滤技术未来在油田含油采出水处理中的应用会越来越广泛。

十二、新型高效深度过滤器技术

（一）过滤器系统设计

1. 聚氨酯改性材料开发

过滤器滤料选用一种木质素基聚氨酯材料，经过聚多巴胺黏合剂将被还原的石墨烯氧化物涂覆在材料表层，然后再用聚十二烷基胺官能化以获得 LPU－RGO－ODA 材料，通过这一系列改性处理调整了材料内部孔隙结构，并对材料表面进行修饰，提高对水中油分的吸附和选择性，最终增强了材料的截污能力，利于水中油分及悬浮物的去除。

2. 过滤器结构设计

新型油田采出水高效深度过滤器结构如图2－4－33所示。木质素基聚氨酯改性材料填充在筒体内部，筒体内部上下分别安装透水性滤料拦截孔板，避免滤料流失，当过滤器工作时，根据过滤精度或系统内部压降要求可设置不同的压紧量以改变孔隙度。

含油采出水从进水口进入，通过滤料孔板进入罐内，多孔滤料通过直接拦截和表面吸附等机理除去水中油及悬浮物颗粒，而后从出水口流出。过滤器顶部开设集油器接口，裙式支座除了起固定安装的作用外，还可实现过滤器撬装设计。在运行过程中可以对过滤器罐体内部压力进行实时监控，当压力值过大，可通过排气口缓解工作压力，减小内部流动阻力。运行一段时间后，需对过滤器进行反冲洗，除去滤料内部储存的杂质，保证处理效率，反冲洗水从下方排污口排出。

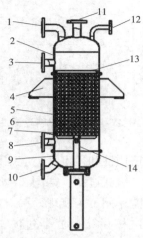

图2－4－33　新型油田采出水深度过滤器
1—反冲洗水口；2—上筒体；3—净水出口；
4—裙式支座；5—滤料；6—下筒体；
7—滤料下拦截板；8—采出水进口；
9—封头；10—排污口；11—集油器接口；
12—排气口；13—滤料上拦截板；14—压紧装置

（二）实验流程设计

1. 材料结构特性分析

NanoVoxel－2702 系列 X 射线三维显微镜，是一款具有超高分辨率的无损伤三维全息显微成像设备。X 扫描射线锥面光束设置为150，光束电流为33μA。X 射线从不同角度穿透样件的过程中被不同程度吸收，被探测器接收后经过信号处理生成灰度图像。经过降噪、阈值设置、颜色转换以及图像切割得到滤料内部复杂结构的高分辨率三维数字图像，可以对材料内部的微观结构进行亚微米尺度上的数字化三维表征以及对材料物质属性进行分析。通过孔隙半径、形状因子以及孔喉比可以对材料内部复杂的孔隙结构进行一定程度上的表述。

2. 材料过滤性能检测实验流程设计

通过设计与搭建室内实验台架，对多孔改性材料的过滤性能进行测定。实验装置及流程如图2－4－34所示。

材料过滤性能检测实验在室温条件下进行，1#粗滤罐内部装有金属滤网对采出水进行预处理，除去水中较大颗粒及部分污渍，2#过滤罐内部装填 LPU－RGO－ODA 材料起过滤作用，3#过滤罐备用。采出水从储罐内通过离心泵作用进入管道，经粗滤罐由顶部进入罐内，经多孔材料截留过滤后流入净水储罐，根据两个储罐的水质检测结果评定材料的过滤

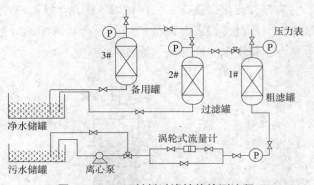

图 2-4-34 材料过滤性能检测流程

效果。其中，设计回路以避免流量过大致使管道破裂，压力表用以检测罐内部压力。为了研究流量对材料过滤性能的影响，设定每 $0.01m^3/h$ 为一个梯度分别进行实验。此外，为了避免滞留在填料内部及管道壁面的悬浮颗粒的影响，每组实验结束后均进行反冲洗处理。

3. 过滤器性能试验设计

为验证新型油田采出水高效深度过滤器的适用性和稳定性，应用试验在胜利油田河口采油厂进行，油田现有采出水处理工艺流程为二级式过滤，如图 2-4-35 所示，采出水先后经过核桃壳过滤器和石英砂过滤器两次过滤作用。为实现效果对比，试验工艺流程如图 2-4-35 虚线所示，增压泵出口管线接一级核桃壳过滤器过滤，二级采用新型高效过滤器进行处理，中试装置高度为 2400mm，滤罐直径为 1500mm，填料层高度为 1200mm，占地面积约 $4m^2$，单罐处理能力 $\geq 1800m^3/d$，试验环境温度为 14℃，水温为 46℃，反冲洗周期大于 120h，反冲洗 30min，测试进行 10d，每天取样 4 次，分别对水质进行检测取平均值计入数据。

（三）结果与分析

1. 滤料结构特性分析

运用 Micro-CT 技术对材料进行结构特性分析，结果显示，木质素基聚氨酯材料孔隙半径集中在 $100 \sim 120\mu m$ 之间，峰值为 $110\mu m$，材料孔喉比集中在 $1.7 \sim 2.4$ 之间，平均孔喉比为 2.143。孔径分布作为多孔材料的重要性质对其透过性、渗透速率、过滤性

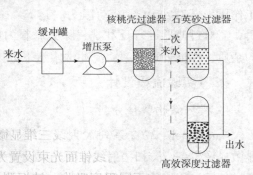

图 2-4-35 试验工艺流程

能等均具有显著影响，复杂的孔隙结构配合较大的孔径在保证出水标准的同时提高了渗透率。孔喉比与驱油效率成反比，可见材料具有一定的驱油效果，喉道半径处于较小级别，油质在材料内部的渗流能力较弱，利于采出水处理过程中油分的去除。

2. 材料过滤性能分析

在流量分别为 $0.07m^3/h$、$0.08m^3/h$、$0.09m^3/h$、$0.10m^3/h$、$0.11m^3/h$、$0.12m^3/h$ 的条件下进行室内材料过滤性能分析，结果如图 2-4-36 所示。由图 2-4-36 可知，悬浮物浓度和含油量均随着流速的增大表现出不同的增大程度，即过滤效率与流速呈负相关关系，当流量大于 $0.1m^3/h$ 时，悬浮物质量浓度高于 $3mg/L$，油质量浓度高于 $1mg/L$。此外，悬浮物去除率和油去除率变化趋于明显。这是因为流速增大，过滤器内沿程水头损失增大，水流对多孔材料内的毛细凝结现象产生的破坏作用趋于明显，同时，对泡沫表面吸附的油层

以及阻隔的悬浮物的冲刷作用增大，使得滤除作用下降，最终表现为处理后的水中含油量和悬浮物浓度增大。增大滤速将会缩短过滤层的工作周期，阻碍化学反应的进行，直接影响填料的变形以及过滤杂质板结，孔隙阻塞，罐体内部压强增大，处理效率降低。

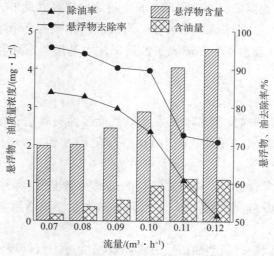

图 2 - 4 - 36 材料过滤性能检测结果

3. 过滤器性能实验分析

运用新型过滤器进行性能测试，一次来水含油质量浓度、悬浮物质量浓度以及处理后出水含油质量浓度和悬浮物质量浓度的实验数据如图 2 - 4 - 37、图 2 - 4 - 38 所示。

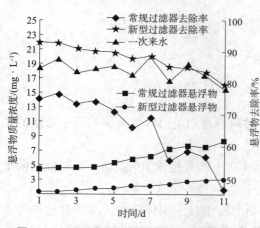

图 2 - 4 - 37 新型过滤器与石英砂过滤器对悬浮物处理效果对比

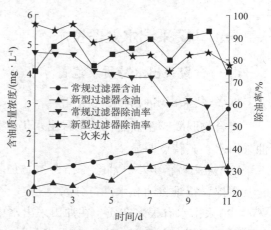

图 2 - 4 - 38 新型过滤器与石英砂过滤器对除油效果对比

由图 2 - 4 - 37 可知，过滤前油田采出水悬浮物平均质量浓度为 17.96mg/L，处理后新型过滤器出水悬浮物平均质量浓度为 2.51mg/L，平均去除率为 86.02%，而常规过滤器这两组数据分别为 5.87mg/L、67.32%。新型过滤器悬浮物的去除率高出常规过滤器近 20%。由图 2 - 4 - 38 可以看出，过滤前油田采出水含油平均质量浓度为 4.81mg/L，处理后新型过滤器采出水含油平均质量浓度为 0.68mg/L，平均除油率高达 85.85%，而常规过滤器这两组数据分别为 1.71mg/L、64.50%。无论是对悬浮物还是油的处理，新型过滤器的曲线均比常规过滤器平缓，去除率高于常规过滤器近 20%，并且随着实验的进行，常规过滤器处理水质逐渐下降，滤后水悬浮物浓度和含油量逐渐增大，而新型过滤器的水质无明显变化，说明新型过滤器的反冲洗周期更长，稳定性更高。此外，由于处理后出水悬浮物质量浓度为 1～3mg/L，尚未满足《碎屑岩油藏注水水质推荐指标及分析方法》(SY/T 5329—2012) 要求，故该款过滤器距离满足油田回注水处理要求还存在一定的差距，需要进一步优化研究。

(四)结论

(1)运用数字化 CT 扫描技术对木质素基聚氨酯改性材料进行结构特性分析发现，材料内部具有丰富的孔隙结构，平均孔径为 110μm，孔喉比为 2.143，具有极好的透过性和过滤性能。

(2)通过搭建室内实验台架，对新型滤料的过滤性能进行检测，发现滤料过滤性能在一定程度上受流量影响，随着流量增大，处理后出水悬浮物浓度与含油量均呈现上升趋势，去除率逐渐降低。

(3)通过现场性能试验，新型油田采出水高效深度过滤器处理水质悬浮物质量浓度低于 3mg/L，含油质量浓度低于 1mg/L，满足国家标准《污水综合排放标准》(GB 8978—1996)，对采出水悬浮物及油的去除率比常规过滤器高出 20% 左右。

第五节　不同类型采出水处理技术及应用

一、含聚采出水处理技术

(一)含聚采出水特质及危害

1. 含聚采出水的特质

聚合物弱凝胶驱油后，油田采出水仍含有一些聚合物和表面活性剂，不同于普通的采油采出水，其特点明显。

(1)油滴粒径更小。油粒直径为 3～5μm，90% 以上的粒径比 10μm 小，有碍油滴的聚合及飘浮，很难将油和水进行分离。

(2)采出水有很多杂质。在油田采出水中不但有石油烃、固体颗粒、细菌和盐类等常规杂质，还剩余大量聚合物，主要成分是水解聚丙烯酰胺，相对分子质量相对较高，达 $2 \times 10^6 \sim 5 \times 10^6$。

(3)含聚采出水乳化度强。水解聚丙烯酰胺多位于采出水表面，结合乳化剂共同构成大强度和高弹性的复合膜，增加破乳难度，使采出水处理难度更大。

(4)含聚采出水黏性高。生产实践证明，水解聚丙烯酰胺是引起采出水黏性的主要因素，该物质的含量越大，采出水黏性越高。这些聚合物不能清除，会延长采出水的沉降时间，增强采出水的含油量，更难将油和水分离开。

2. 含聚采出水的危害

（1）油田采出液被高度乳化，不容易破乳脱水，含聚采出水含油量高，不能外排或者回注。

（2）含聚采出水很难处理，即使经二级除油、后加药和过滤后，外排的含聚采出水含油质量浓度高于 500～3000mg/L，不能回注，有时甚至超过 20000mg/L，若聚合物不能科学、合理处理后外排，不但会浪费大量水资源，还会造成环境污染，对油层离析有害。

（3）对聚合采出水处理的成本过高。例如，河南油田的含聚技术尽管获得提高，油田采收率也提高，但产出液仍含有聚丙烯酰胺，采出水含油残余量增大，乳状液较稳定，增大采出水处理难度，提高了后续处理负荷和成本，很难提高采出水处理标准。

因此，怎样提升含聚采出水的化合物的处理能力是油田开采中亟待解决的问题，需要不断地研究并实践。

（二）含聚采出水处理设备及工艺

重力分离技术、水利旋流技术、聚结除油技术和气浮除油技术在采油采出水处理中广泛应用，但在处理含聚采油采出水时，这些水处理技术的处理效果均有不同程度的下降。各油田通过针对性研究，开发了一些新的水处理设备和工艺，并在含聚采出水处理中得以应用。

陈忠喜等研制开发了新型横向流除油器，在含聚采油采出水处理中得到应用。该设备由聚结板区和分离板区构成。水流在设备内沿水平方向流动，油垂直向上移动，泥垂直向下滑动，处理后水质不会产生二次污染等问题。设备的处理量为 15m³/h，有效停留时间为 20min，采出水中聚合物质量浓度为 380.0～420.0mg/L，设备进口含油质量浓度变化较大（640.0～8220.0mg/L），但除油率均在 89.4% 以上，最高达 94.1%，出口含油量最低达66mg/L。余庆东利用射流气浮机处理含聚采出水，日处理量 1×10⁴m³，浮选机出水含油质量浓度 <60mg/L，悬浮物质量浓度 <40mg/L，经过滤后水质含油质量浓度 <15mg/L，悬浮物质量浓度 <8mg/L，悬浮物固体颗粒直径中值 <3μm。夏福军等将水力旋流器应用于含聚采出水处理，通过优化操作参数，使其更适合含聚采出水处理，并简化了采出水处理工艺，现场工艺试验表明，含油质量浓度为 200mg/L 的采出水，经水力旋流器处理后，含油质量浓度降至 153mg/L 以下，过滤后最终水质达到了中渗透层注水标准。

单一水处理设备的改进与应用，很难解决含聚采出水处理中存在的问题。将聚结除油、气浮技术、膜技术等多种技术组合处理含聚采出水的研究方兴未艾。

王北福等利用超滤和电渗析联合工艺处理含聚采出水，处理后的含聚采出水配制的聚合物溶液黏度及抗剪切性能都超过了清水，完全可以代替清水配制聚合物进行驱油，实现了含聚采出水的回用。田忠进根据旋流分离原理与实际工程设计经验，对聚结器设计尺寸进行了优化，研制出了大口径、中等转速的旋流聚结装置，即高梯度聚结装置；又依据聚结和气浮技术各自的特点，将高梯度聚结与气浮技术有机结合在一起，形成了含聚采油采出水复合除油新技术，现场试验表明，复合聚结气浮除油率在 85% 以上，远远超过单独使用时 60% 的除油效果。刘书孟等开发出一种用于含聚采出水处理的新型气携式水力旋流器，原水含油质量浓度为 1000mg/L、聚合物质量浓度为 400～500mg/L 时，最佳分流比为

30%、气液比为0.45，出水含油质量浓度<100mg/L，比常规旋流器除油效率提高10%。王建等将气浮旋流一体设备应用于含聚采出水处理，设备入口水中含油质量浓度为100~250mg/L，设备出口水中含油质量浓度保持在55mg/L，除油效率高达96%。王帅等采用高效液相色谱法，通过同步监测技术，对采出水中的聚合物进行分离提纯，并建立准确、合理的提取工艺。分离纯化聚合物的具体流程包括：①过滤。采出水中含大量的油污和固体砂石，首先对其进行过滤，以获得澄清的聚合物溶液。②热浓缩。采出水中聚合物质量浓度较低，为0.01~1mg/L，需对大量的采出水进行热浓缩，减少水分和油污含量。③离心。对浓缩后的采出水进行离心，固体杂质沉淀，获得除杂的聚合物溶液。④半透膜透析。使用大分子半透膜进行透析，小分子可以通过膜而大分子聚合物无法通过，从而将小分子杂质与聚合物分离。⑤结晶。将过滤后的聚合物从滤膜上洗下，进行热结晶，获得聚合物粗品。⑥净化。利用聚合物在醇溶液中溶解度低，而小分子表活剂、油污等干扰物在醇溶液中溶解度高这一特点，将结晶的聚合物粗品进行醇洗，除去吸附的表面活性剂、油污。⑦重结晶。将醇洗后的聚合物挥干溶剂，即可得到聚合物纯品，作为聚合物标准物质。

国外也出现了多种技术组合的油田水处理设备，并应用于油田现场，例如，EPCON公司的紧凑型气浮装置（CFU）、美国Nalco集团的立式气浮分离装置等。

（三）含聚采油采出水适用反相破乳剂的研制及应用

目前国内反相破乳剂品种较多，多数根据具体的水质研制开发，具有较强的针对性，同时也有普适性很高产品的出现；国外的破乳剂应用也比较广泛，其效果虽然好，但造价高。国内各油田都在积极地开发适合本油田使用的破乳剂。

卢磊用水溶性聚醚类破乳剂和弱阳离子絮凝剂合成了含聚采出水处理用复合药剂CHP203，23℃加药量250mg/L，采出水含油质量浓度由859mg/L降至69mg/L，除油率达92%。张文以环氧乙烷环氧丙烷嵌段聚醚非离子型表面活性剂882为主剂，以聚氧丙烯聚氧乙烯醇类非离子FH-3为助剂，研制出了一种适用于油田含聚采出水处理的新型处理剂YL-1，其加药量为20mg/L时，可将东三联含聚采出水含油质量浓度由380.9mg/L降至30.3mg/L，悬浮物质量浓度由19.7mg/L降至5.04mg/L，显示出了优良的油水分离和破乳性能。高悦等针对含聚采油采出水乳化稳定性强的特点，为增强絮凝剂的破乳能力，选择以聚氧丙烯醚为分子骨架，氨基为分子链端基的Jeffamine，在碱性条件下，与二硫化碳反应合成了二硫代氨基甲酸盐型絮凝剂DTC（T403）。考察了DTC（T403）对模拟聚合物驱采油采出水的絮凝除油性能，研究了DTC（T403）、水解聚丙烯酰胺（HPAM）、Fe^{2+}和Fe^{3+}的投加量以及pH值对除油效果的影响。结果发现，DTC（T403）适用于含Fe^{2+}的含聚采油采出水的处理。HPAM质量浓度0~900mg/L、含油质量浓度300mg/L的含聚采出水，添加Fe^{2+}、DTC（T403）质量浓度分别为10mg/L和25mg/L，处理后其含油质量浓度均可降至10mg/L以下。在pH值<7.5，DTC（T403）均可取得良好的除油效果。

（四）聚丙烯酰胺的降解技术

目前，我国聚合物驱油技术广泛采用聚丙烯酰胺（PAM），其产生的含PAM的采出水黏度大、水中油滴及固体悬浮物在PAM及其水解产物的作用下乳化稳定性强，处理困难。

随着聚合物驱的三次采油新技术的推广，三采采出水量逐年增加，而外排采出水中的 PAM 由于不能被完全降解而在环境中的形成累积效应，进而造成环境污染。PAM 降解技术包括机械降解、热降解、化学降解和生物降解等。

1. 机械降解

机械降解是采油含聚采出水经自然沉降、二次沉降和过滤，除去油滴及悬浮物。单纯的物理方法不适宜处理含聚采出水，对于环境的危害仍然存在，传统的机械降解方法主要包括气浮法、膜分离法和过滤法。

2. 热降解

热降解是 PAM 在热作用下化学键发生断裂。目前，对 PAM 热降解的研究主要采用热重分析和微分扫描量热法，根据不同升温速率下 PAM 的失重曲线判断 PAM 的降解机理。

3. 化学降解

化学降解主要有氧化降解、光降解和光催化降解。

（1）氧化降解是利用强氧化剂、光能或其他能量催化，最终将 PAM 氧化降解为无机物。目前研究较多的氧化剂有 Fenton 试剂、高铁酸钾等。氧化法是一种潜在的、非常有发展前途的、对环境友好的含聚采出水处理技术。

（2）光降解是利用自然光和紫外光照射使 PAM 降解。紫外光照射下，PAM 会发生自由基链断裂。在脉冲激光下也会引发 PAM 降解。

（3）光催化降解是在光催化过程中产生强氧化性基团，通过自由基可将很多难生物降解的物质完全矿化。光催化降黏性能非常显著，光照 5～10min，含 PAM 的油田采出水的黏度降至蒸馏水的黏度。

4. 生物降解

生物降解作为对环境污染物高效的处理手段，由于其技术成熟、无二次污染、运行费用低廉，已经在多种难降解污染物的无害化处理领域发挥着核心作用。生物降解是去除废水中有机污染物经济效益和环境效益最好、应用最广泛的废水处理方法。

生物降解处理含聚采出水主要是利用微生物通过其特定酶的作用，以 PAM 为营养源，在其生长和代谢过程中将 PAM 转化为小分子有机物和无机物。PAM 的降解产物可作为细菌生命活动的营养物质，反过来营养物质又会促进 PAM 的降解。生物降解 PAM 主要受酸碱度、温度、盐分、氧、养料等因素的影响。生物法处理油田采出水大致可分为好氧生物处理和厌氧生物处理。

（1）好氧生物处理方法主要有活性污泥法和生物膜法。在采油采出水处理中应用最多的工艺为间歇式活性污泥法，生物膜法主要有生物滤池、生物流化床和生物接触氧化等。

（2）厌氧处理可以使高分子有机物质降解为低分子的酸和醇类，并去除一部分 S^{2-}，提高好氧可生化性。

（五）渤海油田含聚采出水处理流程优化及新技术应用

1. 处理现状

目前，渤海海域聚合物驱的三大油田中 S 油田含聚采出水处理量最大，分别在 CEP、

CEPK 和 CEPO 三个中心平台处理，各油田含聚采出水处理量、聚合物类型及处理工艺信息如表 2-5-1 所示。

海洋平台水处理流程处理量大、空间小、停留时间短（小于 20min），采出水中残留聚合物的存在增加了水相黏度、乳状液稳定性及含油、含砂量，清水剂使用量大幅度增加，清水剂与油及聚合物一起形成难以处理的黏稠油泥，在斜板除油器和气体浮选器内部沉积，占据处理空间，堵塞管线，极大降低了设备的处理效率；核桃壳过滤器入口压力上升速度较快，反冲洗时聚合物油泥不能经过滤器排出，且滤料与聚合物黏在一起，造成滤料板结；反冲洗频繁，开排罐、闭排罐、反冲洗缓冲罐内所积累的黏稠聚合物及滤料会增加。

表 2-5-1　渤海海域含聚采出水处理工艺信息

油田名称	处理量/(m³·d⁻¹)	处理工艺
SCEP	11000	斜板除油器 - 溶气气浮 - 核桃壳过滤器
SCEPK	16000	斜板除油器 - 旋流气浮 - 核桃壳过滤器
SCEPO	20000	斜板除油器 - 1 级气浮选 - 2 级气浮选 - 核桃壳过滤器
LCEP	7300	撇油器 - 气体浮选器 - 核桃壳过滤器
JCEP	5500	斜板除油器 - 气体浮选器 - 核桃壳过滤器
S 陆地终端	1400	调储罐 - 斜管除油罐 - 微气泡气浮 - 澄清罐 - 双滤料过滤器

2. 流程优化及新技术应用

含聚采出水使用常规的混凝 - 沉淀 - 过滤工艺处理难以达到回注地层的水质标准。海上油田由于其特殊性，平台处理系统采用了大量的高效分离设备，因此，含聚采出水直接导致平台生产采出水处理系统的瘫痪。

1）处理流程的优化

由于聚合物的返出导致含聚采出水处理流程出现上述各类问题，严重困扰了油田的正常生产操作。原采出水处理流程已经无法适应产液性质的巨大变化，必须进行相应的优化改造。尹先清等通过对旅大 10-1 平台斜管除油器停留时间和倾角对含聚采出水处理的影响，发现采出水停留时间 15~40min，除油器的除油效率随停留时间的增加而增大，倾角 50°的除油器对油和固体悬浮物的去除效果优于倾角 60°的除油器。高雅楠于 2011 年和 2014 年分别对绥中 36-1 油田 CEPK 平台斜板除油器进行了改造，2011 年将水室侧增加收油桶，升高水室挡板，扩容收油槽并加装冲洗管线；2014 年将 3200mm 高的收油圆盘直接切除，新的收油口位置降至 2880mm，避免块状聚合物在收油口处堆积、堵塞。通过改造，在入口水质远超设计值 4.4 倍的情况下，出口水质仍能达到设计要求。崔云辉在绥中 36-1 油田 CEPK 平台，通过对核桃壳过滤器排液和排气流程的改造，延长了清罐周期，又解决了反冲洗期间油雾喷溅的污染状况。并且针对 LD5-2 平台的核桃壳过滤器滤料流失严重、出水水质难以达标以及滤料严重板结、滤水能力差、过流量受限等问题，结合注聚返出物将多层波纹板组成的斜管堵塞现状，将原"迷宫式布水器"整体更换为筛管式。出口含油量降至改造前的 50%，悬浮物含量降至改造前的 75%，清罐次数由高峰期的 3 个月/次降低至半年一次，大幅节省了成本。肖清燕等通过旅大 10 - 1 油田含聚采出水的室内过滤实验发现：采用粒径为 1.6 ~ 2.0mm 的核桃壳过滤料，或者选择无烟煤和核桃壳按 1 : 1 数量分别填充，滤层与石英砂垫层的填充高度比例为(4 ~ 5) : 1。对含聚采出水的除油率和 SS 去除率均大于 91%，达到回注水标准。海洋油田流程的优化仅在聚合物返出的初期阶段体现出较好的效果，随着聚合物返出浓度的增加，仅仅依靠原有设备改造已经无法解决大量黏性污泥的处理，需要开发新型化学药剂。

2) 处理化学药剂的发展

油田现有水处理技术主要还是通过添加絮凝剂、清水剂、助滤剂等药剂配合沉降、过滤等物理措施达到含油采出水处理的目标。在流程优化过程中，首先需要选择适应性的药剂。邓清月等以旅大 10 - 1 油田产生的含聚采出水为研究对象，对阳离子絮凝剂的实验表明：随着 HPAM 相对分子质量和浓度的增加，聚合氯化铝的处理效果变化不大，但处理效果较差；二甲基二烯丙基氯化铵/丙烯酰胺共聚物的处理效果逐渐变差；丙烯酰氧乙基三甲基氯化铵/丙烯酰胺共聚物除油率和浊度降低率均维持在 90% 以上，30mg/L 的用量下，浮选时间只需 5min。赵晓非等进一步研究了聚合氯化铝(PAC)和阳离子聚丙烯酰胺(CPAM)作为絮凝剂处理含聚采出水的条件，以及含聚采出水中残余聚合物浓度的影响，结果表明：相同剂量下聚合氯化铝的絮凝效果随着温度的升高而增强，阳离子聚丙烯酰胺则相反；聚合氯化铝可快速形成絮体且处理费用低，但絮体数量多、体积小、松散且不稳定，阳离子聚丙烯酰胺形成的絮体少且稳定，但是絮凝效果差，价格昂贵；随着参与聚合物质量浓度由 100mg/L 升至 600mg/L，在聚合氯化铝质量浓度 300mg/L 条件下出水透明度由 96.4% 降至 70%，在阳离子聚丙烯酰胺质量浓度 150mg/L 条件下出水透明度由 87.3% 降至 50%。朱玥珺等针对渤海某油田含聚采出水，发现丙烯酰胺、丙烯酰氧乙基三甲基氯化铵线型和交联型共聚物用量越大，阳离子透明度越高，处理后含聚采出水的 Zeta 电位和粒径增加幅度越小，浊度越低。BaoyuGao 合成了二硫代氨基甲酸盐(DTC)絮凝剂，其能够与 Fe^{2+} 形成网状聚合物，并针对模拟采出水，在 30mg/L 的 DTC 和 10mg/L 的 Fe^{2+} 用量下，HPAM 的浓度不影响除油效果，且处理后采出水含油数量小于 10mg/L。但研究表明油田使用的絮凝剂多为阳离子型，而这种阳离子型药剂会与聚合物驱采出水中残留的阴离子型聚丙烯酰胺等发生络合反应，消耗大量絮凝剂，使处理效果变差，且最严重的是随着阳离子型清水剂的加入，含聚采出水中的阴离子型聚合物发生脱稳、析出，生成大量黏性油泥，造成海洋平台生产流程中设备出现各种问题。针对上述情况，从化学药剂方面考虑，一是添加药剂成分改善絮凝的黏性，但是无法降低污泥产生量，刘宗昭等合成了聚甲基丙烯酸(PMA)可有效改善 C16TAB 处理含聚采出水后形成絮体的黏性；二是采用非离子型或阴离子型絮凝剂，即"除油留聚"，不仅改善了絮体的黏性也降低了絮体产生量。HuaxingChen 比较了无机聚合物 PAC、阳离子型絮凝剂 FO4800SH 和非离子型絮凝剂 402 三种不同类型的絮凝剂对旅大 10 - 1 油田含聚采出水的处理效果，对于残余聚合物浓度的去除，随着 PAC 和 FO4800SH 用量的升高而显著降低，402 对 HPAM 的去除影响很小，PAC 和 FO4800SH 能够降低含聚采出水中的 Zeta 电位，但 402 对 Zeta 电位影响很小。肖清燕等使用非离子型絮凝剂 402 对旅大 10 - 1 油田的含聚采出水进行处理，BHQ402 用乙醇稀释后配置质量分数为 1% 的溶液，加入量 200mg/L，在 400r/min 转速下搅拌 3min，除油率 ≥ 87%，去浊率 ≥92%。絮凝剂 BHQ-402 目前仍在旅大 10-1 油田应用。翟磊等使用阳离子型 CWC-14、非离子型 NQS-01 和阴离子型 AQS-08 三种不同类型的絮凝剂处理渤海油田含聚采出水，发现非离子型 NQS-01 和阴离子型 AQS-08，生成的絮体呈浮油状，流动性较好、黏附性弱。并进一步开发两性清水剂 QS-01 和双亲型清水剂 Q-03，在高效清水除油的同时可有效避免含聚采出水处理中的黏性"含聚油泥"问题。燕荣荣研制了综合处理剂 APK-88，使得聚驱采出液中水相含油量降低，且将聚合物保留在水中，达到"除油保聚"的目的。

3. 渤海油田含聚采出水处理新工艺的开发

现阶段，海洋油田含聚采出水处理新工艺重点在"电化学"，朱米家制作一套斜管-电解一体化装置，形成混合加药-电化学降黏-斜管沉降分离-过滤的完整水处理流程的联合运行系统，取锦州 9-3 平台 V-301 斜管除油器入口处的采出水样开展试验并达到注水水质标准。张健开发出电化学絮凝罐-斜管除油器-石英砂、核桃壳过滤器处理工艺，并在渤海油田陆地终端处理厂开展试验，处理量 700L/d，从调储罐的入口接入含聚采出水。在不添加药剂的情况下，电化学絮凝可以起到较好的除油效果（含聚采出水含油质量浓度由 400mg/L 降至 45.8mg/L），一级过滤后含聚采出水含油质量浓度 <2mg/L。李庆等研制加工了一套撬装含聚采出水快速处理装置，形成"旋流混合加药→电化学除油→斜管除油→两级核桃壳过滤"的全流程含聚采出水处理工艺。在绥中 36-1CEPK 平台开展矿场试验，清水剂注入量为 50~150mg/L，水中含油质量浓度为 8~18mg/L，固体悬浮物质量浓度为 1.39~2.09mg/L，粒径中值为 1.90~2.26μm，滤后水质清澈透明。处理后的水质达到注水水质要求，处理过程不产生黏弹性油泥，克服流程堵塞的问题，药剂费下降 86.8%，具有良好的经济效益，应用前景广阔。经过一系列研究，目前流行的方法是采用"除油除悬不除聚"的原则，减少平台生产水系统的出泥量，降低操作维修强度。邱里等设计串联气浮工艺，并在渤海地区某油田海上生产平台开展含聚采出水的试验研究，该工艺在 0.38MPa（1 级）和 0.37MPa（2 级）的溶气压力，3mg/L 的清水剂注入量，20% 回流比的操作条件下对含油、聚合物的去除率分别为 96.1% 和 82.4%，而聚合物则几乎没有去除。但是该工艺在实际应用中也存在相关问题，由于采出水中聚合物的影响，该工艺虽然获得了较高的去除率，且大大减少了污泥产出，但其效果仍比二级气浮采用改性 PAC + PAM 复配型清水剂差，目前滤器普遍采用的滤料最小达 0.25mm，故对于相对分子质量高达几千甚至上万的含聚采出水，滤料是否可以彻底再生仍是制约海上平台对含聚采出水处理的重要问题。肖宗伟等研究开发了动态膜过滤工艺技术，并在海洋油田某处理厂开展了现场试验，过滤精度远高于常规的纤维束和核桃壳过滤工艺，油、悬浮物、浊度去除率均在 90% 以上，处理前后聚合物浓度基本不变，油与悬浮物浓度明显低于油田注水控制标准值，能够适应海上聚驱油田含聚采出水的处理。

4. 渤海油田含聚采出水处理的发展方向

开发新型化学药剂，采用"除油除悬不除聚"的方法解决了污泥量大、黏性大的难题，但是采出水中聚合物的存在使得处理流程中最后一级过滤器滤料板结和更换频繁等问题仍然难以解决，况且聚合物的存在使得含聚采出水黏度依然很大，也直接影响了化学药剂的絮凝效果。所以，能否将含聚采出水中的聚合物降解，依然是今后渤海油田含聚采出水研究的一大方向。肖飞等针对含聚采出水中 HPAM 引起滤罐堵塞和憋压问题，基于分子黏附滤料的特点，比较高速剪切、热降解和电—Fenton 处理三种工艺，并确认电—Fenton 处理工艺可较好解决过滤罐堵塞问题。吕玲等采用次氯酸钾直接氧化制备高铁酸钾，对渤海油田含聚采出水进行降解和降黏，pH 值为 3，反应温度为 60℃，反应时间为 30min，高铁酸钾质量浓度为 0.003mol/L 时，有明显的降解和降黏效果。纪艳娟等开展了臭氧氧化降解含聚采出水的实验研究，反应 3h 后，聚合物去除率可达到 80%，但单一的臭氧氧化效率不高，建议结合催化氧化。

海洋平台空间小，处理时间短，如何研制出高效快速的含聚采出水降解工艺是目前渤海油田含聚采出水处理的难点，也是科技人员的攻关目标。

二、含醇采出水处理方法

以长庆油田含醇采出水处理为例，随着长庆苏里格气田的不断开发，气井产水量逐年增加，在对气井加注甲醇过程中，气田含醇采出水量增大、含醇浓度偏离设计值，同时气田采出水具有很强的结垢、腐蚀倾向，影响了甲醇回收装置的稳定运行。为此，从优化含醇采出水处理工艺的角度出发，通过采取对高产水井采出水分排分储、预处理工艺及操作参数优化、甲醇回收装置参数优化运行试验等措施，减少了含醇采出水产量，改善了预处理效果，提高了甲醇回收装置运行效率和产品甲醇质量，保证了目前的含醇采出水处理能够满足气田发展的需要。

（一）苏里格气田甲醇回收装置

长庆苏里格第一、第二处理厂主要处理气田产生的高浓度甲醇采出水，其来源包括：①冬季集气支线向干线交接时二次分离脱水产生的甲醇采出水；②天然气处理厂脱油脱水装置产生的甲醇采出水。苏里格第一处理厂设 50m³/d 甲醇回收装置，苏里格第二处理厂设 100m³/d 甲醇回收装置。

（二）水质预处理工艺

甲醇采出水卸入含醇采出水卸车池，经卸车口过滤器及沉淀过程分离出较大的机杂后，通过泵提升至接收水罐，罐内设浮动出油装置间歇排油，收集的浮油排至埋地转油罐。经沉降、除油后的甲醇采出水经换热器换热至 25℃，再进入压力除油器二次除油后去反应罐，进反应罐前依次加入 pH 值调节剂、氧化剂，混合后出水加絮凝剂进原料罐完成絮凝沉降，出水去甲醇回收装置，不合格水返回接收水罐重新处理。

1. 甲醇采出水卸车

根据现场运行情况，合作区拉运来甲醇采出水中含泥砂量、垃圾量较大，易堵塞提升泵口，因此，采用卸车池液下卸车方式，卸车口设提篮式过滤筒过滤较大杂质，在池内经平流沉淀后转水至接收水罐。

2. 接收水罐

该罐的主要作用是固液分离、去除浮油。接收水罐内设浮动出油装置间歇排油。

3. 预处理

水温、含油量对加药絮凝沉降有较大的影响，根据室内实验絮凝反应最佳温度应不低于15℃，为加强絮凝沉降效果，去除浮油后的甲醇采出水先经换热器加热至25℃、压力除油器二次除油使含油质量浓度<100mg/L后再进入反应器加药沉降。

4. 原料罐

原料罐兼具沉降罐的作用，投加药剂后的甲醇采出水进原料罐沉降，3具罐轮换进水，罐内设浮动出水，罐底部预留1.5m高积泥区。投产初期应配合药剂实验观察原料罐的沉降效果，确定合理的沉降时间，确保达到甲醇回收装置的进料指标。

（三）甲醇回收预处理时遇到的问题

1. 加药量误差较大

由于管线结垢、管径变小，每小时预处理量会逐渐减少。对装置进行优化改选后，仍然不能彻底解决该问题，当预处理量变化时，加药量却没有进行相应的调整，不能使处理量和加药量达到合适的配比。

在现场进行配药时，虽然对现场的配药箱的药剂进行了标记，防止了漏加、多加的现象，但是现场的操作都是通过开关5方反应罐的出口阀门开度调节处理量，人为调整加药、配药，加药量只经粗略计算，使配置药剂浓度与实际所需的药剂浓度有很大误差。这样容易造成含醇采出水的pH值不稳定，不能达到理想的预处理效果。

2. 加药泵

在实际生产中，频繁调节流量，加药泵容易损坏，调节后加药泵流量也会出现不稳定的现象。再加上加药泵运行时间久，经常进行维修，都会使加药量出现较大的偏差。

3. 结垢

由于气田采出水中含大量的 Ca^{2+}、Mg^{2+}、Fe^{2+}、HCO_3^- 等离子，同时还有一定量的 SO_4^{2-} 和溶解状的 CO_2、H_2S 气体，根据结垢理论分析和预测，这种结垢趋势将增加，所以在装置运行中会大量结垢，从而甲醇回收装置的换热器、精馏塔填料堵塞，同时水中大量的机杂和乳化油会进一步加剧装置的堵塞，影响甲醇的回收率和装置的处理能力。

（四）改进措施

1. 调整加药量

从现场甲醇采出水中采集1000mL水样，向其中加入一定量的NaOH、双氧水、絮凝剂，搅拌静置20min后过滤，将过滤后的滤液分别测定其pH值和观察加热后水的颜色变化，以分析采出水预处理的效果，具体实验结果如表2-5-2所示。

表2-5-2　甲醇采出水预处理实验结果

	实验1	实验2	实验3	实验4	实验5
5.3% NaOH 加量/mL	10	15	10	10	15
5.3% H_2O_2 加量/mL	2	2	3	4	3

	实验1	实验2	实验3	实验4	实验5
0.005%絮凝剂加量/mL	4	4	4	4	5
pH值(过滤处理后水)	<7.0	<7.0	<7.0	<7.0	>7.0
加热过滤后水	不变色	不变色	不变色	不变色	不变色
处理效果分析	差	合适	差	差	最佳

从表2-5-2中的实验结果和综合分析后可以看出，目前甲醇采出水预处理每L含醇采出水最佳加药量为实验5，5.3% NaOH 和 H_2O_2 加量分别为15mL 和 3mL；0.005%絮凝剂加量为5mL。

2. 更换加药泵

主要针对以前加药泵易出现故障、加药量误差较大的问题，对加药泵全部进行更换，更换为米顿罗计量柱塞泵。

3. 对结垢问题进行技术改造

需要进行预处理时，关闭反应罐出口阀及预处理循环泵进、出口阀，启卸车池采出水经过正常流程注入反应罐，罐满后停卸车泵，关闭压力除油器出口阀，打开预处理循环泵进口阀，导通预处理循环流程，向加药桶中依次添加饱和 NaOH 水溶液、H_2O_2 水溶液和饱和2B水溶液，药品加注完后使用循环泵进行循环，以充分反应。待反应完全后导通采出水罐流程，由预处理循环泵注入采出水罐，预处理完成后关闭循环泵进口、出口，关闭反应罐进口、出口，打开反应罐排污，将底部溶液排入干化滤池。同时用预留的甩头对预处理管线进行吹扫，并排空泵内液体。

改用大排量的循环泵将含醇采出水和药品在反应罐内充分混合，循环时间内罐内处于高度乱流状态，不存在结垢倾向，消除了罐内结垢趋势。单罐确定加药量，药品使用更经济合理，反应更充分。反应完成后采出水呈悬混液状态时，由大排量循环泵排入采出水储罐，预期管道流速将比当前流速提高4~6倍，管道内流态处于水力平方区，杜绝成垢倾向。

三、含汞采出水处理技术

(一)国内

1. 处理规模和主要设备

迪那2气田是我国最大的凝析气田，已探明天然气储量为 $1752.18 \times 10^8 m^3$。该气田中央处理厂设有1座采出水处理站，对中央处理厂的生产采出水进行处理，生产采出水处理系统的处理规模为 $15m^3/h$，主要包括以下处理对象。

(1)工艺装置排出的含油采出水、检修采出水以及化验室和空氮站的排出采出水，主要含油、醇、悬浮物等污染物。

(2)气田水集气装置液—液分离器分离出的气田水，主要含油、悬浮物等。装置区的场地冲洗水、供热站的排水及循环冷却水系统的排污，仅含机械杂质、盐类，不进入生产采出水处理系统，由生产废水管道系统收集自流进入 $50m^3$ 卧式零位罐，再经提升泵加压外排蒸发。迪那2气田采出水处理主要设备、用途及处理量如表2-5-3所示。

表2-5-3 迪那2气田采出水处理主要设备、用途及处理量 m³/h

设备名称	用途	处理量
立式除油罐	重力分离型除油设备	15
全自动旋流油水分离器	实现油水分离	15
全自动高效聚结斜管除油器	去除细小油珠及固体小颗粒	15
核桃壳过滤器	分离细分散的乳化油	15
双亲可逆纤维球过滤器	去除采出水中的悬浮物质	15

2. 工艺流程

化验室转输来采出水、含油采出水、检修采出水(一部分)、空氮站排采出水均进入50m³卧式零位罐暂存,由泵加压提升后与气田水一道进入380m³立式除油罐进行重力自然除油;出水经100m³缓冲水罐收集后,再由泵加压提升后进入全自动含油采出水处理设备,经旋流油水分离、压力除油、过滤后,进入100m³滤后水罐暂存,最后由采出水外排泵加压,外排至含油采出水蒸发池或在事故状态下进入事故池。

装置区的场地冲洗水、供热站的排水及循环冷却水系统的排污进入卧式零位罐暂存,由于水中只含少量机械杂质,故未进入采出水处理系统处理,由泵直接外排至厂外蒸发池或事故池。在处理过程中分别对处理水投加适当的药剂(混凝剂、破乳剂等),提高净化效果。迪那2气田采出水处理工艺流程如图2-5-1所示。

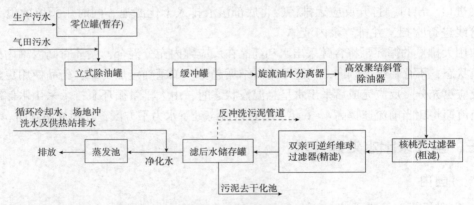

图2-5-1 迪那2气田采出水处理工艺流程

(二)国外

国外含汞气田水综合排放处理技术主要有絮凝技术(包括重力沉降—絮凝处理工艺、絮凝气浮工艺和絮凝吸附工艺等)和新型吸附剂(Thiol-SAMMS)技术。

1. 絮凝技术

1)重力沉降—絮凝处理工艺

重力沉降法既可以分离原有的悬浮固体和杂质,又可以分离在气田水处理过程中生成的次生悬浮物。该方法简单易行、分离效果好、应用广泛。在含汞气田水絮凝处理的前后加设重力沉降装置，既可以大大提高处理效率，又可以提高气田采出水脱汞深度。雪佛龙（泰国）公司设计的重力沉降—絮凝处理工艺流程如图 2 - 5 - 2 所示。该技术目前已经在泰国湾的含汞气田水的处理中应用成功。该技术可以处理气田水中细而分散的凝析油和痕量的汞，能够将气田水的含汞质量浓度降至 10μg/L 以下。

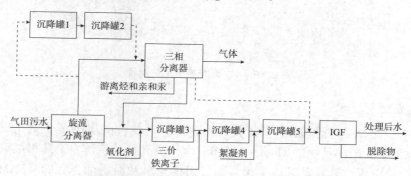

图 2 - 5 - 2 重力沉降—絮凝处理工艺流程

2）絮凝气浮工艺

该工艺能够除去气田水中多数含汞悬浮物和含汞油类。具体步骤包括：①将适宜的水澄清剂加到预处理的采出水中，使乳化油溶液失稳，水澄清剂还可以起到增强单质汞颗粒与失稳的乳化油溶液相结合的作用，即保持或增强单质汞疏水性的作用。②借助絮凝剂，从预处理的采出水中分离掉相当比例的失稳乳化油液滴和疏水的单质汞，得到部分净化的采出水流。③在部分净化的采出水流中加入氧化剂（维持汞的单质形态）和絮凝剂，以便进一步净化采出水。美国加利福尼亚联合石油公司含汞气田水除汞的絮凝气浮工艺流程如图 2 - 5 - 3 所示。

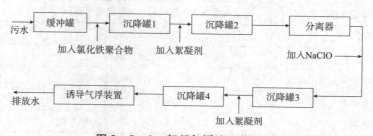

图 2 - 5 - 3 絮凝气浮法工艺流程

3）絮凝吸附工艺

絮凝吸附工艺是将絮凝和吸附两种技术结合起来用于含汞气田水的处理。絮凝的目的是实现含汞悬浮物和含汞油滴聚集成大颗粒絮体，便于在气浮单元将其除去；吸附通常是指采用活性炭过滤器在气浮单元之后对含汞、含油较少的采出水进行深度处理，最大限度地脱除含汞气田水中的汞及其化合物以及其他悬浮物。泰国国家石油管理局勘探生产公司（PTTEP）旗下的 Bongkot 气田天然气和凝析油中含极少量的单质汞及汞化物，采用絮凝吸附法处理含汞含油采出水，处理后的采出水可直接排入海水中。该方法能够使处理后的排放水中油和汞的含量达到泰国政府极为严格的排放标准，即含汞质量浓度小于 5μg/L，含油质量浓度小于 5μg/L。该方法的主要工艺流程如图 2 - 5 - 4 所示。

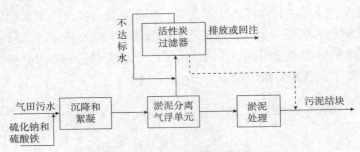

图2-5-4 絮凝吸附工艺流程

2. 新型吸附剂技术

常规技术很难从含油和盐的采出水中脱除汞。目前，由美国亚太西北国家实验室（PNNL）研发的带有硫醇基团的 Thiol-SAMMS（基于介孔硅的硫醇自组装单层系统）吸附剂已经成功商业化应用，其脱汞对象主要为油气田生产水和凝析油，Thiol-SAMMS 的脱汞效果显著，脱汞率高达99%。

使用 Thiol-SAMMS 吸附剂从气田水中脱汞一般方案包括：①安装一套单独的使用 Thiol-SAMMS 的塔系统；②在现有吸附塔中混入 Thiol-SAMMS；③在含汞采出水源头使用 Thiol-SAMMS 的小型撬装系统。

含汞气田水各种综合排放处理工艺技术的适用范围和脱汞深度如表2-5-4所示。实际应用中根据气田水的水质以及汞存在形态的分析结果，在常规气田水处理工艺基础上，选择一种或多种（组合）处理工艺，实现含汞气田水脱汞。

表2-5-4 含汞气田水综合排放处理工艺技术比较

处理技术	适用范围	脱汞深度
重力沉降—絮凝处理工艺	分散的凝析油、单质汞、含汞的悬浮颗粒	10μg/L
絮凝气浮处理工艺	悬浮状的单质汞、油类	10μg/L
絮凝吸附处理工艺	单质汞及汞化物、油类	5μg/L
溶气浮选—化学氧化—金属沉淀法	单质汞、离子汞、含汞的悬浮颗粒	0.02mg/L
硫化物沉淀处理工艺	离子汞	95%
新型吸附剂技术	单质汞、离子汞、有机汞、含汞的悬浮颗粒	91%

迪那2气田现有的采出水综合处理工艺中立式除油罐能去除大部分疏水、机械杂质和直径较大的悬浮物；高效聚结协管除油能除去采出水中的分散油细小油珠和固体小颗粒；添加药剂混凝后能使小于10μm的油珠凝聚成大颗粒的凝聚体，进一步被分离；核桃壳过滤器能进一步分离细分散的乳化油；双亲可逆纤维球过滤器可以去除采出水中的悬浮物。经过现有采出水处理工艺的综合处理后，采出水中的含油质量浓度降至≤10mg/L，悬浮物质量浓度降至≤150mg/L，满足二级排放要求，也符合回注水要求。

（三）处理工艺的改进

1. 存在问题

现有采出水处理工艺主要是针对采出水除油，虽然设计之初未考虑采出水除汞，但是由于单质汞的溶解度很小，多数进入污泥，一部分单质汞和无机汞（亲油类汞）由于溶于油类或悬浮物中而除去。此时水中还有有机汞或少量的无机汞，可能不满足总汞质量浓度低于0.05mg/L的排放标准，会对环境造成污染，因此，需要改进气田采出水处理工艺。

2. 改进措施

综合汞脱除方法研究成果，推荐改进措施是在现有投加药剂处添加适当的脱汞药剂，通过化学反应生成沉淀以便在后续过滤过程中脱除汞；此外，必须保证整个采出水处理过程全程密闭，不能采用传统的暴晒池工艺。汞具有高毒性和挥发性，因此，整个投加药剂过程至过滤阶段应全密闭进行，以减少汞对操作人员的人身危害。常用的处理药剂有硫化物、混凝剂等。

（1）硫化物沉淀法原理是在含汞采出水中加入硫化钠，Hg^{2+}与S^{2-}反应生成浓度极小的硫化汞而从溶液中除去，该法还可以与絮凝、重力沉降、过滤或溶气浮选等分离过程结合，后续操作可以增加硫化汞沉淀的去除效果。

（2）常用的混凝剂包括硫酸铝（明矾）、铁盐及石灰。研究表明，采出水中无机汞质量浓度为50~60μg/L时，选用铁盐或明矾凝聚并过滤都能使含汞量降低94%~98%。铁盐能有效地除去无机汞，但是铁盐和明矾都不能有效地除去甲基汞。常用除汞药剂的处理结果如表2-5-5所示。从表2-5-5中的数据可以看出，当汞初始浓度较高时，选用硫化物药剂可达到99.9%以上的去除率。该方法的主要缺点是脱除后汞的质量浓度仍然较高（10~20μg/L），处理后出水的残余硫会产生污染问题，会引起富汞沉淀污泥不断积累。混凝剂处理含汞采出水的优点是成本较低，相当于硫化钠的1/3，操作简单、沉降速度快，含汞采出水经处理后含汞质量浓度可降至0.02~0.03mg/L。经综合比较，推荐脱汞药剂选用混凝剂，在采出水中添加铁盐。该方法成本较低，不需要设置额外脱汞装置，且能达到采出水排放标准的二级指标。

表2-5-5　常用除汞药剂的处理结果

化学药剂	汞质量浓度/（μg·L⁻¹）		pH值	后续操作
	原始值	终值		
Na₂S	300~6000	10~25		加压过滤
	1000~50000	10		絮凝+活性炭
NaHS	131500	20	3.0	过滤
MgS	5000~10000	10~50	10~11	
硫化物	300~6000	10~125（平均为50）	5.1~8.2	过滤
明矾	5.9~8.0	5.3~7.4	6.7~7.2	过滤
	60	3.6	6.4	过滤
铁盐	4.0~5.0	2.5	6.9~7.4	过滤
	50	1.0	6.2	过滤

气田水中可能含有有害的重金属组分汞及其化合物，某些含汞气田排放的气田水中汞含量甚至超标。含汞气田采出水可能污染环境，腐蚀油气处理设备，影响正常生产并危害

操作人员健康。含汞气田采出水采用常规的除油、除悬浮物技术在脱除悬浮物和油类的同时可以脱除一定量的单质汞和有机态汞。含汞气田水综合排放处理技术主要有絮凝技术和新型吸附剂（Thiol - SAMMS）技术。迪那 2 气田现有采出水油类及悬浮物含量满足二级排放要求，也符合回注水要求，但不能达到汞质量浓度低于 0.05mg/L 的排放标准。采用现有的采出水处理工艺时，迪那 2 气田含汞采出水处理措施可以在不改变工艺的前提下，再投加药剂时添加硫化物，通过化学反应脱除采出水中的汞。

第六节　高含硫采出水处理技术

一、油田高含硫采出水处理技术

（一）SBR 工艺除硫技术

普光气田天然气净化厂采出水处理系统采用 SBR 工艺，该工艺具有不易发生污泥膨胀、抗外部冲击能力强、脱氮除磷性能良好、工艺流程简单、自动化程度高等优点。典型的 SBR 系统分为进水、反应、沉淀、排水与闲置五个阶段运行。普光气田天然气净化厂采出水处理厂处理量为 $720m^3/d$，废水主要是含硫采出水，其污染物浓度较高，主要含 H_2S、挥发酚、石油类物质、高氨氮化合物，水质情况如表 2 - 6 - 1 所示。由于采出水中 H_2S 的存在，使得采出水处理起来难度增大。净化厂自 2008 年开始采用 SBR 工艺处理采出水以来，排出水硫化物含量一直难以降低，为使排出水严格达标，对工艺条件和营养物投加配比进行了改造，从而得出普光气田净化厂 SBR 工艺处理含硫采出水的最佳工艺条件。

表 2 - 6 - 1　含硫采出水水质

项目	pH 值	石油类质量浓度/ $(mg \cdot L^{-1})$	硫化物质量浓度/ $(mg \cdot L^{-1})$	挥发酚质量浓度/ $(mg \cdot L^{-1})$	COD/ $(mg \cdot L^{-1})$	$NH_4 - N$ 质量浓度/ $(mg \cdot L^{-1})$
最大值	8.7	20	300	7	1700	140
最小值	5	6	8	0.04	70	1.76
平均值	6.8	7.1	15	0.4	700	23.15

1. 改变曝气时间

SBR - B 池（以下简称为 B 池）曝气时间不变，SBR - A 池（以下简称为 A 池）曝气时间延长 6h，营养物投加比例按照传统工艺参数，即碳：氮：磷 = 100：5：1，试验时间为2011 年 6 月 1 日至 6 月 15 日。具体参数如表 2 - 6 - 2 所示。

表 2 - 6 - 2　SBR 池各阶段时间分配表　　　　　　　　　　　h

地点	进水期	反应期	沉淀期	排水期	闲置期
A 池	1.5	6	2	1.5	1
B 池	1.5	4	2	1.5	3

改变曝气时间后，A 池和 B 池的 COD 去除率、硫化物去除率、氨氮去除率结果如

图2-6-1～图2-6-3所示。

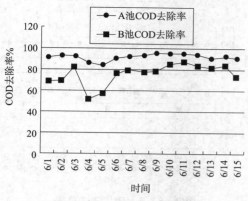

图2-6-1 COD去除率

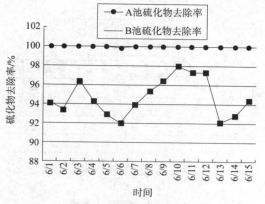

图2-6-2 硫化物去除率

从试验结果来看，COD 平均去除率 A 池为 92.76%，B 池为 76.1%；硫化物平均去除率 A 池为 99.97%，B 池为 94.72%；A 池氨氮平均去除率为 91.37%，B 池为 75.73。可见，A 池处理效果比 B 池效果好，尤其是硫化物几乎全部去除。但在此期间 A 池液面有少量死泥出现，而且污染浓度增加相对缓慢。通过对微生物生长机理分析可知，由于 A 池延长了曝气时间，发生了内源氧化反应。内源氧化反应是由于基质(有机物)浓度很低，微生物依靠内源代谢，利用自身的贮藏物质、酶等部分原

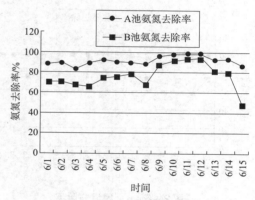

图2-6-3 氨氮去除率

生质的氧化取得营养物质，此时合成的原生质已不足以补充内源呼吸所耗出的原生质，微生物的死亡率增高、细胞消散，微生物总量因内源呼吸作用随时间下降。所以为防止污泥量的减少，又要保证硫化物去除率，需要调整营养物投加比例，保证活性污泥在曝气反应阶段有充分的营养物质。

2. 改变营养物投加比例

两池曝气时间均为 6h，A 池营养物投加比例改为碳：氮：磷 =115：6：2，B 池营养物投加比例仍为碳：氮：磷 =100：5：1，其他参数不变，试验时间为 2011 年 6 月 16 日至 6 月 30 日，具体如表 2-6-3 所示。

表2-6-3 SBR 池各阶段时间分配表

h

地点	进水期	反应期	沉淀期	排水期	闲置期
A 池	1.5	6	2	1.5	1
B 池	1.5	6	2	1.5	1

改变营养物投加比例后，A 池和 B 池的 COD 去除率、硫化物去除率、氨氮去除率结

果如图2-6-4～图2-6-6所示。

图2-6-4　COD去除率

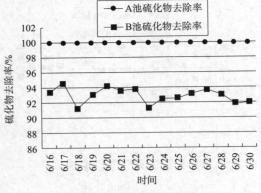

图2-6-5　硫化物去除率

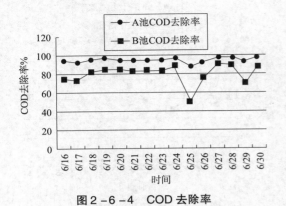

图2-6-6　氨氮去除率

从试验结果来看，A 池 COD 平均去除率为 93.98%，B 池为 79.37%；A 池硫化物平均去除率为 99.98%，B 池为 92.96%；A 池氨氮平均去除率为 98.39%，B 池为 79.73%。可见，改变营养物投加比例后，A 池处理效果仍然优于 B 池，硫化物去除率都保持在 99.9% 以上，而且 A 池的氨氮去除率也相应提高，上清液没有死泥，污泥浓度增加速率与 B 池相当。采出水完全达到国家标准《污水综合排放标准》（GB 8978—1996）。

（二）气提法除硫技术

1. 工艺流程

含硫原油通过卸油口卸入 4 个容积为 $50m^3$ 的常压地罐，经 3 台离心式提升泵进入两台真空加热炉升温至 $50\sim60℃$，再通过气提塔液相进口从气提塔上端进入，在塔盘处与自下而上的气提气充分接触，换质换热，脱除原油中的 H_2S 后，在气提塔液腔停留一定时间后经气提塔液出口液位控制电动阀进入 1#原油储罐，最后泵送至塔中联合站进行处理，通过对 1#原油储罐中原油 H_2S 含量进行测定，最低值可以达到 4ppm（$1ppm=10^{-6}$）。气提气及真空加热炉用燃料气均取自塔中联合站至中三点生活气管线，压力为 0.35MPa。气提气由气提塔（运行压力为 0.25MPa）下端进入，在塔盘处与自上而下的原油充分接触，携带解析出的 H_2S 气体从气提塔气出口通过管线进入旋风分离器，气体在螺旋状通道的旋风装置中向上旋转运动，在离心力的作用下，大量的液体或固体颗粒甩向内壁面上，向下流入液腔中，液体积累到一定程度后，将通过液相出口回流至常压地罐。气相（H_2S 含量 90ppm 左右）则从气出口流出进入装有 3018 固体脱硫剂的脱硫塔中进行处理，合格的天然气

（H_2S 含量 10ppm 以下）经压缩机增压至 2MPa 后并入单井集输管线进入塔中联合站重新进行处理，表 2-6-4 列出了气提脱硫装置运行的相关参数。

表 2-6-4　气提脱硫装置运行参数对照表

设计规模/($t \cdot d^{-1}$)	设计温度/℃	运行温度/℃	设计压力/MPa	运行压力/MPa
960~1200	50~60	50~55	0.15~0.25	0.25

2. 运行经验

该装置投产后，不断对运行温度、进液量和气提比等参数进行优化调整，逐步摸索出了一套行之有效的运行管理模式。

1）温度

温度过高会导致原油中的轻烃组分和水挥发出来，在气管线中大量积液，影响安全生产；温度过低，不能使溶解在原油中的 H_2S 被充分气提出来，影响脱硫效果。实践证明，原油进气提塔温度控制为 50~55℃，该生产装置处于最佳的运行状态。

2）进液量

根据该装置的设计处理量和承受能力，如果进液量过大、流速过快、原油在塔盘停留时间过短，气提气不能充分与原油接触，原油中溶解的 H_2S 不能充分进行逸出分离，致使气提脱硫效果下降。分析认为，原油处理量在 $40m^3/h$ 左右时，既能保证试采单井的原油拉运工作不至于滞后，又能达到理想的处理效果。

3）气提比

通过调整气提比进行试验，气提比从 16：1 一直下降至 3：1 的过程中，发现 H_2S 含量先随着气提比下降而下降，至一定程度后开始随着气提比下降而上升（图 2-6-7）。这是因为气提比过高，气提气上升速度过快，和原油的接触时间和面积均减少；气提比过低，则导致气提气分压较低，不能有效地打破原来的气液平衡，这会使 H_2S 逸出量较少。经验证得出，气提比控制在 7：1 左右时脱硫效果最佳。

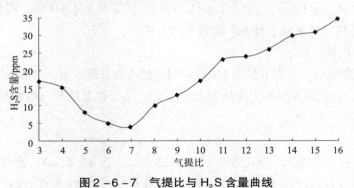

图 2-6-7　气提比与 H_2S 含量曲线

4）酸洗

由于在单井试采中，原油装车前进行了初步加药脱硫，以保证装卸油罐车人员生命安全，但是脱硫剂的掺加容易引起工艺设备严重结垢。特别是真空加热炉盘管结垢造成加热炉与原油之间的热交换效率下降，原油进塔温度达不到工艺要求，气提塔结垢造成塔盘浮阀出现阻塞或卡死，这些都会导致原油气提脱硫效果下降。因此，定期对气提装置进行酸洗，也是保证安全平稳运行的有效措施。

(三)曝氧除硫技术

氧化脱硫技术利用空气中的氧气对采出水中的 S^{2-} 进行氧化作用，使其成为不具有腐蚀性的 $S_2O_4{}^{2-}$ 离子，从而使采出水中硫化物含量降低。

1. 采出水除硫工艺设计

1)空气氧化除硫现场小试试验

(1)试验装置。

根据现场要求，该试验装置设计为 ϕ1000mm×2000mm 的立形罐。采用底部进水，底部曝气，中部填充空心多面塑料球(ϕ50mm)20cm，上部出水的结构，处理量为 1.5 ~ 2.5m³/h，风量控制为 0 ~ 20m³/h。

(2)试验情况。

现场采用相同水量、不同风量变化条件下的试验数据如表 2 - 6 - 5 所示。现场采用曝气除硫技术可降低硫化物产生，在试验装置运行 7d 内，在不同气水比(8 : 1 ~ 5 : 1)的处理条件下，采用快速检测法检测处理后采出水中含硫质量浓度在 8.0mg/L 以下，化验室检测在 10.0mg/L 以下，溶解氧质量浓度在 0.6mg/L 以下(表 2 - 6 - 5 和表 2 - 6 - 6)，可以满足现场实际需要。

2)除硫中试工程工艺设计

(1)江河联合站采出水处理系统现状。

①采出水处理流程与设备。

江河联合站采出水处理流程为：脱水系统来水→5000m³ 沉降罐→涡浮选机→缓冲水池→提升泵→一级陶粒滤罐→二级核桃壳滤罐→净化水罐→注水。

主要设备有：采出水提升泵 10SA - 6F(排量 500m³/h，扬程 65m)3 台，两用一备；5000m³ 沉降罐(3#、6#)2 座；涡凹浮选机(400m³/h)2 座；ϕ3000mm 陶粒过滤器 10 座；ϕ3000mm 核桃壳过滤器 8 座；800m³ 综合水池 1 座。

②采出水量现状。

采出水量主要包括：产出水量为 11000m³/d，边远油井掺水量为 2000m³/d，注水井洗井水量为 900m³/d，过滤系统反冲洗水量为 2550m³/d，部分机泵冷却回收水量为 450m³/d，总采出水量为 17700m³/d。

③注水设备。

江河联合站有 5# 5000m³ 净化水罐 1 座(ϕ23.76m，高 12.44m)，液位高度 11.0m；有 2 座 1500m³ 净化水罐(ϕ15.7m，高 6.0m)，液位高度 5.5m。注水泵 D300 用一备二，注水泵 DF120 用二备一，注水量为 15000m³/d。

④注水流程。

二级过滤罐滤后采出水首先进入 5# 5000m³ 净化采出水罐，再进入 2 座并联运行的 1500m³ 净化采出水罐，进入泵提压后再进入注水干线到计量站。

表 2 - 6 - 5 现场试验数据录取报表

进水流量/ ($m^3 \cdot h^{-1}$)	进气流量/ ($m^3 \cdot h^{-1}$)	气水比	停留时间/ min	进水 S^{2-} 质量浓度/ ($mg \cdot L^{-1}$)	出水/ ($mg \cdot L^{-1}$)	
					S^{2-} 质量浓度	溶解氧质量浓度
2.5	20	8:1	34	55	2	0.5
2.5	20	8:1	34	50	4	0.4
2.5	17.5	7:1	34	60	3	0.4
2.5	17.5	7:1	34	55	4	0.6
2.5	17.5	7:1	34	58	5	0.6
2.5	17.5	7:1	34	55	4	0.6

注：现场硫化物质量浓度检测方法采用快速测硫管法；溶解氧质量浓度采用快速测氧管法。

表 2 - 6 - 6 检测数据表　　　　　　　　　mg/L

取样日期	时间	取样位置	硫化物质量浓度	溶解氧质量浓度
2009/09/18	上午	进口	58.41	0.0
		出口	7.19	0.6
	下午	进口	60.43	0.0
		出口	8.23	0.5
2009/09/19	上午	进口	59.28	0.0
		出口	8.67	0.6
	下午	进口	61.33	0.0
		出口	9.71	0.6
2009/09/22	上午	进口	60.82	0.0
		出口	10.16	0.6
	下午	进口	59.37	0.0
		出口	9.56	0.5

注：硫化物质量浓度采用碘量法检测。

（2）除硫工艺设计。

①建设内容。

氧化脱硫塔 1 座及基础；罗茨鼓风机 1 台（36.6m³/min）基础及配电变频系统；管道提升泵 1 台（300m³/h）；进塔采出水、空气流量检测显示系统；压缩空气进塔工艺管线及阀门；二级过滤后采出水进塔及出塔分别进入 5000m³、1500m³ 净化采出水罐工艺管线和阀门。

②建设规模。

该中试工程建设规模为 5000m³/d 的处理量，建成双用流程既能进入 5000m³ 净化采出水罐又能进入 1500m³ 净化采出水罐。目的在于：一是验证脱硫塔与 5000m³ 净化采出水罐的高差以及现采出水提升泵的适应性；二是验证脱硫后采出水经过缓冲后，采出水中硫化物的变化情况。

③处理后硫化物指标。

进水 S^{2-} 质量浓度为 50～60mg/L，出水 S^{2-} 质量浓度 ≤1.0mg/L；溶解氧质量浓度 ≤0.5mg/L。

2. 曝氧除硫最佳气液比研究

(1)气液比对出口含硫质量浓度的影响

通过小试和中试的运行，脱硫后采出水含硫质量浓度随着气量的增大而减小，空气量大则氧气量大，参与氧化硫化物越多，因此，硫化物随着氧气量增大而减小。图2-6-8为气水比与采出水含硫质量浓度的关系曲线。

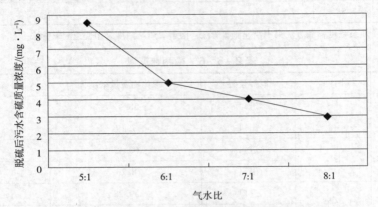

图2-6-8　气水比与采出水含硫质量浓度的关系曲线

由图2-6-8可以看出，参与反应的空气量越大，脱硫效果越好。

2)根据除硫效果确定最佳气液比

江河联合站脱硫中试工程投产运行后，按照一定的气液比对出口含硫进行检测。最终确定气液比为 8:1～7:1 之间，出口含硫质量浓度保持在 5mg/L 以下，可以满足水质含硫要求。考虑到脱硫的指标与能耗，确定采出水处理量为 200m³/h，气量控制为 1500m³/h。

3. 曝氧除硫前后采出水含氧、含硫质量浓度对比分析

1)除硫后采出水进入模拟罐试验

江河联合站中试除硫工程由于流程所限只能与未除硫采出水混合进入注水罐，沉降后采出水含硫含氧变化无法检测。利用 1 座 5m³ 水罐在现场模拟注水罐，除硫后采出水进入模拟罐，沉降后检测含硫量、含氧量。

江河联合站采出水在除硫前含氧质量浓度为 0～0.1mg/L，原因是采出水系统为隔氧密闭处理流程，采出水本身就是还原体系。采出水经过除硫塔曝氧处理后，采出水含氧量有一定程度的升高，采出水含氧质量浓度为 0.6～0.8mg/L；经过沉降后采出水含氧质量浓度不足 0.2mg/L。

江河联合站采出水在除硫前含硫质量浓度为 60mg/L，采出水经过除硫塔曝氧处理后，采出水含氧有一定程度的升高，采出水含硫质量浓度为 2～5mg/L；经过沉降后采出水含硫质量浓度不足 2mg/L。

2）现场注水罐采出水含硫、含氧质量浓度变化情况

江河联合站中试除硫工程的设计能力为 5000m³/d，造成进入注水罐的采出水只有三分之一的采出水经过除硫，其他是没有经过除硫的高含硫采出水，2 种采出水混合后采出水含硫、含氧质量浓度变化不明显。为了进一步验证脱硫后采出水的沉降变化，经过流程改造，实现脱硫后采出水单独进一座注水罐，实现单独供高压注水系统，并对除硫塔、注水罐、计量站、注水井进行检测跟踪。采出水含硫质量浓度在注水过程中有一定的反弹上升，升高幅度为 20～30mg/L，采出水含氧质量浓度逐步降低，由注水罐 0.5mg/L 降至井口 0.05mg/L。

二、采出水除硫装置

（一）空间除硫装置

1. 工作流程及工作原理

1）工作流程

含 H_2S 气体→集气罩→引风管→高压风机→一级碱洗或氧化塔→生物除硫装置→活性炭吸附塔→高压风机→排风管→排放。

2）工作原理

本装置主要是化学洗涤氧化 + 生物过滤除硫装置，包括化学洗涤氧化预处理区和生物过滤区。

（1）化学洗涤氧化。

含硫气体在塔内首先经过一个风溅水幕区，使含 H_2S 气体中的酸性气体、有机废气被循环液中的碱洗或次氯酸钠氧化。然后气体上升至喷淋接触反应区，由耐腐泵将配制好的特定氧化溶液提升至特制的喷头，先将溶液喷淋成水雾，经特制填料层后形成水珠向下垂淋，使部分含 H_2S 气体溶于水中，处理效率为 60%～70%。

（2）生物过滤除硫装置。

生物滤池中的微生物在适宜的环境条件下，利用废气中的无机和有机物以及自身填料组分营养作为碳源和能源，通过废气中的氧气筛选优质强氧化型细菌，分解氧化废气中的恶臭成分，最终产物为水、CO_2 以及硫酸根等无害成分。

预处理充填层，充满了高效气、液相接触的无机填料。水通过底部流向循环水箱，再由水泵进行循环使用。

2. 空间除硫装置组成及工艺参数确定

1）空间除硫装置整体参数

空间除硫装置处理规模取 1500m³/h，进口 H_2S 质量浓度≤500mg/m³，出口 H_2S 质量浓度≤10mg/m³。

2）引风机

引风机二台，设置在净化塔的后部，利用风机的引力将集气罩内的含 H_2S 气体吸引过来，并通过管道进入各含 H_2S 气体净化塔，风机前部均为负压，每组净化装置设置 2 台引风机。具体参数包括：风量为 1500m³/h，风压为 2000Pa，风机材质为玻璃钢。

3）预处理（碱洗或氧化塔）

处理高浓度含 H_2S 气体时，氧化剂在溶液的浓度控制为 500～2000ppm，如次氯酸钠在溶液中以次氯酸形式存在，与 H_2S 氧化反应，效果亦不错。整个净化塔的底部是一个储液箱，处理过程中及时地补充新溶液，并定期清理一些结晶体。

4）生物除硫装置

生物脱硫装置是利用微生物的生物化学作用，使污染物分解，转化为无害或少害的物质，微生物利用有机物作为其生长繁殖所需的基质，通过不同的转化途径将大分子或结构复杂的有机物经异化作用最终氧化分解为简单的水、CO_2、无机盐等无机物，同时经同化作用并利用异化作用过程中产生的能量，使微生物的生物体得到增长繁殖，为进一步发挥其对有机物的处理能力创造有利的条件（图 2-6-9）。

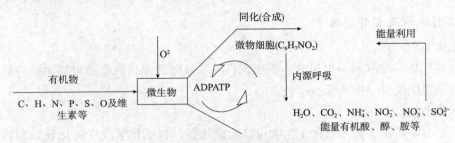

图 2-6-9　含硫污染物的转化过程

含 H_2S 气体物质首先溶于水中，而后被微生物吸收，作为微生物营养物质被分解、利用，从而除去污染物。

5）活性炭吸附塔

含 H_2S 气体从微生物消化装置进入活性炭吸附塔，对于含 H_2S 气体的吸附，虽然可用的吸附剂较多，但其中仍以活性炭吸附效果最佳，因为有些吸附剂对废气中的水分吸附力强，而活性炭吸附剂对恶臭物质有较大的平衡吸附量，对多种含 H_2S 气体有吸附能力，净化塔是利用活性炭吸附，其中，活性炭吸收、吸附含 H_2S 气体中的微量 NH_3、H_2S 等物质，还可方便更换。

6）集气罩

混凝沉降池顶部的集气罩由氟碳膜制成，运用不锈钢螺栓以及化学锚栓全部的包裹池体（图 2-6-10），能使氟碳膜有效的封闭，使池内气体溢出率完全符合现场工艺，要求气体溢出率≤0.1%。

氟碳膜断面示意如图 2-6-11 所示，集气罩氟碳膜结构也称为织物结构，以性能优良的柔软织物为材料，由内部空气压力支撑膜面，顶部的刚性支撑结构使膜面产品有一定的预应力。

采用了抗腐蚀能力很强的氟碳膜把废气罩住，钢结构在外侧将氟碳膜悬吊。如果现场湿度大或者有腐蚀气体会影响使用寿命，这样既充分发挥了氟碳膜的抗腐蚀性能，又从根本上解决了钢结构与腐蚀性气体接触带来的腐蚀问题；既充分发挥了钢支承的结构性能，又实现了结构骨架与覆盖材性能的完美结合。

图2-6-10　集气罩

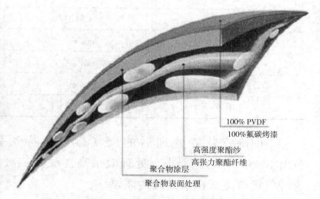

图2-6-11　氟碳膜断面示意图

3. 现场应用

普光气田赵家坝采出水站的空间除硫装置于2008年投产使用，至今已正常运行4年多，处理效果达到规范要求。除去了采出水中的绝大多数H_2S等危险气体，保证了气田的安全生产运行。

1）进口废气指标如表2-6-7所示。

表2-6-7　空间除硫装置进口废气指标　　　　　　　　　　　　　　　　mg/m³

组分	质量浓度	组分	质量浓度
H_2S	500	$C_2H_6S_2$（甲硫醚）	10
NH_3（氨）	20	CO_2	20
CS_2（二硫化碳）	20	CH_4S（甲硫醇）	10
$C_2H_6S_2$（二甲二硫）	10		

2）出口排气检测指标如表2-6-8所示。

表2-6-8　空间除硫装置出口排气检测指标

控制项目	单位	二级排放质量浓度标准
氨	mg/m³	1.0
三甲胺	mg/m³	0
H_2S	mg/m³	≤0.10
甲硫醇	mg/m³	0.010
甲硫醚	mg/m³	0.15
二甲二硫	mg/m³	0.13
二硫化碳	mg/m³	5.0
苯乙烯	mg/m³	0

控制项目	单位	二级排放质量浓度标准
臭气浓度	无量纲	20
苯	mg/m³	0
甲苯	mg/m³	0
乙基甲苯	mg/m³	0.5
二甲苯	mg/m³	1.5

空间除硫装置处理后的废气排放指标达到国家标准《恶臭污染物排放标准》（GB 14554—93）的要求，处理效率高，没有二次污染，运行管理简单，低能耗，满足高含硫气田含硫采出水处理的需要。

4. 处理效果影响因素

1）含盐质量浓度

生物除硫环节稳定运行后，每天需要检测营养液的 pH 值，当 pH 值<6 时需要向营养液中投加碳酸氢钠。定时测试营养液中的含盐量，当含盐质量浓度超过 3000mg/L 时，需要更换营养液，避免因营养液不足，影响细菌数量而导致处理效果下降。

2）吸收液浓度

碱洗塔用液体碱，氧化剂用液体药剂，避免堵塞喷头。吸收液浓度直接关系到净化效率，药液保持在≥13%，精确计算溶质、溶剂的总量，保证运行有效，为保证吸收液的容量和浓度，液箱吸收液的补水由次氯酸储罐和 NaOH 储罐提供，不宜采用自来水补充。

3）净化步骤

运行设备时应首先开启循环水泵，然后再开风机，使净化系统按设计步骤完成净化。避免先开风机，后开水泵的错误运行，因为这样运行没有按设计步骤完成净化，同时也增加了后置活性炭净化器的压力，使该净化设备内填料过早饱和。

4）吸附塔

活性炭吸附塔后的风机选型要注意风量适当，同时吸附塔内要设防护网，避免把活性炭颗粒吸走。

（二）脱硫气提塔

气提塔作为油田含硫采出水处理气提工艺的核心设备，按其结构不同分为板式塔和填料塔，分别以塔板和填料作为气液传质单元。塔器设计的首要问题是塔型及塔内件的选择，直接影响分离效果、设备投资及操作费用。塔器选型应根据生产工艺要求，结合两种塔型的优、缺点综合考虑。某油田采出水中 H_2S 质量浓度约为 500mg/L，采出水处理量为 5000m³/d，气提气采用 1000m³/h 的天然气，采用 HYSYS 软件对板式塔和填料塔水力学参数进行计算、分析，确定气提塔塔型。板式塔与填料塔相比涉及因素较多，表 2-6-9 对其进行了简要对比。

表 2-6-9 板式塔与填料塔的对比

项目	塔型	
	板式塔(浮阀塔为例)	填料塔(38 号环钜鞍为例)
压力降	比较大	较小
空塔气速	大	小
塔板效率	较稳定,大直径效率比较高	塔径 $DN1.5m$ 以下效率高
液气比	适应范围较大	对液体喷淋量有一定要求
持液量	较大	较小
安装维修	较困难	较容易
造价	直径大时比填料塔便宜	直径小时比板式塔便宜

板式塔由于其技术成熟、造价低廉、清洗方便,在工业上应用较为广泛,其中浮阀塔板应用较多,故优先考虑采用浮阀塔进行设计。

在 HYSYS 模拟中,选择浮阀塔板,塔板间距取 600mm,发泡因子取 1.0,溢流堰高度取 50mm,降液管底隙取 60mm,计算得出塔径为 1.676m,圆整取 1.8m 进行核算。由计算结果可知,塔板最大液泛率为 33.07%(<85%),降液管最大返混率为 33.98%(<50%),均符合要求。

水力学计算结果分析如下。

1. 降液管面积

合理的降液管可以使液体顺利通过,防止发生液泛。在设计中推荐降液管最小截面积不小于塔截面积的 6%。降液管面积占塔截面积的 36.29%,而鼓泡面积占塔截面积的 27.42%,故降液管所占面积偏大,鼓泡面积偏小,导致塔板利用率低。

2. 降液管内液体停留时间

降液管内的液体需要足够的停留时间,使液体中夹带的气体得到分离,一般取停留时间 >5s。以第六块塔板为例,塔板液相负荷为 $0.07m^3/s$,则停留时间为 7.91s(>5s)。故停留时间在合理的操作范围内。

3. 溢流堰

合理的堰高和堰长可降低塔板压降、减少雾沫夹带,其工艺指标是板上液层高度和溢流堰强度。板上液层高度为 101.72mm,一般推荐 50 ~ 100mm;最大溢流堰强度为 $76.08m^3/(h \cdot m)$,而实际应用中溢流堰强度大多在 $8 \sim 90m^3/(h \cdot m)$ 范围内,板上液层高度与溢流堰强度均接近上限。

4. 开孔率

合理的开孔率可以减少雾沫夹带,降低泄漏,同时防止发生液泛,开孔率一般取5%~14%。开孔率偏小,阀孔气速偏大,板面上排列浮阀数过少,应适当增大开孔率,但因该塔鼓泡区面积过小,导致无法增加更多的浮阀。

5. 单板压降

单板压降可反映气、液两相流体通过一层塔板时的总阻力降，一般单板压降应控制在 0 ~ 4mmHg（1mmHg = 0.133kPa）柱范围以内，而设计中单板压降为 0.7699kPa，约 5.77mmHg 柱，单板压降偏大。

综合上述各种因素，鉴于液相量比较大，气相量相对较小的工艺条件，采用板式塔塔径偏大，且部分水力学参数（降液管面积和单板压降偏大，鼓泡面积和开孔率偏小）不合理，不宜选用。考虑用填料塔进行设计。填料塔的工艺设计首先选择填料类型，填料是填料塔的核心部件。按其单元结构在塔内装填方式的不同，填料可分为散装型和规整型。散装型中环矩鞍填料兼备了环形通量大、鞍形布液均匀的特点；规整型中孔板波纹填料具有通量大、压降低、效率高的优点。

分别选环矩鞍填料和孔板波纹填料进行模拟，环矩鞍填料选用 Norton 公司的 Intalox Metal Tower Packing（IMTP）38#填料，孔板波纹填料选用 Sulzer 公司的 Mellapac 250Y 型填料，查阅相关资料，每米填料理论级数分别为 2.2、2.8，故等板高度分别取 454mm、357mm，计算塔径为 1.076m，圆整取 1.2m 进行核算，结果如表 2 – 6 – 10 所示。

表 2 – 6 – 10　填料塔水力学计算结果

项目	环矩鞍填料（IMTP38#）	孔板波纹填料（250Y）
塔径/m	1.200	1.200
最大液泛率/%	26.60	41.58
塔截面积/m²	1.131	1.131
填料层高度/m	2.724	2.142
填料压降/(kPa·m⁻¹)	5.043×10^{-2}	4.584×10^{-2}
泛点气速/(m·s⁻¹)	0.8393	0.3324
等板高度/mm	454	357

从表 2 – 6 – 10 可以看出，孔板波纹填料略优于环矩鞍填料，但是考虑到孔板波纹填料价格相对较高，内构件复杂，安装要求较高，而采用环矩鞍填料也能完成分离任务，且造价低得多，故选用环矩鞍填料。同时，对该填料塔进行了核算，当塔径取 1.2m 时，塔的操作弹性为 60%~110%；当塔径取 1.4m 时，塔的操作弹性为 60%~150%，为使塔有较大的操作弹性，气提段塔径最终取 1.4m，填料采用 38 号环矩鞍。填料层高度理论计算值为 2.724m，考虑到塔效率等因素留出一定的设计安全系数，填料高度取 6m。

塔内件设计的质量直接影响到填料性能的发挥和整个填料塔的性能，填料床层上液体的初始分布是影响传质的关键因素，故液体分布器是填料塔最重要的塔内件，液体分布器按结构分为槽式、管式、喷射式、槽盘式等。槽盘式液体分布器结构特征为：喷淋孔和溢流孔分别开在矩形升气管的中部上，同一垂直线上的异径孔被位于升气管内的导液管罩住。与其他液体分布器相比，占用空间较小、布液均匀，在抗堵塞、抗变形方面都有较大的优势，故选用槽盘式液体分布器。

三、现场应用

塔中 1#气田日渐进入开发阶段，该气田位于塔中低凸起北斜坡带的塔中 1#断裂坡折带，东西长度为 220km，南北宽度为 30km，H_2S 含量高(14~404700ppm)。随着试采区块不断滚动开发，原油产量已经达到了塔中作业区整体产量的 50% 以上。由于东西距离较长和工艺设计原因，少部分原油可以通过管输进入塔中 1#气田第一处理厂进行处理，绝大部分原油通过油罐车从试采单井拉运至水平一转油站卸油台，泵送至塔中联合站进行处理。塔中联合站油气处理装置采用非抗硫工艺管线及设备，虽然试采单井上油罐车装车前和水平一转油站卸车后均按照一定配比掺加了脱硫剂，但效果不佳，原油中残存的 H_2S 含量依然高达 670ppm，导致塔中联合站油气处理装置和塔轮长输管道内 H_2S 含量依然严重超标（石油行业标准《SY/T 6173—2005 含 H_2S 的油气生产和天然气处理装置作业的推荐作法》中规定 H_2S 含量安全阈限值为 10ppm），存在巨大的安全隐患，在水平一转油站建造一座低成本且能够有效脱除 H_2S 的生产装置势在必行。

目前常用的原油脱 H_2S 方法主要有物理法脱硫和化学法脱硫。其中物理法脱硫包括加热搅拌法、气提法、吸附法、抽真空法和膜分离法等；化学法脱硫包括氧化法、金属催发法和酸碱中和法等。通过对投资成本、操作简易程度及运行费用等多方面考虑，选用气提法脱硫工艺。这是由于气提塔、真空加热炉和旋流分离器等主要部分皆为陈旧设备，极大减少了一次性投资成本，并且气提脱硫和尾气回收工艺分别在塔河油田和塔中六凝析气田已有很好的应用经验。气提法脱硫是通过向含 H_2S 的原油中通入烃类气体或惰性气体(如天然气、N_2、CO_2 等)，让溶解的 H_2S 从原油中解析出来，同时气体以鼓泡方式通过原油，起到搅动作用，促进原油中溶解的 H_2S 逸出。

通过现场应用得出以下结论。

(1)该装置投产一个月基本趋于平稳运行，塔中联合站油气处理装置中 H_2S 含量由原来的 88ppm 降至 8.2ppm。有效地保障了现场操作人员的人身安全，减缓了工艺管线和设备的腐蚀速度，保证了塔轮长输管线油气产品 H_2S 含量达标。

(2)气提脱硫装置的投产减少了试采单井脱硫剂的使用。每天脱硫剂的消耗量由原来的 5t 降至目前的 3.5t 左右。脱硫剂以每吨 1.5 万元计算，相当于一年节约了：$1.5 \times 1.5 \times 365 = 821.25$(万元)。

(3)气提法原油脱硫所用设备数量较少、配套工艺简单、一次性投入成本不高、操作运行和日常维护费用偏低，脱硫效果可根据实际需要进行调节，并且基本可以达到对环境的零污染，在含硫原油处理和中转环节都有一定的推广价值。

第三章　热法处理含盐污水主要工艺

第一节　多效蒸发法

一、发展历程

多效蒸发(Multiple Effect Distillation，简称 MED)技术是将几个单效蒸发器串联，在化工过程中蒸发系统中常用的工艺。最早应用于蔗糖生产工业，同时是应用较早的海水淡化技术之一，随着技术的不断发展，现广泛应用于食品、化工以及制药行业，在海水淡化、废水处理和溶液浓缩、食品工业等方面起重要的作用，是一种较为成熟的水处理方法，在废水治理领域的应用日益广泛。

MED 处理含盐水最早始应用于 20 世纪 70 年代以色列 IDE 公司的低温多效蒸发海水淡化装置，并作为主要技术在很长时间内在海水淡化领域使用。近些年来，以 MED 为核心的含盐污水/浓水处理工程在发达国家投入使用。如美国 Missouri 的 MED – Crystallizer 工程、墨西哥的 Monterrey 地区的 MED – 结晶技术，甚至在一些油田也已建成了多效蒸发含盐污水的工程。我国自 2004 年才陆续在单家寺油田及少数煤化工企业等开展了多效蒸发含盐污水/浓水的相关研究。

二、原理及分类

MED 是由多个单效蒸发器组成的系统，即将前一个蒸发器蒸发出来的二次蒸汽引入下一蒸发器作为加热蒸汽并在下一蒸发器中凝为蒸馏水。如此依次进行，每一个蒸发器及其过程称为一效，这样就可形成双效、三效和多效蒸发器等。该技术在海水淡化和大中型热电厂锅炉供水方面都有采用。

MED 海水淡化技术有多种分类方式，根据研究者所关注的类型分别进行论述。

(一)根据 MED 进料液和蒸汽进入蒸发器的方向不同，可以分为：并流进料、逆流进料、平流进料和混流进料蒸发器。其流程如图 3 – 1 – 1～图 3 – 1 – 4 所示。

1. 并流进料

进料液和蒸汽都由第一效流到末效，流向一致，需供液泵，耗能相对较大。优点是料液可借相邻二效压力差自动流入后一效，不需用泵输送，且前一效沸点比后一效高，当物料进入后一效时，会产生自蒸发现象，额外蒸出一部分水汽。操作简便，易于稳定。缺点是因为后效的各效浓度增高，但沸点降低，导致溶液黏度增大，传热系数下降。

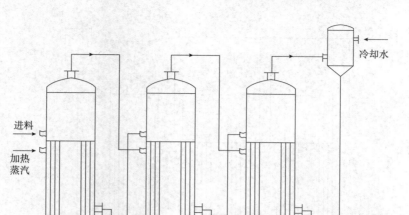

图 3-1-1　并流进料流程图

2. 逆流进料

进料液由末效加入，蒸汽由第一效加入，方向相反。优点是浓度和温度对溶液的黏度产生的影响大致相抵消，各效传热系数大致相同。缺点是用泵输送的耗能多，不像并流进料，没有自蒸发。一般适用于溶液黏度随温度变化较大的情况。

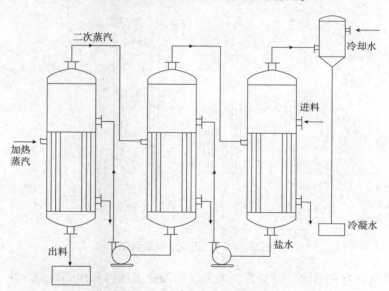

图 3-1-2　逆流进料流程图

3. 平流进料

各效都进原料液，再进下一效进行闪蒸，不需要供液泵，耗能较之其他少。

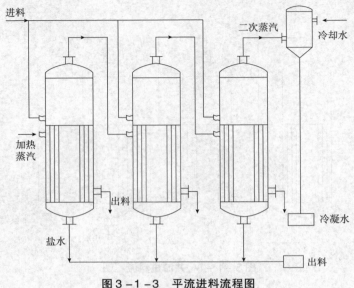

图3-1-3 平流进料流程图

4. 混流进料

混流进料具有并流和平流的特点，在混合的位置需要供液泵，耗能较少。

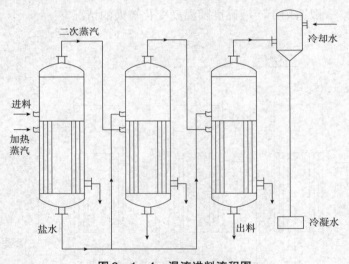

图3-1-4 混流进料流程图

（二）根据预热方式不同，可分为两大类：外部热源预热和内部热源预热。其中，内部热源主要包括二次蒸汽和浓盐水。

（三）根据是否与TVC相结合，可分为两种：对于热源品位较低的情况，将其直接作为第一效蒸发/冷凝器的加热蒸汽（MED海水淡化系统）；而对于高品位热源，其压力高于多效蒸发海水淡化系统所需的加热蒸汽压力，通常将这部分蒸汽作为TVC的动力蒸汽，引射系统中某一效蒸发/冷凝器产生的低品位蒸汽以提高其品位，再作为第一效蒸发/冷凝器的加热蒸汽（MED-TVC海水淡化系统），以解决蒸汽参数不匹配问题并大幅度提高能

量利用率。

三、应用

MED 在各种海水淡化、废水处理和溶液浓缩、食品工业等方面起着重要的作用，已成为一种较为成熟的水处理方法，同时也是最早的海水淡化方法之一；另外在废水治理领域也应用广泛。

(一)海水淡化

(1)江浩在高效节能海水淡化热泵并流多效蒸发系统研究中证明，在 $T_0 < 130℃$ 和 $T_0 \geq \Delta it\ 5℃$ 的约束条件下热泵存在最佳的喷射系数和最佳的抽汽位置，在 $T_0 < T_1$ 的约束条件下海水的预热温度 T_0 越高越好。

模拟得出采用冷凝水闪蒸，引出额外蒸汽将海水预热至 90℃，热泵的喷射系数为 0.3。在第 3 效抽汽时的设计结果最好，节省的生蒸汽消耗量可达 16.72% 左右，而总传热面积仅增加 15% 左右，占年总费用 90% 左右的生蒸汽节省 16.72% 带来的经济效益远远大于仅占年总费用 10% 左右的设备投资折旧费用因传热面积增加 15% 而增加的费用，在最佳条件下的海水淡化热泵多效蒸发系统高效、节能，具有广阔的应用前景。

(2)MED 和火力发电厂结合，实现水电联产，可以从绝对压力 $0.2 \sim 0.4 kgf/cm^2$ (1kgf = 9.80665N)的任何地方背压抽汽造水。与抽取 $2 \sim 3 kgf/cm^2$ 背压蒸汽的高温蒸馏系统相比，低温多效海水淡化装置允许蒸汽在透平机中进一步膨胀做功，减少发电损失，发电机组效率使电厂热效率从 35% 提高到 65% 左右，如只能提供压力为 $2 \sim 3 kgf/cm^2$ 的蒸汽，可利用高压蒸汽压缩得到更多的加热蒸汽，提高淡化装置的造水比。

(3)利用柴油发电机的热量。在柴油发电机中，大部分热量通过其废气、缸套水和冷却油排放。这部分热量占柴油燃烧所放出热量的 40%~50%，如果将此热量回收用于海水淡化，可使柴油发电机的效率提高到 80% 以上。利用该流程，每 1000kW 的发电机组，每天可以生产 300~400t 蒸馏水。

(4)与固体废物燃烧炉结合。这类应用可通过废热锅炉产生蒸汽供给低温多效淡化装置造水，在大多数情况下，利用中间蒸汽透平发电后再造水会更经济(如垃圾电站与海水淡化的结合)。

(5)利用工业冷却水、工业废气造水。通过板式换热器或热管换热器将热量传递给中间介质以防止污染产品水。回收了热量的中间介质在闪蒸室闪蒸后又回到换热器循环，而产生的蒸汽引入低温多效淡化系统用于造水。

(6)利用太阳能、地热造水同上一种方式一样，这类应用可通过板式换热器将热量传递给中间料液，中间料液在一个闪蒸室闪蒸后又回到换热器循环，而产生的蒸汽引入低温多效淡化系统用于造水。

(二)废水治理

1)石油废水

在荷兰、德国及中东一些国家利用 MED 技术处理油田污水，实现出水回用。AquaPure 公司研发了 NOMAD2000 移动式含油污水处理装置，采用升膜式宽间隙板蒸发器代替管壳式蒸发器，装置包括预处理模块、蒸发模块和压缩机模块。污水 TDS 质量浓度高达 $8 \times 10^4 mg/L$，处理量为 397m³/d。处理后的污水达到回用以及环保排放标准。中国海洋大学蔡剑荣等利用多效蒸发技术对郑王庄油田的稠油污水进行了中试研究，试验装置处理量为 50m³/d，污水矿化度为 $1.13 \times 10^4 mg/L$，总硬度为 $1.2 \times 10^3 mg/L$，处理后的水质可以达到热采锅炉供水要求。然后又以多效蒸发工艺为核心，对胜利油田的稠油污水进行脱盐处理研究，污水 TDS 质量浓度为 $1.13 \times 10^4 mg/L$，总硬度为 $1.2 \times 10^3 mg/L$，含油质量浓度为 300mg/L，处理工艺为气浮—果壳过滤—石英砂过滤—多效蒸发。在试验运行初期，多效蒸发装置出水含盐质量浓度达 150mg/L，后来对装置进行了改进，解决了盐度增高问题，处理后的污水水质达到注水、注聚、外排等水质标准要求。2008 年，胜利油田曾选择孤五、孤六和垦西站 3 个水样，送往美国 RCC 公司实验室进行了采用机械压缩蒸发技术处理采油污水的室内模拟实验，处理后各项水质指标可达到注汽锅炉用水要求，产水率高达 90%。

2）化工废水

多效蒸发技术在化工行业废水中应用得比较广泛，成功的案例较多。

俞晟等采用减压蒸发浓缩高盐高浓度化工有机废水，蒸汽经收集冷凝后进行生化处理可达到排放标准，有效地处理了高盐高浓度有机废水，同时可以回收浓缩液中的氯化钠、对甲苯磺酸钠等物质，回收部分成本，浓缩液进行焚烧处理。赵斌等采用三效错流降膜真空蒸发低浓度氯化铵废水，有效地解决氯化铵废水蒸发过程的设备腐蚀、能耗过高等问题。

郑贤助等采用双效蒸发处理 CMC（梭甲基纤维素钠）生产废水。该废水是高浓度含盐有机废水，主要为氯化钠和羟基乙酸钠，其含量高达 30%，COD 质量浓度为达到 7000mg/L。采用两次蒸发分步结晶工艺回收盐，平均蒸发 1t 水约消耗蒸汽 0.75t。蒸出冷凝液 COD 质量浓度约为 2000mg/L，回收盐中氯化钠含量达 89% 以上。

癸二酸生产废水中含硫酸钠、癸二酸、苯酚以及其他一些脂肪酸。张颖采用多效蒸发加树脂吸附的工艺处理这种废水，在多效蒸发器中采用加入 NaOH，抑制苯酚挥发的方法，以降低废水苯酚含量。经过蒸发处理后，废水中的苯酚含量从 400～500ppm 降至 40～50ppm，而且可以回收无水硫酸钠，出水再用树脂吸附做进一步处理。

内蒙古自治区化工工业区废水中含较高浓度的硫酸铵、氯化钠、氯化铵、硫酸钠、硫酸等物质，采用高效三效蒸发技术进行处理必须要注意废水中硫酸根和氯离子的腐蚀问题，所以三效蒸发器加热管采用 2205 双金相不锈钢耐腐蚀材料制作，分离器采用不锈钢 SUS316L 制造，可降低被腐蚀的风险。同时，采用强化浓缩搅拌和强制循环浓缩方式，提高传热效率和蒸发速度，避免在传热设备的表面形成硫酸钠硬垢。处理后的废水盐分去除率达到 98%～99%，出水 COD_{Cr} 平均质量浓度降至 1000mg/L 以下。

朱守深等应用三效蒸发处理高含盐量有机工业废水，调节废水 pH 值为 7～9，并预热到 30～60℃，再进入三效蒸发器经浓缩后进行盐析使固液分离，分离出的液体再浓缩后，进入焚烧炉内进行焚烧，通过蒸汽冷凝水进行生化处理。

四、影响因素

前人利用模拟计算、中试试验等手段研究了热源蒸汽参数、盐水顶温、蒸发/冷凝器效数、浓缩比、进料海水参数、进料方式、预热方式以及与蒸汽压缩器相结合等因素对多效蒸发海水淡化装置热力性能的影响。

(一)热源蒸汽参数

热源蒸汽参数包括加热蒸汽或动力蒸汽的温度、压力和质量流量,其对系统热力性能有着重要影响,受到学者们的广泛关注。在装置淡水产量、蒸发/冷凝器效数和末效蒸发/冷凝器蒸发温度保持不变的前提下,很多学者研究了加热蒸汽温度对系统热力性能的影响作用。多数学者认为,随着加热蒸汽温度升高,MED 海水淡化系统的造水比减小。魏巍等通过对顺流 MED 海水淡化系统的模拟仿真,认为随加热蒸汽温度升高,比冷却水量增大,比传热面积减小,且蒸发/冷凝器效数越少时比传热面积的减小速率越慢。王世昌等推导出了不可逆温差函数作为分析和评价 MED 海水淡化过程热力学效率的工具,研究结果显示,提高加热蒸汽温度使得 MED 过程㶲损失增加。Hamed 等基于热力学第一、第二定律对 MED – TVC 海水淡化系统的热力性能进行了分析,得出系统总㶲损失随加热蒸汽温度升高而增大。

在 TVC 引射蒸汽和出口蒸汽压力均保持不变的条件下,学者们对动力蒸汽压力对系统热力性能的影响开展了研究工作。Alasfour 等、王永青通过计算分析指出,随动力蒸汽压力降低,MED – TVC 海水淡化系统㶲损失比造水比减小更显著。Kamali 等、Ameri 等通过模拟计算得到,随着动力蒸汽压力升高,MED – TVC 海水淡化系统造水比和比传热面积增加,比冷却水量降低。齐春华等建立了一台 3 效产水量为 30m³/d 的 MED – TVC 海水淡化中试装置,通过中试试验得出,随着动力蒸汽压力提高,产水量增大,但当蒸汽压力超过设计值的 121% 后,蒸汽压力提高对产水量影响很小。

Alamolhoda 等对给定结构的 4 效 MED – TVC 海水淡化装置进行了模拟计算,分析了动力蒸汽量对装置热力性能的影响,结果表明,当动力蒸汽量增加 16.5% 时,装置产水量增大 12.5%,而造水比减小 4.2%,认为主要是由于当 TVC 引射位置(位于末效蒸发/冷凝器后)保持不变时,随着动力蒸汽量增加,压缩比升高,TVC 无法稳定运行,进而导致引射蒸汽量减少。Kamali 等计算分析了动力蒸汽量偏离设计点的变化(80%~120%)对造水比的影响,结果显示,当动力蒸汽量偏离设计点时,造水比减小,且偏离量越大,造水比越低。杨洛鹏等对给定结构的 MED 海水淡化装置在不同运行条件下的热力性能进行了分析,计算结果表明,保持供入海水流量和温度不变时,增大加热蒸汽流量,有助于蒸发产物负荷率的增加和单位质量淡水热耗的降低。

(二)盐水顶温及传热温差

在装置总淡水产量、蒸发/冷凝器效数和末效蒸发/冷凝器蒸发温度保持不变的前提下,El – Dessouky 等通过计算分析得出结论:MED 海水淡化系统的造水比和比冷却水量受盐水顶温影响很小,而比传热面积随盐水顶温的增加而减小,这种影响在蒸发/冷凝器效数较多时更显著,当盐水顶温从 60℃ 升至 100℃ 时,6 效和 12 效的比传热面积分别减小为原来的30.3%和26.1%。Alasfour等认为，比热耗和比㶲损随盐水顶温降低而减小，而随末效蒸发/冷凝器传热温差减小，造水比增大，比㶲损减小。齐春华等通过中试试验发现，当动力蒸汽压力为0.85MPa、喷淋密度为0.083kg/(m·s)、平均表观传热温差为6℃时，随着盐水顶温升高，装置产水量增大，当盐水顶温提高6℃时，造水比可升高7%~12%。当动力蒸汽压力和喷淋密度保持不变、盐水顶温为72℃时，随着传热温差减小，装置产水量先增大之后趋于稳定甚至下降，传热温差在3℃时该试验装置的产水量最大。

(三)蒸发/冷凝器效数

关于蒸发/冷凝器效数对热力性能的影响，在淡水产量、加热蒸汽温度、末效蒸发/冷凝器蒸发温度和浓缩比保持不变的前提下，文献中有共同的认识：随着蒸发/冷凝器效数增加，MED海水淡化系统的造水比增大，比冷却水量减小，比传热面积增大。在淡水产量和平均表观传热温差保持不变、最大盐水浓度根据蒸发温度对应的溶解度确定的前提下，Ameri等的研究结果显示，随着蒸发/冷凝器效数增加，造水比先增大后减小。对应于系统最大造水比的最佳效数是海水浓度、末效蒸发/冷凝器平均传热温差和进料海水温度的函数。这是由于虽然效数增多有助于提高能量利用率，但在平均表观传热温差保持不变时，随着效数增加，盐水顶温升高，根据溶解度确定的最大盐度随之减小，即系统浓缩比减小，而淡水产量一定，使得系统总进料海水量增大，导致用于将海水加热至饱和温度的热量增大，因此，造水比呈现上升趋势。

在MED-TVC系统中，当加热蒸汽温度、末效蒸发/冷凝器蒸发温度、浓缩比以及TVC的动力蒸汽和引射蒸汽压力保持不变时，Hamed等、王永青、王世昌等均指出，随着蒸发/冷凝器效数增加，MED-TVC海水淡化系统㶲效率升高。王世昌等还指出，在总效数较少时增加效数对减小过程㶲损失的作用尤为显著。

(四)进料海水参数及浓缩比

进料海水参数包括进料海水的盐度、温度和质量流量，当进料海水初始盐度一定时，浓缩比的变化即代表浓盐水最大盐度的变化，且直接关系到进料海水的质量流量，因此将浓缩比与进料海水参数归为一类进行分析。在装置淡水产量、蒸发/冷凝器效数以及首末效蒸发/冷凝器蒸发温度均保持不变的前提下，文献中普遍认为，随浓缩比升高，MED海水淡化系统的造水比增大。魏巍等针对顺流MED海水淡化系统的研究结果显示，随着浓缩比升高，比冷却水量增加，比传热面积先减小后增大。

基于上述前提及浓盐水最大盐度保持不变的条件下，El-Dessouky等通过计算分析，发现随着进料海水盐度升高，MED海水淡化系统的造水比降低，比传热面积略有减小，比冷却水量增大。

Alamolhoda等对给定结构的MED-TVC海水淡化装置进行模拟计算，结果表明：在动力蒸汽量保持不变的前提下，当冷凝器进口海水温度升高25%时，装置产水量和造水比均增加11%；当冷凝器进口海水量升高10%时，装置产水量和造水比均减小2.4%；当装置进料海水量增加20%时，装置产水量和造水比均减小2.4%。齐春华等通过中试试验得到，在动力蒸汽压力为0.85MPa、盐水顶温为72℃、传热温差为6℃条件下，MED-TVC海水淡化装置海水喷淋密度为0.067~0.083kg/(m·s)时，装置产水量较大。

（五）热力损失的影响

研究发现，不同于一般的换热设备，MED 海水淡化系统的表观传热温差一般仅为 2～4℃，由于蒸汽流动阻力和海水沸点升高，装置有效传热温差锐减，将对系统热力性能产生不容忽视的影响。在对 MED 海水淡化装置热力过程的分析和设计中，准确认识装置中存在的热力损失至关重要，而对其考虑不足是造成工程计算偏差的主要原因。Kamali 等、Kamali 和 Mohebbinia 通过计算得到 MED-TVC 海水淡化装置中蒸发/冷凝器管内外的压降随淡水产量、蒸发/冷凝器效数和管长等参数的变化规律，以及该压降对装置能耗和比传热面积的影响。结果表明，分别利用 Friedel 关联式和 Lockhart-Martinelli 关联式计算压降，两者计算结果相近，管内外的压降使得系统能耗增大 6.6%，比传热面积增加 8%。Kamali 等采用数值方法研究了 MED 海水淡化装置中传热温差和管束结构等参数对蒸汽横掠管束产生的压降的影响。结果显示：随着平均表观传热温差增加，压降增大；垂直管列排布的压降大于水平管列排布，但综合考虑传热系数、蒸发率和压降等因素，对于所研究的 4 效装置采用垂直管列排布是最佳运行工况。杨洛鹏等计算分析了 MED 海水淡化装置中除沫器和管道摩擦引起的蒸汽饱和温度随温度的变化情况，指出该饱和温度随温度降低而显著增加。通过对文献的回顾发现，迄今对于 MED 海水淡化装置中流动阻力和海水沸点升高引起的热力损失的关注和专门探讨较少，对系统热力性能的影响并未受到重视，有待进一步研究。

（六）进料方式

前文介绍了 MED 海水淡化系统的进料方式，其中顺流、逆流和平行进料作为基本进料方式受到广泛关注，关于三种进料方式下系统的热力性能优劣，存在不同的学术见解。El-Dessouky 等对有无浓盐水闪蒸的平行进料下 MED 海水淡化系统进行分析。结果表明，两种进料方式在淡水产量、蒸发/冷凝器效数和加热蒸汽温度均相同的条件下，有浓盐水闪蒸的平行进料具有更优的热力性能。沈胜强等以 5 效 MED 海水淡化装置为例，在给定装置传热面积和浓缩比的条件下，对比分析了顺流和有无浓盐水闪蒸的平行进料三种进料流程的热力性能，结果显示有浓盐水闪蒸的平行进料方式能量利用率最高。Darwish 和 Abdulrahim 对比分析了顺流、逆流和平行进料三种进料方式的 MED 海水淡化系统的热力性能，结果显示逆流具有最高的造水比和最低的比传热面积；三种进料方式中，逆流进料方式由冷凝器排放的热量最少。孙小军等通过对上述三种进料方式下系统热力性能的对比分析指出：当 MED 海水淡化装置效数较少时，宜选择平行进料，可获得较高造水比；而当效数较多时，考虑采用逆流或者逆流与平行进料相结合的混流进料方式。Sharaf 等也研究了上述三种进料方式，得到结论：由于最大盐度出现在第一效蒸发/冷凝器，加重了结垢风险，因此，逆流进料方式并不适合海水淡化；顺流进料方式造水比最低；当蒸发/冷凝器效数增加到 16～18 效时采用平行进料系统热力性能最优。

对于大型水平管降膜多效蒸发海水淡化装置，保证喷淋密度在合适的范围内对提高传热效率至关重要。喷淋密度与装置的进料方式密切相关，但目前关于进料方式的研究中并未考虑喷淋密度的范围和影响。同时，在一定的设计条件下，与顺流、逆流和平行进料相比，混流进料方式更易满足装置对喷淋密度的要求，但在公开发表的文献中，关于混流进料方式的研究鲜有报道，因此，有必要探讨喷淋密度对系统热力性能的影响，以便设定喷淋密度的合适范围，在此基础上，开展对混流进料方式下系统热力性能的研究。

（七）预热方式

针对预热方式对系统热力性能的影响，主要针对以二次蒸汽为预热热源的情况。Darwish 和 Abdulrahim、Sharaf 等均通过与无预热顺流流程的对比分析指出，带预热器（以二次蒸汽为热源）的顺流流程造水比增大，总传热面积（包括预热器面积）降低，但因为增设预热器增加了系统的复杂性，设备投资和泵功也相应增加。Kouhikamali 等研究了进料海水预热器（以二次蒸汽为热源）的不同排布方式及温升对平行进料 MED 系统造水比的影响，得到结论：与采用单个温升为 $n\Delta T$ 的预热器相比，采用 n 个温升为 ΔT 的预热器对提高造水比更有效，预热器的位置位于高温效蒸发/冷凝器时更有助于增大造水比。阮奇等研究了针对化工过程的有冷凝水闪蒸和额外蒸汽引出的逆流 MED 系统，结果显示：采用冷凝水闪蒸措施可节省加热蒸汽消耗量 10% 左右，而引出额外蒸汽预热原料液不仅不会节能，反而造成热能损失；蒸汽引出效率越靠前时热能损失越大，采用生蒸汽预热原料液热能损失最大。目前对于以二次蒸汽为预热热源的系统热力性能分析仍不够深入，需要进一步探究。与此同时，学术界对以外部热源和以浓盐水为预热热源的情况关注较少，因此，有必要对这两种预热方式进行研究，探讨提高系统热量利用效率的有效途径。

（八）与蒸汽压缩器相结合

关于与蒸汽压缩器相结合对多效蒸发海水淡化系统热力性能的影响，已有的研究成果主要可归纳为以下两个方面。

一是将有无蒸汽压缩器以及与不同类型的蒸汽压缩器相结合的系统热力性能进行对比研究。El - Dessouky 和 Asssassa、El - Dessouky 和 Ettouney 分别对带 TVC 的单效蒸发、MED 和 MED - TVC 海水淡化系统进行了分析。结果表明，对于大规模的海水淡化系统，MED - TVC 的热力性能优于其他系统。Darwish 和 El - Dessouky、杨洛鹏等通过对比分析 MED 和 MED - TVC 海水淡化系统的热力性能，均指出 MED - TVC 系统的热力性能明显优于 MED 系统，TVC 的采用可以有效提高造水比，在相同能耗时 MED - TVC 需要的传热面积更小。Hamed 等运用热力学第二定律对 MED、MED - TVC 和 MED - MVC 进行了对比分析，结果指出 MED - TVC 系统具有最小的㶲损。

二是针对 MED - TVC 海水淡化系统中 TVC 的蒸汽参数变化对系统热力性能的影响所开展的研究。Asiedu - Boateng 等、季建刚等对带 TVC 的单效蒸发海水淡化装置热力过程进行了研究，结果表明：当其他参数一定时，随 TVC 压缩比减小，造水比和比传热面积增加，比冷却水量减小；随动力蒸汽压力升高，造水比增大，比传热面积和冷却水量均略有减小。齐春华等通过中试试验发现，TVC 有助于提高 MEE 海水淡化装置造水比，从而降低系统能耗，但当 TVC 运行偏离参数设计值 20% 后，引射系数明显减小。Alasfour 等对比研究了三种 MED - TVC 海水淡化系统（TVC 位于末效蒸发/冷凝器后无预热器、TVC 位于末效蒸发/冷凝器后加 $n-1$ 个预热器以及 TVC 位于中间效蒸发/冷凝器后加 $n-2$ 个预热器的热力性能。最后指出，在系统淡水产量、平均表观传热温差和浓缩比均保持不变的前提下，TVC 设置在末效蒸发/冷凝器后加 $n-1$ 个预热器的流程具有最大的造水比和最小的㶲损，TVC 设置在中间效蒸发/冷凝器后加 $n-2$ 个预热器的流程所需比传热面积最小。

Kouhikamali 等考察了 TVC 引射位置变化对能耗的影响，结果表明，当 TVC 位于中间效蒸发/冷凝器后，即压缩比在 2～2.5 之间时装置可获得较大的造水比和较小的比传热面积。Choi 等通过对 MED－TVC 各子系统的㶲分析发现，TVC 和蒸发/冷凝器是㶲损的主要来源，占系统总㶲损的 70% 以上。解利昕等采用 EUD 图像分析方法对平行进料 MED－TVC 海水淡化系统进行分析，结果显示，系统㶲利用率为 13%，最大㶲损位于 TVC，占系统总㶲损的 49%，其次为冷凝器。

第二节　机械蒸汽再压缩法

一、发展历程

（一）研究背景

机械蒸汽再压缩（Mechanical Vapor Recompression，简称为 MVR）法最早应用于环保行业，即工业废水处理。由于其技术成熟可靠、节能效果显著，在越来越多的行业中，MVR 技术已成为主流取代了传统的蒸发技术，节省大量经费，大大降低生产成本，逐渐被应用到化工、生化等行业的料液、废水的浓缩处理环节。

MVR 技术作为一种高效的二次蒸汽热能回收技术，在国外发展较成熟，得到广泛应用，并在节约能耗、减少环境污染方面起到了显著作用。而我国在 20 世纪 70 年代，受能源危机的影响，MVR 技术才得以发展，但发展缓慢，目前尚处在研发阶段，整体技术远远落后于西方发达国家。据统计我国目前二次蒸汽能源利用率仅 30% 左右，与西方发达国家有很大的差距，主要原因是受技术限制，能源回收利用率低，浪费严重。自改革开放以来，我国发展迅速，生产力达到空前的提高，能源的过度开采导致能源供应紧缺，在今后相当长的一段时间里，不得不面对能源相对短缺的情况。为响应国家要求保持工农业生产逐年增长，合理利用能源的号召，开展更多技能技术是很有必要，也是必须一步步实现的目标。

（二）发展历程

机械蒸汽再压缩也是一种热泵技术。国外对该技术的研究始于 19 世纪 20 年代。1824 年卡诺提出了著名的卡诺循环为机械蒸汽再压缩奠定了理论基础。国外早在 1834 年提出了 MVR 热泵的构想，但是受当时条件的限制，没能制造出相应的热泵，到 1880 年由瑞士工程师们建造了世界上第一台机械蒸汽再压缩热泵。20 世纪初，MVR 热泵的开发工作远远落在后面，这主要因为机械蒸汽再压缩热泵费用昂贵、能源费用较低，机械蒸汽再压缩热泵发展缓慢，1917 年瑞士苏尔寿公司开发出工业应用的 MVR 设备。到 20 世纪四五十年代，压缩机发展取得突破进展，机械蒸汽再压缩技术得到迅速发展。1943 年世界上已经有许多数量的大型机械蒸汽再压缩热泵。20 世纪 70 年代，由于世界石油问题造成能源危机，在节能减排的趋势下，应用机械蒸汽再压缩热泵的开放工作得到迅速发展。

该技术已经在化工、轻工、食品、制药、海水淡化、污水处理等工业生产领域得到了广泛的应用并创造可观的效益。由于该技术的设备、工艺等方面的要求较高，目前掌握该技术的主要为国外的 GE、GEA 和 Messo 等公司，国内还处于起步阶段，关键部件仍然需要依靠进口或国外设计。因此，发展 MVR 技术，对于提升我国工业领域发展水平和推动节能环保产业的发展具有重要的意义。

A Koren MVR 技术处理从原油中分离出来的工业废水，采用两台涡轮压缩机，蒸发器的蒸发能力分别为 82.6 m^3/h 和 83 m^3/h。B W Tleimat 等制造了用于处理废水的 MVR 工艺系统，蒸发器的单元生产能力为 11.6 kg/h，采用凸轮压缩机，MVR 蒸发器采用刮膜式蒸发器，蒸发温度仅为 50℃，每吨蒸发量的能耗约为 20kW，最后结果显示废水回收率可达到 98.6%。J P Brouwer 等采用 MVR 技术对冶金工业废水的处理，他们分别采用了 3 种工艺回收冶金工业的废水，其工艺分别为机械蒸汽再压缩蒸发、多效蒸发和冷冻法，回收废水的成本分别为 13 \$/m^3、18 \$/m^3 和 18 \$/m^3。显然，MVR 法成本最低。Faisal AL - Ju-wayel 等研究了四种不同的蒸汽再压缩淡化系统分别采用机械式、热力蒸汽式、吸收式和吸附式四种方法。并对四种方法建立模型，主要分析了能耗比、换热面积和冷却水流量等参数。研究结果表明 MVR 蒸发器结构最简单，且不用冷凝水，节能效果也比较明显。SamirEAly 等研究利用蒸汽机的废能驱动蒸汽压缩机，进行 MVR 海水淡化。每吨淡水能耗由原来的 12.5kW 降至 7.27kW，整个系统的效率由 29% 升至 56%。Aly Karameldin 等分析了利用风力资源发电驱动 MVR 系统的可能性。分析了蒸发温度和传热温差对风力 - MVR 系统淡水产量的影响。为设计风力驱动 MVR 系统的实现提供理论依据。Tomas Witte 等直接采用风能驱动压缩机，进一步分析进行 MVR 蒸发海水淡化，这样可以避免能量转换与输送的损失，系统效率更高。A M Hela 利用太阳能辅助柴油机发电驱动压缩机，实现了 MVR 海水淡化。J G Zaki 等报道了利用 MVR 工艺浓缩稀尿素废溶液，稀尿素的浓度由原 5% 浓缩至 35%，经这样处理的浓缩液基本可以达到回收利用的要求。他还对比研究了 MVR 和热力蒸汽再压缩之间的差异，与热力蒸汽再压缩相比：MVR 投资高，但维护费低；热力蒸汽再压缩仅部分回收二次蒸汽，MVR 可以回收全部二次蒸汽。S Hayani Mounir 等用 MVR 工艺对浓缩废液过程进行了热力经济学分析，研究了蒸发冷凝温差对操作成本的影响，如蒸汽饱和温度升高 8℃ 成本降低了 3%；蒸汽流量增大一倍，成本升高 24%，压缩机效率提高 23.5%，总成本降低 8%。

20 世纪 50 年代，国外开始将该技术逐渐运用于实际生产。

1957 年，德国 GEA(Global Engineering Alliance)公司针对蒸发分离操作过程耗能高的问题，开发出了商业化的 MVR 系统。其后该公司一直致力于完善该项技术的研究，目前 GEA 的 MVR 系统已被应用于食品和饮料工业(牛奶、乳清、糖溶液的蒸发)、化学工业(水溶液的蒸发)、制盐工业(盐溶液的蒸发)、环保技术(废水的浓缩)等领域。

1999 年，美国通用电气公司(General Electric Company，简称 GE)开始对 MVR 在重油开采废水回收蒸发上的应用进行研发。目前开发出的 MVR 系统已应用于重油开采废水回收处理中，据报道，该系统每蒸发 1t 水大约消耗 15 ~ 16.3kW·h，其能耗比由加热蒸汽驱动的单级蒸发系统降低 25 ~ 50 倍。

2000 年，美国 AquaPure 公司开发了由 Fountain Quail Water Management 经营的采用 MVR 技术的 NOMAD 2000 移动式油田蒸发器。该系统中蒸发器采用紧凑的板框式换热器，并且采用升膜流向设计，使沸腾发生在表面，最大限度地避免了污垢的产生和沉积。在对油田采出废水进行处理时，该系统每蒸发 1t 水需要消耗 32.6kW·h 的热量，而在相同的情况下若采用传统的锅炉产汽蒸发则需要 651kW·h 的热量，可见，MVR 技术消耗的热量仅约为传统蒸发操作的 5%，效率显著提高。2004 年，美国 AGV Technologies 公司在考虑了其他 MVR 技术基础之上结合自身技术优势，开发了一种新的定名为刮膜旋转盘的 MVR 水处理系统（Wiped Film Rotating Disk，即 WFRD）。WFRD 系统各效的传热面一改传统样式而采用旋转盘形式，提高了传热效率且减小了污垢的生成，降低了系统的规模，系统的传热系数可达 25kW/(m²·℃)。

除了上述主要的机构之外，欧洲奥地利的 GIG Kapasek、瑞士的 EVATHERM、德国的 MAN Diesel & Turbo 等也对 MVR 技术进行了应用研究和推广。中东一些国家则在致力于 MVR 技术在海水淡化领域的应用研究。可见，MVR 技术已受到国外水处理领域的广泛关注，并不断得到认可和应用，尤其在海水淡化领域，据统计，在世界范围内 MVR 技术在热分离系统中约占 33%。

近年来，国内一些学者也对 MVR 工业废水处理技术进行了一定的研究。

周桂英等用 MVR 技术对麻黄素废液处理的蒸发实验。从实验数据可以发现，与三效、四效蒸发相比，该技术节能率为 45%~70%。方建才将 MVR 蒸发器应用在工业氯化铵废水的处理中，结果表明，比三效蒸发器节省了 69.45% 的标准煤，比四效蒸发可节省 60.72% 的标准煤。李清方等对油田污水脱盐的 MVR 系统的分析，根据油田污水成分复杂，污染性强等特点，设计了油田污水脱盐 MVC 脱盐处理系统。通过质量、能量守恒方程建立数学模型对工艺进行模拟计算。从理论方面分析了蒸发温度、传热温差、压缩机功耗、蒸发器的换热面积对整个工艺系统的性能影响。

与此同时，中国也有为数极少的公司开发了国产 MVR 蒸发器产品，并在市场推广。相比之下，国内工业废水处理设备供应商的规模普遍较小，高端水处理技术、化学品和设备的研发实力偏弱，尤其是在核心水处理设备研制方面与国外专业水处理设备研制厂家存在较大差距。

二、工作机理

MVR 是在 MED 基础发展起来的蒸发含盐污水的工艺，通过对蒸发浓缩过程产生的二次蒸汽冷凝潜热的重新利用减少蒸发浓缩过程对外界能源需求的一项先进节能技术。其原理为，蒸发器系统内，在一定的压力下用蒸汽压缩机对换热器中预热过程产生的不凝气和蒸发时的水蒸气进行压缩，从而产生蒸汽，释放热能。由机械式热能压缩机对产生的二次蒸汽进行压缩，产生的热量也在蒸发器内多次重复利用，系统内的温度也将提升 5~20℃，大幅降低蒸发器对外来新鲜蒸汽的消耗，提高了热效率。作为一种高效的节能技术，对二次蒸汽的热能回收利用率很高。机械蒸汽再压缩技术的理论基础是波义耳定律（Boyle's Law），即一定质量的气体在温度一定的情况下，体积与压强成反比。当气体的压强增大、体积减小时，温度会随之升高。实际生产应用中，将由生产介质中蒸发而来的低压、低温的二次蒸汽通过机械再压缩以提高蒸汽的压力、热焓和温度，压缩后的蒸汽进入蒸发器与生产介质换热冷凝，在产生二次蒸汽的同时生产介质得以蒸发浓缩，从而确保系统内蒸汽

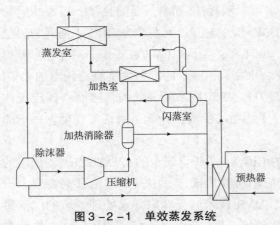

图 3-2-1　单效蒸发系统

潜热得到充分利用。

结合不同的处理工艺，需提供相应适宜的传热温差，MVR 热泵系统的工艺分为单效蒸发和多效蒸发。单效蒸发系统的流程简单、操作方便，一般用于水分蒸发量大、热敏物性较弱、允许大温差传热，只需蒸发一次就可达到浓缩要求的溶液，流程如图 3-2-1 所示；多效蒸发方式适合于处理热敏较敏感，不宜进行大温差传热的溶液以及蒸发量较大的工艺场合，流程如图 3-2-2 所示。

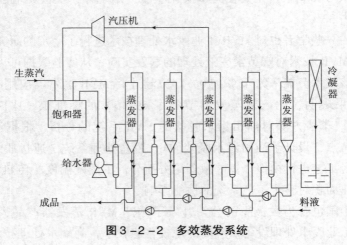

图 3-2-2　多效蒸发系统

三、应用

MVR 技术是一项高效节能技术，目前在化工行业广泛应用，如海水淡化、食品、制药、盐类结晶、污水处理等领域。MVR 蒸发器系统中溶液在蒸发器里通过物流循环泵在加热管内循环，加热蒸汽在加热管外给溶液加热，初始使用新鲜蒸汽，使溶液加热沸腾产生一定量的二次蒸汽，将产生的二次蒸汽由机械蒸汽压缩机吸入，通过蒸汽压缩机再压缩增压至较高温度的高压蒸汽，此高温高压蒸汽可以被用作本蒸发设备的加热热源，溶液在蒸发器的加热管内继续蒸发，重新生成新的二次蒸汽。重复上述过程，这样能源持续重新利用，损失很少，这样蒸发装置不需要外界继续提供生蒸汽，而只需要电能或者其他形式的能量，实现电能到热能的转换。

高浓度含盐废水是废水处理中历史性的技术难题之一。国内外针对高浓度含盐废水的处理做出了许多努力，进行了大量的研究。目前，已发展起来的较多废水处理技术，如物理处理法、化学处理法、物理化学法以及生物处理法等，对于高浓度含盐废水，由于含盐量大对处理带来了较大的难度，处理该类废水的能力有限。根据国内外有关研究报道，处理该类废水通常采用的方法主要有：生物法、离子交换法、膜法和蒸发法。上述方法中，离子交换法和生物法只适用于特定浓度含盐废水的处理，处理范围较窄且不彻底，只能去除部分溶质不能直接排放，仍需其他方法进一步处理。膜法虽然具有技术成熟、出水水质好、设备紧凑、占地面积小，并能回收有价值盐分等优点，但是要求废水进行严格的预处理，而且存在浓差极化、膜污染等制约因素，频繁更换价格昂贵的膜组件导致运行费用大。尤其对于含盐浓度较高的废水，因膜承压能力有限导致废水浓缩比低，净水回收率低，因而不适宜应用此法处理。MVR 蒸发法处理废水范围广、净化效果好，能彻底去除废水中的大部分污染物，并能回收废水中有价值的成分。在现代工业废水处理中，一部分的废水需要进行浓缩以便于下一步的处理，比如脱硫废水、硫酸铵废水、制浆废液、氯化铵废水等，传统的浓缩方法主要有反渗透法、多级闪蒸、多效蒸发等，但这些方法的处理成本相对较高。因此，具有高效率、低运行成本的 MVR 技术成为了废水浓缩技术的焦点。MVR 蒸发法由于利用了二次蒸汽的热量，提高了能量的利用率，具有很大的节能效果。因此，对于处理高浓度含盐废水，该方法优于其他方法。

MVR 蒸发器在国内的发展趋势很迅猛，由于各方面的因素，特别是近几年国家对化工制药行业的能耗标准提高，大量的生产企业关注起了蒸发节能这个问题，但是还有很多厂家没有选择 MVR 蒸发器，主要因为在于压缩机的价格过于高昂。MVR 蒸发器厂家一般采用德国、美国或者芬兰的进口压缩机，这部分费用比国产的罗茨压缩机或者离心式压缩机远远高好几个档次，进口风机价格现阶段也非常昂贵，据统计压缩机价格占 MVR 蒸发器 40% 以上的成本。MVR 蒸发器有广泛应用，不但可应用于化工、果汁浓缩、食品发酵、牛奶等工艺，还可以应用在高浓度无机废水和有机废水的零排放解决方案上，我国的污水排放问题也一直没有得到有效的解决，全国各地很多工厂排放的工业污水远远不能达到国际排放标准。MVR 技术能有效解决污水排放问题，MVR 蒸馏在石化行业以及溶剂回收方面也有应用。MVR 干燥设备应用在精细化工产品、污泥干燥等行业。其设备均具有占地面积小、自动化能力高的特点，有助于提高工业产品的质量，最为重要的是节约能源。MVR 蒸发器行业在国内仍是较有技术潜力的热门行业，大量的化工设备生产厂家想介入该产品，当大部分的化工设备厂家参与时，MVR 压缩机的价格一定会有所下降，所以 MVR 蒸发器在化工制药行业的普及指日可待。因此，在我国 MVR 热泵技术也有广阔的应用前景。

方建才将 MVR 技术与三效、四效蒸发技术在处理氯化铵废水的效果及运行成本等角度进行对比，结果表明：从废水中蒸发出 1t 水，MVR 技术比三效蒸发技术可节省 69.45% 的标准煤，比四效蒸发技术则节省 60.72%。赵云松等以制浆废液为对象，提出 MVR 技术与 MED 技术相结合的组合工艺，与单一的 MED 技术相对比，增加了 MVR 技术的组合工艺在运行成本和处理效果方面都具有明显的优势。

第三节　多级闪蒸法

一、发展历程

海水淡化是解决淡水资源缺乏的重要途径。目前，在各种海水淡化方法中，多级闪蒸

（Multi – Stage Flash，简称 MSF）技术占有主导地位。

MSF 技术起步于 20 世纪 50 年代，起初与火力电站联合运行，以汽轮机低压抽汽作为热源。于 20 世纪七八十年代得到了快速发展。我国的 MSF 技术的研究开始于 20 世纪 70 年代，1975～1981 年，天津大学、轻工部制盐工业研究所和天津海水综合利用研究所等单位共同完成了 1 套 102t 级 MSF 装置的研究。20 世纪 70 年代末，在原旅大市由大连工学院（现为大连理工大学）和石油七厂（现为大连石化分公司）等单位试验完成了竖管多效多级闪蒸试验装置。1994 年大港电厂开始与华北电力科学研究院等单位合作，开发、生产日产 1200m³ 淡水的 MSF 系统原型中间试验装置。"九五"期间，由于国家支持 MSF 技术的研究，多项实验室研究也已经取得成果。近年来，MSF 技术有了很大的进步，改进的工艺、混合技术也得到了运用（例如，MSF 与 RO 和 MED 的结合使用等），热效率也得到了提高，MSF 凭借成熟的技术，仍然是现今公认的最成熟、可靠的海水淡化技术。

MSF 技术从 20 世纪 50 年代末由英国学者 R S Silver 提出，成为蒸馏法的主流。其加热和蒸发是分开的，由于 MSF 的工艺特点，结垢现象的倾向比多效蒸馏大大减小。由于 MSF 采用多级，所需的能量可以被多次使用，能耗降低。相比于其他蒸馏方法多级闪蒸结构的安全性较高。MSF 技术被提出，即得到了迅速的发展，成为海水淡化界的主流。该技术易于大型化，使其发展迅猛，其装置规模和淡水的总产量至今一直处于世界的领先地位，并获得了国际原子能协会的认定。

二、工作机理

MSF 是将含盐污水加热至一定温度，然后通过一系列压力逐渐降低的容器，实现闪蒸汽化，最后再将蒸汽冷凝，得到淡水。该技术应用于海水淡化中是解决淡水资源短缺问题的一条有效的战略途径。

该方法是将原料海水加热到一定温度，再引入闪蒸室，由于闪蒸室中的压力控制在低于热盐水温度所对应的饱和蒸汽压的条件下，所以热盐水进入闪蒸室后，部分气化，热盐水的温度降低，所产生的蒸汽冷凝后即为淡水。MSF 技术基于该原理，使热盐水依次经过若干压力逐渐降低的闪蒸室，温度逐渐降低，盐水也逐级增浓，直至其温度接近（但高于）天然海水温度。其流程如图 3 – 3 – 1 所示。

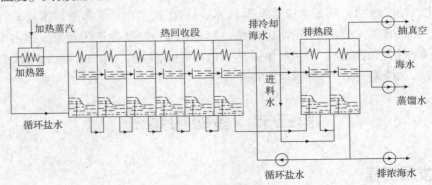

图 3 – 3 – 1　多级闪蒸流程图

MSF 的主要设备有盐水加热器、多级闪蒸装置热回收段、排热段、海水前处理装置、排不凝气装置真空系统、盐水循环泵和进出水泵等。

经过预澄和液氧处理的海水，首先送入排热段作为冷却水。离开排热段后的大部分冷却海水又排回海中。按工艺要求从冷却海水中分出的一部分作为原料海水（补给海水），经前处理，从排热段末级蒸发室或于盐水循环泵前进入闪蒸系统。

为了有效地利用热量，节省经过预处理的原料海水，提高蒸发室中的盐水流量，故在实际生产中通常根据物料平衡将末级浓盐水部分排放，另一部分与补给海水混合后作为循环盐水打回热回收段。循环盐水回收闪蒸淡水蒸气的热量后，再经过加热器加热，使盐水达到工艺要求的最高温度。加热后的循环盐水进入热回收段第一级的蒸发室，然后通过各级级间节流孔依次流过各个闪蒸室完成多级闪蒸，浓缩后的末级盐水再次循环。

从各级蒸发室中闪蒸出的蒸汽，分别通过各级的汽水分离器，进入冷凝室的管间凝结成淡水。各级淡水分别从受液盘，经淡水通路，随着压力降低的方向流到末级抽出。海水前处理包括海水清洁处理和防垢、防腐措施等。

三、应用

MSF 技术成熟，造水规模约占世界的 60%，特别适合热电厂进水电联户。目前 MSF 技术不仅用于海水淡化，而且已广泛用于火力发电厂、石油化工厂的锅炉供水、工业废水和矿井苦咸水的处理与回收，以及印染工业、造纸工业废碱液的回收等。MSF 的研究正朝着进一步扩大单机容量，优化系统操作的方向发展，力争早日开发对环境影响小、用量小的新型阻垢剂，以及新型传热材料。

在国内，1989 年 10 月大港电厂从美国环境系统公司（ESCO）引进日产 3000t 的多级闪蒸海水淡化装置，并投入运行。该装置为长管型的高温盐水再循环 MSF 海水淡化装置。

大港电厂引进的 MSF 海水淡化装置共有 39 个闪蒸器，其中放热出段蒸发器有三级，装在一个大容器中；热回收段蒸发器有 36 个，装在三个大容器内，每个大容器有 12 级。该装置耗电量为 55kW/h，淡水量为 125t/h，产品水最大含盐质量浓度为 3mg/L。蒸汽耗量：冬季 0.161MPa 时为 12.16t/h；夏季 0.176MPa 时为 13.09t/h。

2003 年青岛等地通过采用具有完全自主知识产权的海水淡化装置进行海水淡化，取得了很好的经济效益，当时国内设备的处理量为 3000t/d。2005 年国内能生产出处理量为 5000t/d 的淡化设备，目前处理量为 10000t/d 的设备已经建成并准备运行。

在国际上，日产 60000t 淡水的单机已投入商业运行，日产 160000t 淡化海水的装置正在设计中，这些都是世界上规模最大的海水淡化装置。

第四节 压汽蒸馏法

一、发展历程

压汽蒸馏（Vapor Compression，简称 VC）法早已发明，但是在 20 世纪 70 年代以前的

30 年中发展很慢，70 年代初开始迅速发展，其原因可以归纳为以下几点：压汽技术的提高，特别是高效离心式压缩机的出现，克服了罗茨式压缩机重量大、速度不能提高、大型化困难等问题；密封技术的进展保证了压缩机的可靠运行和水的质量；传热技术的提高为 VC 创造了必要条件。新型蒸发器的传热温差不断减小，压缩机可在低压比下工作，不仅节省了电能，而且结构上也可简化，这些均显示出 VC 在节能方面的潜力。

二、机理和分类

（一）机理

VC 法结合了热泵，通过压缩蒸汽驱动盐水分离。海水分成两股，在热交换器内分别被排放的浓盐水和产品淡水预热，然后合成一股并与从蒸发器底部排出的浓盐水的一部分混合。混合后的海水通过喷嘴喷洒在换热管束上，管束外的海水吸收管内蒸汽冷凝释放的潜热而蒸发，产生的蒸汽通过除雾器除掉夹带在其中的海水液滴后，被蒸汽压缩器压缩至具有更高的压力和温度。此后压缩蒸汽被送回换热管束内，在管内压缩蒸汽将释放的潜热传递给管外的海水使其蒸发，而其自身则冷凝形成淡水。系统内的不凝气同样需要通过真空排气系统排出，以消除其不利影响。其流程如图 3－4－1。

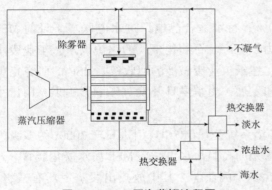

图 3－4－1　压汽蒸馏流程图

（二）分类

VC 可分为两类，热压缩（TVC）和机械压缩（MVC）。

1. TVC

高压蒸汽在喷射器中吸引二次蒸汽实现低压蒸汽压缩的目的，多用于大中型规模生产。TVC 是以具有一定压力的蒸汽为动力，将低压蒸汽压缩，使其压力有一定的升高，实现低压蒸汽再利用的设备。是用高压蒸汽在喷射器中吸引二次蒸汽，达到低压蒸汽反复利用的目的，由于结构简单易行，近几年发展迅速。

TVC 可较大幅度地提高装置的造水比，且随着蒸发器效数的增加，造水比也随之提高，使得单位产水量的能耗大幅度降低。TVC 蒸馏装置，需向系统提供较多的高参数蒸汽以驱动蒸汽喷射泵，因而除维持所要求的蒸发量之外，系统尚有多余热能供其他淡化装置使用。TVC 压汽蒸馏技术同样可用于双效和多效蒸发系统。1993 年，Adil 提出将 MED 与 TVC 结合，即将 VC 升温，引入下一效作为加热蒸汽，可提高热利用率。结果表明，一个典型的 7 效或 8 效的水平管降膜蒸发器的造水比低于 8 效，而加上热力压缩单元（每效压缩比 1.25）后，造水比可达 11；一个带压缩的 5 效蒸馏器与一个不带压缩的 9 效蒸馏器的性能相近。

法国的 Sidem 公司和日本的 Sasakura 公司开发的 TVC 系统，造水比和单位淡化水的能耗均比 MSF 系统的略低。然而，计算表明在相同的造水比和能耗下，TVC 系统所需的传

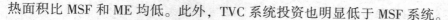

热面积比 MSF 和 ME 均低。此外，TVC 系统投资也明显低于 MSF 系统。

2. MVC

即使用 MVC 机提高二次蒸汽的压力和温度，使二次蒸汽的潜热在蒸发器内连续循环传递。压缩机有离心式、罗茨式和螺旋杆式。在正常运转时，MVC 蒸馏装置蒸发所需的能量基本上可通过压缩功获得，因此，通常只需提供很少的补充能量。MVC 系统利用压缩机抽取二次蒸汽，提升其压力（饱和温度）后作为海水淡化过程的加热热源使用，以此达到反复利用汽化潜热的目的。

MVC 技术发明年代较早，但是在 20 世纪 70 年代以前发展得很慢，70 年代初，由于压汽和传热等技术成熟而迅速得到应用。MVC 从发明到现在，已经开始向大型化和多效化方向发展；70 年代以前一般适用于中小规模（日产淡水几百吨），且均为单效；80 年代后开始有大型规模装置和多效装置，日产达到 1500t，甚至 3000t；到了 90 年代后期，出现了日产 6000t 以上的装置。

目前，法国的 SIDEM 公司和以色列的 IDE 公司都拥有日产淡水 3000t 以上的 MVC 装置设计和制造经验，蒸发器效数为 3 效或者 4 效，目前最大为 6 效，蒸发器直径达到 6m 甚至更大。根据近年来 IDE 公司公布的该公司海水淡化设备全球业绩，在过去 40 多年里，其在全球 40 多个国家安装了 160 多套 MVC 装置，单机产水能力从 100m³/d 提升至 5000m³/d，每日总计产水量达 160km³ 以上。世界上最大的 MVC 装置是由 IDE 公司 2000 年在意大利撒丁岛完成安装，容量为 6×2880m³/d。

在 MSF – MVC 方面，A A Mabrouk 等提出了一种 MSF – MVC 系统流程，分析了压缩机吸气压力、闪蒸级数、最高盐水温度（TBT）等的影响，计算结果表明：压缩机最佳吸气压力为 8kPa，最佳 TBT 为 110℃；与传统的 MSF 系统相比，该 MSF – MVC 的性能比提高 2.4 倍，火用效率提高 67%，在指定条件下，造水成本降低 25%。

作为有发展前途的海水淡化技术之一，MVC 正向着大型化、高效化、集成化的方向发展。

（1）大型化是降低造水成本的有效途径之一。压缩机技术的提高，特别是高效离心式压缩机和轴流式压缩机的发展，克服了罗茨式压缩机重量大、速度难以提高、大型化困难等问题，为扩大单台 MVC 装置的造水容量提供了必要条件。

（2）在高效化方面，主要包括采用新材料、新工艺、新结构，强化传热过程，采用新型小温差蒸发/冷凝器和高效低压比压缩机以节省电能，优化系统流程和参数，采用高效控制系统。

（3）与其他海水淡化方式或能量利用过程相结合，构成集成系统，也是降低 MVC 造水成本的重要途径。目前，这方面的研究还有待深入。

三、应用

VC 是利用机械压缩机使蒸汽升压、升温后作为热源用于海水蒸发。此法不需要另外提供蒸汽，不需要冷却水，且转化效率较高，但是亦存在严重的腐蚀和结构问题，常用于中小型海水的淡化，为了节省能源，蒸馏工艺过程设计几乎以不同的形式利用 VC，以提高系统的经济性能，所用热泵可以是机械式压缩机，也可以是蒸汽喷射泵。目前已研究开发出适合于仅可供电能的岛屿和地区的低温压汽蒸馏技术，可以长期无故障运行，人工和维修费用较低，可靠性好。

第五节　各工艺对比

一、MED

(一)优点

(1)MED 是蒸馏法中最节能的方法之一，其换热过程是沸腾和冷凝传热，是相变传热，因此，传热系数较高。例如，材质为黄铜，光滑管的总传热系数可达 3000～3850W/$(m^2 \cdot K)$，而强化传热表面双沟槽管可以达到 7200～10300W/$(m^2 \cdot K)$。以上是用海水的实验数据，如果与蒸发淡水相比，则该数值较低。当用导热系数较小的材料总传热系数也会下降。总之 MED 所用的传热面积比 MSF 少。

(2)MED 通常是一次通过式的蒸发，不像 MSF 那样大量的液体在设备内循环，因此，动力消耗较少。例如，竖直管降膜蒸发生产每吨水消耗电力 2.5kW·h 左右，水平管降膜塔式蒸发器只需 1.0kW·h 左右，而 MSF 每吨水需耗电 4.0kW·h 左右。

(3)MED 的浓缩比可以提高，因此，制造每吨淡水所需要的原料水可以减少。MED 的弹性很大，负荷范围从 100% 变化到 25%，皆可正常操作，而且不会使造水比下降。

(二)缺点

(1)设备的结构比较复杂。

(2)因为料液在加热表面沸腾，容易在壁面上结垢，需要经常清洗和采取防垢措施。

二、MVR

(一)优点

(1)低能耗、低运行费用。理论上，使用 MVR 蒸发器比传统蒸发设备可节省 80% 以上的能源；实际上，蒸发 1000kg 水分所需的能量仅为是传统蒸发器的 1/6 到 1/5，其运行成本也显著降低，一般只有传统蒸发器的 35%～50%。

(2)结构简单，现多为单效蒸发，简化蒸汽管道系统。公用工程配套少，如二次蒸汽在蒸发器中冷凝成水，无须另设冷凝器，无须使用循环冷却水，可以节省 90% 以上的冷却水。

(3)启动和运行操作简单、操作人员少、设备紧凑、运行稳定，MVR 系统通过 DCS/PLC、工业计算机与组态软件的形式控制系统温度、压力与转速等，保持系统蒸发平衡。维护量少、占地面积小，与 MED 相比，可以减少 50% 以上的占地面积。

(4)主要使用电能。除设备启动阶段需要少量工业蒸汽加热外，正常运行过程中只需要清洁型的电能，而无须工业蒸汽。

（二）MVR 技术的缺点

初期投入资金大，有效温差小，换热面积大，设计蒸发量正负空间小等。

三、MSF

（一）优点

（1）技术成熟、整体性好、运行安全性高，适合于大型和超大型淡化装置。

（2）具有传热管内无相变、不易结垢、产品水质好、单机容量大等特点，也是至今实现单机容量最大的海水淡化方法。

（3）利用热能和电能，适合于可以利用热源的场合，通常与火力发电厂联合建设与运行。目前，MSF 总装机容量在海水淡化领域仍属第一。

（4）能源消耗低。每小时耗用 0.16MPa、117℃的低压蒸汽 12t，可生产 125t 淡水。每套装置总电力消耗（最高）550kW。

（5）无环境污染。由于淡化工艺流程是汽化—凝结的物理变化过程，没有污染环境卫生的废液排出。其淡水不仅作为锅炉补给水的水源，还可作为盐碱地区生活用水的水源。

（6）设备管道防腐性能好。本装置的主体设备——蒸发器（多级闪蒸室）的壳体是碳钢材质，但每个级室接触海水部分内衬 3mm 不锈钢板，冷却水管束采用了铜镍合金材质，所有接触淡水的设备（淡水槽、水泵、管道、阀门）均为不锈钢材质，系统中海水管道低温部分采用了环氧玻璃钢材质，高温部分采用了铜镍合金材质。

（二）缺点

（1）设备材料费用较高，最高工作温度可达到 110℃。

（2）对材料要求高，腐蚀等问题较严重，除垢工作量大。

（3）调试工作量大，各级水位的调整比较麻烦。

（4）泄漏会使成品水受到污染，如水质不满足要求则需要强迫停机处理等。

四、VC

（一）优点

（1）设备简单紧凑，在特定条件下具有良好的节能效益。

（2）其能源单一方便，只需电能，且不需冷却水，适用于水源缺乏和供汽不方便的地区，以及中小规模的海水淡化、废水处理、化工蒸发和生产等。

例如，法国的 Sidem 公司和日本的 Sasakura 公司开发的 TVC 系统，其造水比和单位淡化水的能耗均比 MSF 系统略低。此外，TVC 系统的投资也明显低于 MSF 系统；西德和美国开发的一种造水装置，把 VC 放在 VTE 前面，VC 对原料进行最后的预热，比一般的预热方案节省蒸汽。

（二）缺点

（1）能耗多、设备费用高。

（2）存在设备、管路结垢与腐蚀问题。

（3）规模一般不大，多为日产百吨级、千吨级，难于进一步大型化。

五、各工艺对比分析

上述各工艺对比分析如表 3 – 5 – 1 所示。

表 3 – 5 – 1　海水淡化方法对比

淡化方法	能源利用类型	加热蒸汽温度/℃	顶温/℃	造水比	能量消耗/（kW·h·m⁻³）	优点
MED	热、电	150	70	12 ~ 15	1.2 ~ 1.8	MED 传热系数高。传热面积少。通常是一次通过式的蒸发，把前效的二次蒸汽作为后效的加热蒸汽，降低了生蒸汽消耗，因此，动力消耗较少，是蒸馏法中最节能的方法之一。MED 装置利用效间的压差过料，省去了效间的过料输送泵，电耗也有所降低
		120	70	10 ~ 12	1.2 ~ 1.8	
低温 – 多效蒸发	热、电	90	80	10 ~ 13	1.2 ~ 1.8	
		80	70	8 ~ 10	1.2 ~ 1.8	
		70	60	6 ~ 8	1.2 ~ 1.8	
MVR	热、电					MVR 蒸发装置利用机械式蒸汽再压缩技术，从理论上讲，在启动后正常运转时，不再需要外来蒸汽的供应；但实际上废盐水经过冷凝水预热，可能没有达到操作状态下的沸点，装置依然需要消耗部分蒸汽；系统内的压缩机消耗电能补充系统所需的热量，压缩机的耗电量较大
MSF	热、电	130	120	10 ~ 12	2.5 ~ 4	MSF 技术利用热能和电能，适合于可以利用热源的场合，通常与火力发电厂联合建设与运行。目前，MSF 的总装机容量在海水淡化领域仍属第一
		100	90	7 ~ 9	2.5 ~ 4	
		80	70	4 ~ 5	2.5 ~ 4	
VC	电				8 ~ 16	VC 在特定条件下具有良好的节能效益；其能源单一、方便，只需电能，且不需冷却水，适用于水源缺乏和供汽不方便的地方，以及中小规模的海水淡化、废水处理、化工蒸发和生产等

第六节　工艺投资及运行

一、MED

MED 流程长、设备多、占地面积大。其能耗为：蒸汽消耗为 1.95t/h，循环水消耗为 5t/h，用于补水，电消耗为 46.2kW，设备投资 192 万元，其中循环水消耗按 5% 补水量进行核算水消耗。

生产运行、投资分析：工业蒸汽价格按每吨 200 元，工业电价为 0.76 元/（kW·h），全年工作时间为 7200h。运行费用由蒸汽费、电费、水费组成，每年消费分别为 280.8 万元、25 万元、1.5 万元。

二、MVR

MVR 蒸发器流程短、设备少、占地面积小，蒸汽消耗为 0.352t/h，电消耗为 367.6kW，设备投资 520 万元。

生产运行、投资分析：工业蒸汽价格按每吨 200 元，工业电价为 0.76 元/（kW·h），全年工作时间为 7200h。运行费用由蒸汽费、电费组成，每年消费分别为 50.7、206.1 万元。

三、MSF

MSF 年平均淡化水成本为：

$$\varepsilon = \frac{C_t + C_y}{\sum M_d} \tag{3-6-1}$$

$$C_t = TZ^\circ F \tag{3-6-2}$$

式中，C_t 为年投资回收份额；C_y 为年运转费，$\sum M_d$ 为年总产水量，t；TZ 为总投资，万元；F 为年投资偿还率，%。从式（3-6-1）~式（3-6-2）可以看出：MSF-E 系统产水成本包括 3 方面：一是年投资回收份额；二是运转费；三是系统的淡水总产量。为降低产水成本，一方面要设法降低设备的总投资和年运转费；另一方面要尽量提高年总产水量。

MSF-E 装置的总投资以其主要材料费用以及配套设备费用为基础估算。由于海水具有腐蚀性，所以选用耐腐蚀的钛薄壁管作为传热管。钛材目前市场价格为 27 万元/t 左右，价格昂贵，其费用在总投资中占相当大的比例，钛材价格的变动对总投资产生的影响最大，继而严重影响年平均淡化水成本。以日产 3000t MSF 海水淡化系统改进成 MSF-E 系统为例给出其总投资：

$$TZ = 10000M_{d0} + M_d\lambda(A' - A_0') \tag{3-6-3}$$

式中，M_{d0} 为原 MSF 装置日产水量，kg/d；M_d 为改进后的 MSF-E 装置日产水量，kg/d；λ 为钛材价格，A_0' 为 MSF 比传热面积，m^2；A' 为 MSF-E 比传热面积，m^2。

第七节 MVR 法模拟计算

一、物料衡算

总蒸发量：

$$D = D_1 + D_2 + D_3 + \cdots + D_n = G(1 - C_0/C_n) \tag{3-7-1}$$

对任一效的物料衡算：

$$GC_0 = G_1C_1 = G_2C_2 = \cdots = G_nC_n \tag{3-7-2}$$

式中，G_1 为第一效浓液量，$G_1 = G - D_1$，kg/h；G_2 为第二效浓液量，$G_2 = G - D_1 - D_2$，kg/h；…；G_n 为第 n 效浓液量；$G_n = G - D_1 - D_2 - \cdots - D_n$，kg/h。

浓度变化的计算：

$$C_1 = \frac{GC_0}{G_1} = \frac{GC_0}{G - D_1}$$

$$C_2 = \frac{GC_0}{G_2} = \frac{GC_0}{G - D_1 - D_2}$$

$$\cdots\cdots$$ (3-7-3)

$$C_n = \frac{GC_0}{G_n} = \frac{GC_0}{G - D_1 - D_2 - \cdots - D_n}$$

至于各效产生的二次蒸汽量 W_1，W_2，W_3，.W_{n-1}（未考虑淡水闪蒸量），如果没有引出一部分别的用途（通常把这种抽往别处去的蒸汽称为额外蒸汽），而是全部引往下一效，则：

$$W_1 = D_1, \quad W_2 = D_2, \quad \cdots, \quad W_{n-1} = D_{n-1}$$ (3-7-4)

如果有额外蒸汽 E 被抽往别的预热器作热源用，则：

$$W_1 = D_1 - E_1, \quad W_2 = D_2 - E_2, \quad \cdots, \quad W_{n-1} = D_{n-1} - E_{n-1}$$ (3-7-5)

这在海水淡化中是常见的情况，因为海水原料是经过一系列预热器被加热到沸点，而加热时所用的正好是各效的二次蒸汽的一小部分。

二、热量衡算

对第 1 效的热量进行衡算，加热蒸汽 D_0（饱和蒸汽）冷凝和原料液 G 显热变化放出的热量全部用于蒸发，得到蒸汽量 D_1，即：

$$D_0 R_0 + G C_{P_0}(t_0 - t_1) = D_1 r_1$$ (3-7-6)

式中，R_0 为加热蒸汽 D_0 在温度 T_0 下的冷凝潜热，kJ/kg；r_1 为第一效溶剂在温度 t_1 下的汽化潜热，kJ/kg；C_{P_0} 为原料液 G 的比热，kJ/(kg·℃)；t_1 为第一效浓液出口温度，℃。

同理，对第 n 效的热量进行衡算，其中放出热量的为：第 $n-1$ 效的二次蒸汽 W_{n-1}。冷凝、第 $n-1$ 效的浓液 G_{n-1} 由 t_{n-1} 到 t_n 的显热变化。这些热量全部用于盐水蒸发，得到第 n 效由盐水中蒸发出的蒸汽量 D_n，即：

$$W_{n-1} R_{n-1} + G_{n-1} C_{Pn-1}(t_{n-1} - t_n) = D_n r_n$$ (3-7-7)

式中，R_{n-1} 为第 $n-1$ 效的加热蒸汽 W_{n-1} 冷凝潜热，kJ/kg；r_n 为第 n 效溶剂在温度 t_n 下的汽化潜热，kJ/kg；C_{Pn-1} 为第 $n-1$ 效浓液 G_{n-1} 的比热，kJ/(kg·℃)；t_n 为第 n 效浓液出口温度，℃；T_n 为第 n 效二次蒸汽温度℃。

另外，还要考虑各效间有 3%~4% 的热损失。实际计算时，应逐效推算。

三、蒸发器传热面积 A 的计算

根据热量衡算，按各效二次蒸汽冷凝的潜热计算可以得到各效的传热量，第一效的传热量 $Q_1 = D_0 R_0$，而第 i 效的传热量 $Q_i = W_i R_i$。

只要知道各效的总传热系数 K_i 值，就可以求出各效的传热面积 A：

$$A_i = \frac{Q_i}{K_i \Delta t_i}$$ (3-7-8)

其中各效的温差：

$$\Delta t_i = T_{i-1} - t_i \qquad (3-7-9)$$

为了制造和检修方便，通常各效传热面积制成等大，即 A_i 都等于 A。则各效温差的分配应符合下列关系：

$$\Delta t_1 : \Delta t_2 : \Delta t_3 = \frac{Q_1}{K_1} : \frac{Q_2}{K_2} : \frac{Q_3}{K_3} \qquad (3-7-10)$$

所以根据比例关系，可得：

$$\frac{\Delta t_i}{\sum t} = \frac{Q_i / K_i}{\sum \dfrac{Q_i}{K_i}}$$

故得：

$$\Delta t_i = \sum \Delta t \times \frac{Q_i / K_i}{\sum \dfrac{Q_i}{K_i}} \qquad (3-7-11)$$

式中，$\sum \Delta t$ 为各效温度差之和，即 $\Delta t_{总}$。

粗略地讲 $\Delta t_{总} = T_0 - T_k$，式中 T_k 为末效冷凝器中的冷凝温度，℃。

实际操作中，因为要考虑沸点升高和流体阻力引起的温差损失，各效的实际有效温差要略小一些。温差的损失 Δ 包括三个部分，可用下式表示：

$$\Delta = \Delta' + \Delta'' + \Delta''' \qquad (3-7-12)$$

式中，Δ' 表示沸点升高引起的温差损失，举例说明：水在常压下沸点为 100℃，但 6% 海水的沸点为 100.95℃，即沸点升高了 0.95℃，蒸发时沸点为 100.95℃，但出来的蒸汽温度与大气压平衡，故仍为 100℃，所以引往下效作加热用的二次蒸汽并非 100.95℃，损失的温差为 0.95℃。Δ'' 为液体静压头的损失，对常用的标准式蒸发器而言，垂直管内是循环的溶液，假定管长为 3m，再加上蒸发器的釜底的高度，假设为 0.5m，则整个液体高度有 3.5m。液体表面有一个大气压，但在底部则为一个大气压再加上 3.5m 的液柱压力，所以沸点比液体表面高。通常可以取两者的平均值为实际沸腾温度，但蒸出来的水蒸气仍为与一个大气压平衡的饱和蒸汽，其温度仍为 100℃，这样也造成温度差损失。对海水淡化而言，由于采取降膜式蒸发器，基本上消除了静压头造成的温差损失。Δ''' 为管线流体阻力造成的温度差损失。由于蒸汽从前一效的加热室出来时为一个大气压，但为了克服管线的流体阻力，进入后一效的加热室时，压力降低，从而使温度也相应地降低，这也造成温差的损失。对常见的多效蒸发器而言，Δ''' 在 1℃ 左右。所以，$\Delta t_{总} = T_0 - T_K - \sum \Delta$，这是总有效温差。

四、离心压缩机轴功率的估算

在 MVR 工艺中，产生的二次蒸汽通过蒸汽压缩机回收压缩提高其热焓值作为蒸发器的加热热源。因此，MVR 中压缩机的计算也十分重要。正常情况下，MVR 采用离心压缩机。

离心压缩机轴功率的估算过程如下。

单级离心压缩机需要的动力为：

$$N = m_L \Delta h_S / \eta_S \qquad (3-7-13)$$

式中，N 为压缩机功率，kW；m_L 为被吸入的蒸汽量，kg/s；Δh_S 为单位等熵压缩功，kJ/kg；η_S 为压缩机的等熵效率(内效率)。

其中：

$$\eta_S \approx \Delta h_S / \Delta h_P = (h_2{}^* - h_1)/(h_2 - h_1) \approx 0.8 \qquad (3-7-14)$$

$$\Delta h_S = k z_1 R T_1 \left[(p_2/p_1)^{(k-1)/k} - 1^* \right]^* /(k-1) \qquad (3-7-15)$$

Δh_P 是单位多变(有效)压缩功，其计算公式如下：

$$\Delta h_P = m z_1 R T_1 \left[(p_2/p_1)^{(m-1)/m} - 1^* \right]^* /(m-1) \qquad (3-7-16)$$

式中，k 为比热容比，$k = cp/cv$；R 为气体常数，$R = 848 kg \cdot m^2/(kmol \cdot K)$；$z_1$ 为进口压缩因子；h_1 为压缩机进口焓值，kJ/kg；$h_2{}^*$ 为压缩机出口焓值(过热蒸汽的焓值)，kJ/kg；T_1 为进口温度，K；p_1 为进口压力，MPa；p_2 为出口压力，MPa；m 为多变指数；

$$m = 1 / \left[1 - \lg(T_2/T_1)/\lg(p_2/p_1) \right] \qquad (3-7-17)$$

式中，T_2 为出口温度，K，η_m 为机械效率，一般按 0.95 选取；η_{pol} 为多变效率。

例如，将来自蒸发器的饱和状态的蒸汽由 $p_1 = 1.9bar$(1bar = 0.1MPa)，$t_1 = 119℃$ 压缩到 $p_2 = 2.7bar$、$t_2 = 161℃$($\sigma = 1.4$)，压缩循环沿着多变曲线 1-2，蒸汽的比焓增加量 Δh_P，对蒸汽的比焓 h_2，由压缩机内效率(等熵效率)的等式得到的值 $h_2 = 2785kJ/kg$($\eta s = 0.8$，适用于水蒸气介质的单级离心压缩机)。$t_2 = 161℃$ 相对于 h_2 和 p_2。现在此蒸汽能够用于加热蒸发器。首先失去过热并冷却至饱和温度 t_3(130℃)，压力 p_2(2.7bar)。在此温度下进入蒸发器。

除其他因素之外，单位多变压缩功 Δh_P 取决于多方指数和吸入气体的摩尔质量，以及吸入温度和要求的压升。对于原动机(电动机、燃气机、涡轮机)的实际耦合功率，考虑了更大的机械损耗余量。

五、实例应用

本例以 HGNJMO1-1000 型单效降膜式蒸发器将料液蒸发产生的二次蒸汽全部回收压缩用于加热热源，即将 MVR 蒸发器与同生产能力的 TVR 蒸发器(热泵压缩-部分二次蒸汽作为蒸发器一部分加热热源)进行比较。

【例】采用蒸发系统主要由蒸发器、蒸汽压缩机、冷凝器、分离器、预热器、物料泵及真空泵等组成，工作原理：进料循环，依次启动冷却水给水泵、进料泵、出料泵、真空泵，开启蒸汽进汽阀，当加热温度及蒸发温度达到要求值并稳定后，即可启动离心压缩机将二次蒸汽全部进行压缩，作为加热热源，然后关闭蒸汽进气阀。处理的物料参数如表 3-7-1。

表 3-7-1　处理的物料参数

物料介质	某低聚糖	出料质量分数	35%
进料质量分数	7%	壳程加热温度	81%
进料温度	68℃	蒸发温度	65℃

蒸发器加热温度为 81~85℃，蒸发温度为 65℃左右，利用离心蒸汽压缩机将二次蒸汽全部进行压缩作为蒸发器的加热热源。压缩机将二次蒸汽的温度提高 11℃左右。采用饱和蒸汽启动设备，当蒸发参数稳定时，即可关掉饱和蒸汽进气阀，然后启动离心机，压缩机开始工作。

【解析】离心蒸汽压缩机的轴功率可参照王世昌编著的《海水淡化工程》中相关图进行估算。

本例中，将来自蒸发器的饱和蒸汽从吸入状态 $p_1 = 0.02550\text{MPa}$、$t_1 = 65℃$ 压缩到 $p_2 = 0.05028\text{MPa}$、$t_2 = 81℃$，压缩比为 $\sigma = 0.05028/0.0250 = 1.97$，压缩循环沿着多变曲线，蒸汽比焓增量约为 0.193kJ/kg。对于蒸汽比焓通过压缩机内效率(等焓效率)的等式，在此温度下进入蒸发器。基于被吸入的蒸汽量及压缩的温度可确定离心压缩机的轴功率。

1. 物料处理量

按 3.1 所涉及的公式计算，得到进料量为 1250kg/h。

2. 热量衡算

按式(3-5-10)计算，本例核算一效蒸发，水分蒸发量为 1000kg/h，$S = 1250\text{kg/h}$，物料比热容取 2.512kJ/(kg·℃)，进料温度取 68℃，料液沸点温度取 66℃，二次蒸汽汽化潜热取 2345.558kJ/kg，热量损失，这里按总热量的 5% 计算。

则蒸汽耗量：

$$D = 2456241.9/2305.781 = 1065.25(\text{kg/h})$$

离心压缩机将二次蒸汽全部压缩，二次蒸汽温度 70℃提高到 81℃的热量为 $Q' = 1000 \times 2617.712 \times 0.95 = 2486826.4(\text{kJ/h})$。

3. 离心压缩轴功率的估算

本例生产能力为 1000kg/h，蒸汽压缩机入口温度为 65℃，压力为 25.5kPa；出口温度为 81℃，出口压力为 50.28kPa。压缩比为 $\sigma = 0.05018/0.02550 = 1.97$。根据饱和蒸汽表查得 65℃饱和蒸汽对应的焓值为 2345.558kJ/kg，由等熵压缩过程可知：

$$T_2/T_1 = (p_2/p_1)^{(k-1)/k}$$

比热容比 $k = cp/c_V \approx 1.33$；

$$T_2 = (65 + 273) \times (65 + 273)^{(1.33-1)/1.33} = 399.92(\text{K})$$

$$T_2 = 399.92 - 273 = 126.92(℃)$$

由水蒸气过热蒸汽表查得，126.92℃过热蒸汽所对应的焓值为 2735.3kJ/kg，则等熵压缩功为：

$$N = m\Delta h_\text{S}/\eta_\text{S} = m(h_2{}^* - h_1)/\eta_\text{S} = 1000 \times (2735.3 - 2617.712)/(3600 \times 0.8) = 40.82(\text{kW})$$

实际压缩机轴功率为 45~55kW，也可根据上述参数直接查离心蒸汽压缩机轴功率估算图线进行确定。

从上述计算可以看出，只有保证上述供给的热量才能保证蒸发器的正常蒸发，实际压缩机要留有余量，如不能保证应采取补充蒸汽的措施或减少生产能力的方法进行生产。

第八节　MSF法模拟计算

笔者提出的多级闪蒸系统的数学模型是基于以下的假设。

(1)规定过程的热力学损失为定值。

(2)盐水的热容等于常数，排热段、热回收段和盐水加热段的传热系数为常数。

(3)水的蒸发潜热 λ 是温度的函数。

(4)忽略盐水的沸点温度升高的影响。

(5)考虑了闪蒸过程的热力学损失。

一、系统模型

图3-8-1为多级闪蒸海水淡化与发电系统集成的简单示意图。其过程为：①甲烷进入通有空气的燃烧室中，燃烧产生大量的热。②将燃烧后的高温气体通入热回收锅炉中，用于加热锅炉中的水，使其成为过热蒸汽。③从热回收锅炉中产生的过热蒸汽进入蒸汽透平进行发电。④发电后的蒸汽进入多级闪蒸的盐水加热器，加热多级闪蒸系统的循环盐水，使其达到闪蒸要求的顶温，加热后的蒸汽循环到热回锅炉中继续产生过热蒸汽进行发电。⑤被加热到顶温的循环盐水则在闪蒸室中进行汽化，产生的淡水逐级收集由最后一级闪蒸单元排出。

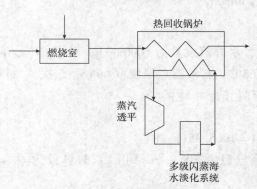

图3-8-1　多级闪蒸海水淡化水电联产结构图

(一)三种多级闪蒸系统的数学模型及对比

1. 模型

1)贯通型多级闪蒸(OTMSF)

该装置主要包括热回收段和盐水加热段两部分，没有混合器和排热段(图3-8-2)。热回收段由多个闪蒸单元串联组成。其流程：①原料海水直接进入到热回收段中，吸收盐水闪蒸产生的蒸汽冷凝放出的潜热，温度逐级升高。②从盐水预热器中出来后，盐水进入到盐水加热器中被加热到顶温。③被加热到顶温的盐水依次流经若干个压力逐渐降低的闪蒸室，逐级蒸发降温，产生淡水，同时盐水浓度也逐级增加。④从最后一级闪蒸室出来的浓盐水全部排掉。

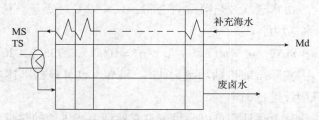

图3-8-2　贯通型多级闪蒸海水淡化(OTMSF)结构图

2）带有盐水循环器的多级闪蒸（MMSF）

该装置主要包括盐水分配器、盐水混合器、热回收段、盐水加热器四部分（图3-8-3）。热排放段是由多个闪蒸单元串联而成。其流程：①原料海水与部分排放浓盐水进入盐水混合器中混合，然后进入热回收段中的盐水预热器进行预热，温度逐级升高。②从盐水预热器中出来的循环盐水再进入到盐水加热器中被加热到规定的顶温。③被加热到顶温的盐水循环水依次流经若干闪蒸室进行多级闪蒸，产生淡水。④从最后一级闪蒸室出来的浓盐水，经过盐水分配器一部分排放，另一部分与补充海水混合作为循环盐水进入热回收段，海水淡化过程不断循环进行下去。

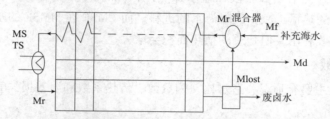

图3-8-3　带有盐水循环器的多级闪蒸海水淡化（MMSF）结构图

3）带有排热段的多级闪蒸（CMSF）

该装置主要包括排热段、热回收段和盐水加热段（图3-8-4）。其过程为：①原料海水首先进入到排热段中被预热，经排热段预热后，大部分海水被排回大海，小部分作为装置的补给海水与排放的浓盐水混合后，作为循环盐水进入热回收段；热回收段中，循环盐水吸收热盐水闪蒸产生的蒸汽冷凝放出的潜热，温度逐级升高。②从第一级盐水预热器出来的循环盐水进入到盐水加热器，在盐水加热器中，循环盐水被加热到指定温度，即顶温。③被加热到顶温的盐水循环水依次流经若干闪蒸室进行多级闪蒸，产生淡水。④从最后一级闪蒸室出来的浓盐水一部分排放，另一部分与补充海水混合作为循环盐水进入热回收段。淡化过程不断循环进行下去。

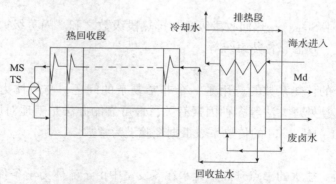

图3-8-4　带有排热段的多级闪蒸海水淡化（CMSF）流程示意图

MSF海水淡化过程主要是通过加热海水和冷凝蒸汽来生产淡水。其过程为：①原料海水首先进入到排热段中被预热，由排热段出来后，大部分海水被排回大海，小部分作为装置的补给海水与排放的浓盐水混合后，作为循环盐水进入热回收段；在热回收段，循环盐水吸收热盐水闪蒸产生的蒸汽冷凝放出的潜热，温度逐级升高。②从第一级盐水预热器出来的循环盐水进入到盐水加热器，在盐水加热器中，循环盐水被加热到指定温度，即顶温（Top Brine Temperature，TBT）。③被加热到顶温的盐水循环水依次流经若干闪蒸室进行多级闪蒸，产生淡水。④从最后一级闪蒸室出来的浓盐水一部分排放，另一部分与补充海水混合作为循环盐水进入热回收段。依次，淡化过程不断循环进行下去。

2. 对比

MSF 每一级都由蒸发室、淡水室、盐水预热器三部分组成。这三种结构中，OTMSF 的结构最为简单，只包括热回收段和盐水加热段，MMSF 比 OTMSF 多了盐水混合器，可以利用排放浓盐水的热量，减少进料海水的进料。而 CMSF 在 MMSF 的基础上增加了排热段，实现能量的有效利用，但是总的换热面积会增大。

（二）主要参数

MSF 有关参数主要有顶温、造水比、闪蒸数、传热系数和温差损失等。

1）顶温

顶温，也叫最高盐水温度（Top Brine Temperature，TBT），是多级闪蒸过程的重要参数之一。TBT 对多级闪蒸海水淡化系统的性能和设备结垢程度等有非常大的影响。热力学分析表明，TBT 超过 $160 \sim 170$℃时，再升高温度已无助于提高过程的热工效率。其次，操作温度愈高，结构的危险性越高。对于酸法防垢系统盐水 TBT 一般以 120℃为限，对于药剂法则要根据防垢剂的性能而定。尽管目前药剂开发公司称有耐高温的药剂，但目前多级闪蒸的 TBT 一般控制在 110℃左右。

2）造水比

造水比（Product Ratio，PR）是指总的淡水产量与盐水加热器所消耗的水蒸气量之比。PR 是设计多级闪蒸装置的另一个重要参数，同时也是水淡化厂经济效益的直接体现。在设计装置时，必须根据规模大小和技术要求，通过分析和比较选定造水比。

3）闪蒸级数

闪蒸级数（Flash Stage）是热回收段级数与排热段级数之和。闪蒸级数受到多个因素的影响，如闪蒸温差、顶温、传热系统等。

4）传热系数

多级闪蒸系统的传热系数的选用是一个非常复杂的问题，与流体力学设计、传热面积、水源水质及其预处理方法等多种因素有关，最可靠的办法是就地对原料水进行试验，本文在设计时，Mf、Mb、Md 的传热系数根据经验设为常数。

5）温差损失

温差损失包括：盐水的沸点升高、盐水在蒸发室中由于流体力学条件有限不能实现完善蒸发的不平衡温差；此外还包括蒸汽经过气水分离器和管束时的阻力损失。温差损失将减小传热温差，增大加热面积，最终影响热力学效率。端差（Terminal Temperature Difference，TTD）表示的是某级闪蒸后浓盐水出水温度和冷凝管盐水出水温度的差值。

二、OTMSF 水电联产模型

总的物料衡算：

$$M_f = M_b + M_d \qquad\qquad (3-8-1)$$

$$M_f C_f = M_b C_b \qquad\qquad (3-8-2)$$

式中，M_f、M_b、M_d 分别为进料海水、排放浓盐水和所产淡水的流量，kg/s；C_f、C_b 分别为进料海水、排放浓盐水和所产淡水的质量浓度，mg/L。

总的能量衡算：

$$M_s \lambda_s = M_f \cdot C_p (\Delta T_{st} + \Delta T_{loss} + TTD_c) \qquad\qquad (3-8-3)$$

OTMSF 结构可以看成是 n 个单独的闪蒸单元，总的淡水产量可以看成是 n 级的淡水之和。假设盐水进入和离开盐水预热室的总温差等于排热段闪蒸室的总温差，即：

$$t_n - t_1 = T_0 - T_n$$

式中，t_n 为第 n 级盐水预热器的温度，℃；t_1 为第 1 级盐水预热器的温度℃；T_0 为顶温，℃；T_n 为第 n 级闪蒸室的温度，℃。

那么第 i 级的能量衡算为：

$$D_i \overline{\lambda} = M_f \cdot C_p \cdot (t_{i+1} - t_t) \qquad\qquad (3-8-4)$$

总的淡水量为：

$$M_d \overline{\lambda} = \sum_{i=1}^{n} D_i = M_f C_p [(t_2 - t_1) + (t_3 - t_2) + \cdots (t_{i+1} - t_i) \cdots + (t_n - t_{n-1})]$$

$$(3-8-5)$$

$$M_d \overline{\lambda} = \sum_{i=1}^{n} D_i = M_f C_p (t_n - t_1) = M_f C_p (T_0 - T_n) = M_f C_p n \Delta T_{st} \qquad (3-8-6)$$

造水比：

$$PR = \frac{M_d}{M_s} = \frac{M_f C_p (n \Delta T_{st}) \lambda_s}{M_f C_p (\Delta T_{st} + \Delta T_{loss} + TTD_c) \lambda} = \frac{(n \Delta T_{st}) \lambda_s}{(\Delta T_{st} + \Delta T_{loss} + TTD_c) \overline{\lambda}} \qquad (3-8-7)$$

式中，i 表示第 i 级；D_i 表示第 i 级的淡水产量，kg/s；$\overline{\lambda}$ 表示温度在 $T_{av} = (T_0 + T_n)/2$ 时水蒸气的平均凝结潜热，kJ/kg；λ_s 为蒸汽潜热，kJ/kg；n 为多级闪蒸级数；ΔT_{st} 为每一级的温差，℃，$\Delta T_{st} = (T_0 - T_n)/n$。

热回收段：

盐水预热器的能量衡算：

$$M_f C_p \Delta T_{st} = U_c A_c (LMTD)_c \qquad\qquad (3-8-8)$$

盐水加热器和热回收段面积计算公式如下：

盐水加热器面积：

$$A_h = \frac{M_s \lambda_s}{U_h (LMTM)_h} \qquad\qquad (3-8-9)$$

$$(LMTD)_h = \frac{\Delta T_{st} + \Delta T_{loss} + TTD_c}{\ln[(TTD_h + \Delta T_{st} + \Delta T_{loss} + TTD_c)/(TTD_h)]} \qquad (3-8-10)$$

热回收段的面积：

$$A_c = \frac{M_f C_p \Delta T_{st} M_d}{U_c (LMTM)_c} \qquad (3-8-11)$$

$$(LMTD)_c = \Delta T_{st}/\ln\left[(\Delta T_{st} + TTD_c)/(TTD_c)\right] \qquad (3-8-12)$$

总面积的计算公式：

$$sA = A_h + nA_c \qquad (3-8-13)$$

三、MMSF 水电联产模型

带有盐水混合器模型的主要目的是降低进料海水的流量，进而降低化学处理费用。循环盐水是由部分高温排放浓盐水和部分进料海水组成，因此，可以增加过程的热效率。除了增加了盐水混合器，其他的部分与 OTMSF 相同。

总的物料衡算：

$$M_f = M_b + M_d \qquad (3-8-14)$$

$$M_b C_c = M_f C_f = M_f(M_b + M_d) \qquad (3-8-15)$$

总的能量衡算：

$$M_s \lambda_s = C_p M_b(T_n - T_{cw}) + M_d C_p(T_d - T_{cw}) \qquad (3-8-16)$$

盐水混合器的物料衡算为：

$$M_r C_r = C_f M_f + C_b M_{last} \qquad (3-8-17)$$

盐水混合器的能量衡算为：

$$M_{last} C_p(T_n - T_{cw}) + M_f C_p(T_r - T_{cw}) = M_r C_p(T_r - T_{cw}) \qquad (3-8-18)$$

盐水加热器的能量衡算：

$$M_s \lambda_s = M_r \cdot C_p \cdot (T_0 - t_1) \qquad (3-8-19)$$

式中，M_{last} 为进入盐水混合器的部分浓盐水流量，kg/s；T_{cw} 为进料海水的温度，℃；T_r 为盐水出混合器的温度，℃，也是盐水进入热回收段中盐水加热器的进口温度，℃；t_1 为进入盐水加热器之前的盐水温度，℃。

式 $(3-8-14)$ ~ 式 $(3-8-19)$ 整理得到：

$$M_r C_p(T_0 - t_1) = \left[C_b/(C_b - C_f)\right] M_d C_p(T_n - T_{cw}) \qquad (3-8-20)$$

热回收段的能量守恒：

$$M_r C_p(T_0 - t_1) = M_d \overline{\lambda} \qquad (3-8-21)$$

四、CMSF 水电联产模型

带有排热段的多级闪蒸结构既带有排热段，也存在盐水循环结构，此模型的结构相对前两种比较复杂，此模型的计算如下：

总的物料衡算：

$$M_f = M_b + M_d \qquad (3-8-22)$$

$$M_f C_f = M_b C_b + M_d C_d \qquad (3-8-23)$$

排热段的物料平衡为：

$$M_r C_r + M_b C_b = M_f C_f + (M_r - M_d) C_b \qquad (3-8-24)$$

式中，M_r 为循环盐水的流量，kg/s；C_r 为循环盐水的浓度，mg/L。

总的能量衡算：

$$M_s \lambda_s = M_{cw} C_p (T_n - T_{cw}) + M_b C_p (T_n - T_{cw}) + M_d C_p (T_n - T_{cw}) \qquad (3-8-25)$$

为蒸发潜热，其计算公式如下：

$$\lambda_s = 2501.9 - 2.407 T_s + 1.1922 \times 10^{-3} T_s^2 - 1.5863 \times 10^{-5} T_s^3 \qquad (3-8-26)$$

式中，M_s 为加热蒸汽的流量，kg/s；C_p 为盐水的热容，kJ/(kg·k)；T_n 和 T_{cw} 分别为第 n 级和排放冷却水的温度，℃；M_{cw} 为排放段中排放冷却水的质量流量，kg/s。

$$PR = \frac{M_d}{M_s} \qquad (3-8-27)$$

盐水加热段：

$$M_s \lambda_s = M_r C_p (\Delta T_{st} + \Delta T_{loss} + TTD_c) = U_h A_h (LMTD)_h \qquad (3-8-28)$$

$$(LMTD)_h = \frac{\Delta T_{st} + \Delta T_{loss} + TTD}{\ln[(TTD_h + \Delta T_{st} + \Delta T_{loss} + TTD_c)/(TTD_h)]} \qquad (3-8-29)$$

$$A_h = \frac{M_s \lambda_s}{U_h (LMTM)_h} \qquad (3-8-30)$$

式中，ΔT_{st} 为每一级的温差，℃；$\Delta T_{st} = (T_0 - T_n)/n$，$T_0$ 为顶温，℃；ΔT_{loss} 为总的温差损失，℃；TTD_h 为盐水加热段的级间末端温差，℃，$TTD_h = T_s - T_0$；TTD_c 为热回收段的级闪蒸后盐水出水温度和冷凝管盐水出水温度的差值，℃；U_h 为盐水加热段的总传热系数，kW/(m²·℃)；A_h 为盐水加热段的换热面积，m²；$LMTD_h$ 为盐水加热段的对数平均温差，℃。

热回收段：

$$M_f C_p \Delta T_{st} = U_c A_c (LMTD)_c \qquad (3-8-31)$$

$$(LMTD)_c = \Delta T_{st}/\ln[(\Delta T_{st} + TTD_c)/TTD_c] \qquad (3-8-32)$$

$$A_c = \frac{M_f C_p \Delta T_{st} M_d}{U_c (LMTD)_c} \qquad (3-8-33)$$

式中，U_c 为热回收段的总传热系数，kW/(m²·℃)；A_c 为热回收段中盐水预热器的换热面积，m²；(LMTD)$_c$ 为盐水预热段的对数平均温差，℃。

排热段：

$$(M_f + M_{cw}) C_p (t_i - t_{i+1}) = U_j A_j (LMTD)_j \qquad (3-8-34)$$

即：

$$(LMTD)_j = \Delta t_j/\ln[(\Delta t_j + TTD_j)/(TTD_j)] \qquad (3-8-35)$$

$$\Delta t_j = (T_n - T_{cw})/j \qquad (3-8-36)$$

式中，j 为排热段的级数；U_j 为热回收段的总传热系数，kW/(m²·℃)；A_j 为排热段的换热面积，m²；TTD_j 排热段的盐水出水温度和冷凝管盐水出水温度的差值，℃；(LMTD)$_j$ 为排热段的对数平均温差，℃；Δt_j 为排热段的平均级间温差，℃。

多级闪蒸海水淡化系统所需的总换热面积为：

$$sA = A_{\mathrm{h}} + (n-j)A_{\mathrm{c}} + (j)A_j \qquad (3-8-37)$$

五、MSF 海水淡化的经济模型

多级闪蒸过程的费用主要包括直接投资费用、间接投资费用和其他费用(劳务、维护费用等)。下面给出 CMSF 海水淡化装置的经济模型的总的年费用:

$$C_{\mathrm{am}} = C_{\mathrm{dm}} + C_{\mathrm{im}} + C_{\mathrm{om}} \qquad (3-8-38)$$

式中,C_{dm} 为直接投资费用,$\$/\mathrm{y}$;$C_{\mathrm{im}}$ 为间接投资费用,$\$/\mathrm{y}$;$C_{\mathrm{om}}$($\$/\mathrm{y}$)为其他操作费用之和。以投资回收期为二十年,年利率为 6% 为例,资金回收因子表达为:

$$F_{\mathrm{am}} = \frac{i \times (1+i)^n}{(1+i)^n - 1} \qquad (3-8-39)$$

式中,i 为年利率;n 为使用年限。

直接投资费用为:

$$C_{\mathrm{dm}} = F_{\mathrm{am}} \frac{9000sA}{(M_{\mathrm{d}})0.27} \qquad (3-8-40)$$

间接投资费用:

$$C_{\mathrm{im}} = 0.1 C_{\mathrm{dm}} \qquad (3-8-41)$$

其他操作费用之和:

$$C_{\mathrm{om}} = C_{\mathrm{steam}} + C_{\mathrm{en}} + C_{\mathrm{chm}} + C_{\mathrm{sp}} + C_{\mathrm{labor}} \qquad (3-8-42)$$

蒸汽费用:

$$C_{\mathrm{steam}} = 8000 \times M_{\mathrm{s}} \times \frac{(T_{\mathrm{s}}-40)}{85} \times 0.00415 \qquad (3-8-43)$$

化学费用:

$$C_{\mathrm{chm}} = 8000 \times (M_{\mathrm{f}}/\rho_{\mathrm{s}}) \times 0.024 \qquad (3-8-44)$$

空闲费用:

$$C_{\mathrm{sp}} = 8000 \times (M_{\mathrm{d}}/\rho_{\mathrm{w}}) \times 0.082 \qquad (3-8-45)$$

人工费用:

$$C_{\mathrm{labor}} = 8000 \times (M_{\mathrm{d}}/\rho_{\mathrm{w}}) \times 0.1 \qquad (3-8-46)$$

式中,ρ_{w} 为纯水的密度,$\mathrm{kg/m^3}$;ρ_{s} 为浓盐水的密度,$\mathrm{kg/m^3}$。

六、MSF 海水淡化的优化模型

将多级闪蒸海水淡化的优化设计问题表达为:给定进料海水的温度和淡水的产量,规定了排热段的级数,以投资的年费用最低为目标,设计多级闪蒸海水淡化的结构,并观察参数对多级闪蒸结构的影响规律。

目标函数为:

$$Min: \ C_{\mathrm{am}} + C_{\mathrm{dm}} + C_{\mathrm{im}} + C_{\mathrm{om}}$$

约束条件满足过程的物料衡算、能量衡算的设计要求:

$$C_{\mathrm{b}} \leqslant 80000$$

$$8 \leqslant n \leqslant 40$$

此模型的设计参数如表 3 – 8 – 1 所示。

表 3 – 8 – 1　CMSF 过程参数

参数	数值
进料海水温度/℃	30
最高盐水温度/℃	110
淡水产量/(kg·h^{-1})	1.122×10^6
排热段级数	3
盐水的平均热容/[kJ·(kg·k^{-1})]	4.2
淡水温度/℃	38
加热蒸汽温度/℃	120
浓盐水的密度/(kg·m^{-3})	1050
淡水的密度/(kg·m^{-3})	1000
热力学损失 ΔT_{less}/℃	1
TTD_c/℃	3
TTD_h/℃	10
TTD_j/℃	3
蒸汽的潜热/(kJ·kg)	2202.6

利用 GAMS 软件进行求解，将得到的结果与 A M Helal 的设计结果相比较，列于表 3 – 8 – 2 中。

表 3 – 8 – 2　结果比较

	文献	本文结果
进料水流量/(kg·h^{-1})	9.04×10^6	6.08×10^6
循环水流量/(kg·h^{-1})	9.14×10^6	8.9×10^6
蒸汽用量/(kg·h^{-1})	1.35×10^5	1.10×10^5
浓盐水排放流量/(kg·h^{-1})	1.67×10^6	1.51×10^6
循环水浓度/(mg·L^{-1})	70178	71175.355
排放的浓盐水浓度/(mg·L^{-1})	70251	78020
造水比	8.29	9.719
级数	18	23
直接投资费用/($·Y^{-1})	1.238E6	1.4618E+6
操作费用/($·Y^{-1})	7038034	6.6897E+6
吨水费用/($·m^{-3})	1.044	0.856

从表 3 – 8 – 2 中看出，本文的结果比文献中的级数增加了 5 级，直接投资费用增加，但是增加的幅度不是很大，而操作费用却远远低于文献，吨水费用比文献下降了 18%，造

油田采出水资源化处理技术与矿场实践

水比增加了 17.2% ，说明本文的设计方法可行的且有效。优化结果表明本文的操作费用降低的幅度很大，也就是说增加多级闪蒸的级数，虽然投资费用有所提高，但可以大大降低操作费用，二者综合作用的结果是总费用降低。从经济计算模型中可以看出，影响吨水费用的主要费用包括：直接投资费用、间接投资费用以及其他费用。为了进一步找出影响吨水费用的因素，本文对影响吨水费用的各项费用做了以下简单分析。从图 3 – 8 – 5 的费用比例图中可以看出蒸汽费用占 42.7% ，直接投资费用占 18.4% ，能量费用占 12.1% ，其他各项费用之和仅为 26.8% 。通过分析可知，蒸汽费用对多级闪蒸海水淡化过程

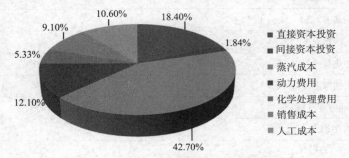

图 3 – 8 – 5　各种费用的占有比例图

第四章　高含盐采出水资源化处理技术矿场实践

第一节　技术路线与实施方案

一、技术路线

针对普光含硫气田采出水水质特性进行分析，结合国内外技术研究最新成果，确定适合该气田高含盐采出水资源化处理的最佳处理工艺。各工艺段首先经过室内实验验证，确定理论最佳参数，在此基础上设计 $1m^3/h$ 处理规模的中试设备，并进行现场中试试验，进一步优化工艺参数。技术路线如图 4-1-1 所示。

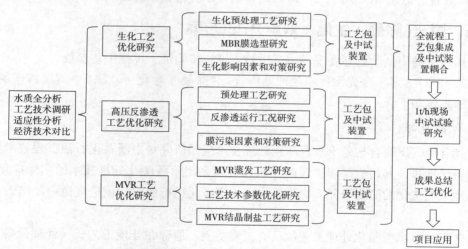

图 4-1-1　普光含硫气田高含盐采出水资源化处理技术路线

二、实施方案

实施方案遵循的原则：①对气田采出水水质特性进行深入分析，结合国内外相关领域最新研究成果，确定可行的技术路线。②从室内小试研究着手，对各项工艺参数进行优化比选，得出最佳运行参数后指导中试设备的研制。③中试设备研制完成后，开展现场试验进一步优化确定各工艺段参数。④最后进行完整工艺流程的联调联试，形成完整工艺包。

（一）水质特性分析

普光含硫气田采出水具有高含盐、高有机污染的特点，经深度处理后水质达到工业循环水水质标准（《水务管理技术要求 第 2 部分：循环水》Q/SH 0628.2—2014）的水质要求，通常需要先脱除水中的大部分有机物、氨氮及硬度，再进行深度脱盐。

为了达到上述目的，首先对该气田采出水水质特性进行深入研究，测定采出水离子构成，为采出水深度处理前的预处理提供依据；对采出水有机污染物组分进行剖析，确定污染物分子构成，为提高采出水生化工艺选择指明方向。

（二）室内小试

针对高含盐、高污染的气田采出水处理工艺，充分查阅国内外相关文献，并尽可能进行实地参观考察，经过分析选取适合的处理工艺进行室内小试，确定主要工艺参数，为下一步中试设备研发提供技术支持。

本项目进行了以下室内小试研究，包括生化预处理除硬工艺小试研究，生化工艺段优选小试研究和 MVR 蒸发器室内实验研究。

（三）中试设备研制

参照室内小试得出的工艺参数，进行中试设备研发制造，中试设备加工制造过程中注意知识产权的保护及后期成果转化的可实施性。

本项目研发制造了 6 套中试装置，即除硬装置、A/A/O 处理装置、MBR 处理装置、高压 RO 装置、低压 RO 装置、MVR 装置和电气浮协调氧化装置。

三、膜法(除硬 + 生化 + 双膜)中试方案

利用研发的中试设备开展现场中试试验，进一步验证、优化工艺参数。

2020 年 6～8 月于普光深度水处理站内进行"除硬 + 生化 + 双膜"中试设备现场试验，具体实施方案如下。

1. 试验目的

普光含硫气田高含盐采出水资源化处理技术应用研究是中国石化石油工程技术服务有限公司科研项目，其目的是解决含硫气田高含盐采出水资源化处理技术的实际应用推广，及其处理工艺优化的简化研究，对降低采出水资源化运行成本，促进气田稳产增效具有积极意义。

该气田采出水资源化处理工艺虽已有工程实例，但存在处理工艺长、处理设备多、成本高等问题，且一些工艺参数还有待于进一步验证。本项目结合室内小试初步研究成果，针对气田采出水的整个处理工艺进行现场中试试验，力求对处理工艺进行简化、优化，并通过试验进一步确定各工艺段最佳运行参数。

2. 试验方案

1）设计规模及水质

（1）设计规模为 $1.0 m^3/h$。

（2）进水水质指标如表 4 - 1 - 1 所示。

表 4 - 1 - 1　进水水质指标

序号	项目名称	单位	进水标准
1	钙离子质量浓度	mg/L	≤210

续表

序号	项目名称	单位	进水标准
2	镁离子质量浓度	mg/L	≤90
3	COD_{Cr}质量浓度	mg/L	≤2500
4	BOD_5质量浓度	mg/L	≤200
5	氨氮质量浓度	mg/L	≤100
6	总铁质量浓度	mg/L	≤40
7	氟离子质量浓度	mg/L	≤2
8	硫化物质量浓度	mg/L	≤5
9	氯离子质量浓度	mg/L	≤20000
10	硫酸根离子质量浓度	mg/L	≤600
11	硅质量浓度	mg/L	≤130
12	锶质量浓度	mg/L	≤150
13	总碱度	mg/L	≤1600
14	矿化度	mg/L	≤30000
15	悬浮物质量浓度	mg/L	≤100
16	含油质量浓度	mg/L	≤8
17	pH 值	—	6.0～9.0

（3）出水水质指标如表 4-1-2 所示。

表 4-1-2　出水水质指标

项目	单位	出水标准
pH 值		6.5～9.0
氨氮质量浓度	mg/L	≤10.0
COD_{Cr}质量浓度	mg/L	≤60.0
BOD_5质量浓度	mg/L	≤10.0
悬浮物质量浓度	mg/L	≤30.0
浊度	NTU	≤10.0
硫化物质量浓度	mg/L	≤0.1
含油质量浓度	mg/L	≤2.0
氯离子质量浓度	mg/L	≤200.0
硫酸根离子质量浓度	mg/L	≤300.0
总铁质量浓度	mg/L	≤0.5
电导率	μS/cm	≤1200
挥发酚质量浓度	mg/L	≤0.5
钙硬度	mg/L	≤300.0
总碱度	mg/L	≤300.0

工业循环水水质标准(《水务管理技术要求　第2部分：循环水》Q/SH 0628.2—2014）的水质要求

2）工艺流程

（1）主工艺流程。

采出水处理站→机械除硬→A/A/O＋MBR 装置→高、低压 RO 装置→成品水（图 4 - 1 - 2）。

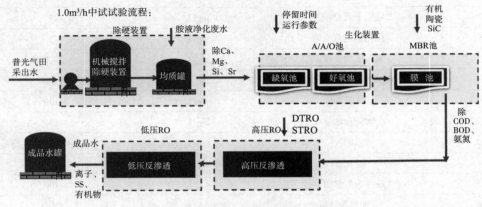

图 4 - 1 - 2　本试验拟采用工艺流程

（2）辅助流程。

各设施排泥、排污、溢流、排净等→污水罐→站内已建污泥池。

（3）加药流程。

药剂包括混凝剂、絮凝剂、NaOH、碳酸钠、盐酸、柠檬酸、次氯酸钠、阻垢剂。

3）现场试验方案

（1）试验场地。

试验场地位于采出水深度处理站内制氧机房东侧东西主管廊南侧的硬化地面处(硬化地面尺寸约 30m×6m)，试验占地面积 16m×6m，试验场地设置围堰(图 4 - 1 - 3)。中试设备包括：机械除硬装置、A/A/O 装置、MBR 装置、高压 RO 装置、低压 RO 装置、电解装置共 6 套设备(图 4 - 1 - 4)。各设备尺寸如表 4 - 1 - 3 所示。

表 4 - 1 - 3　中试设备尺寸

中试设备	尺寸
除硬装置	$\Phi 1.8m \times 2.7m$
A/A/O 装置	$5m \times 2.5m \times 3.0m$
MBR 装置	$2.5m \times 1.5m \times 2.0m$
高压 RO 装置	$3.0m \times 2.0m \times 2.0m$
低压 RO 装置	$2.0m \times 1.5m \times 2.0m$

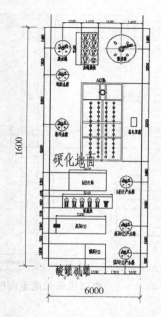

图 4-1-3 中试试验场地

图 4-1-4 中试设备图

（2）设备配电。

5 套中试设备配电总功率约 36kW，在试验场地设置总配电柜 1 台，配电接自低压配电室，室内预留备用回路，电缆总长度约 100m（图 4-1-5）。

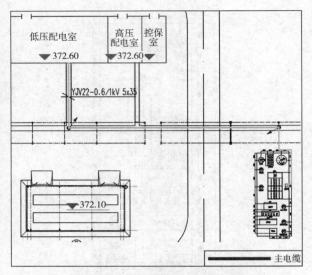

图 4 - 1 - 5　中试设备配电走向图

（3）试验用水及排污。

本试验采用1#、3#水处理站来水作为试验原水，1#、3#水处理站来水在深度处理站内的调储罐出水均预留有取样口，采用 $DN25 - PVC$ 管引水至机械除硬装置进水口，长度约120m。

试验用药剂配水采用站内公用工程接口采用 $DN25 - PVC$ 管引水接至药剂罐接口。

中试设备溢流、放净及排污均通过管线排至污水罐，内置潜污泵提升至深度水处理站内的污水污泥池。采出水原水、排污水2条管线通过 $DN100$ 钢套管地面敷设临时穿路通过，路面对钢套管进行局部敷土固定（图 4 - 1 - 6）。

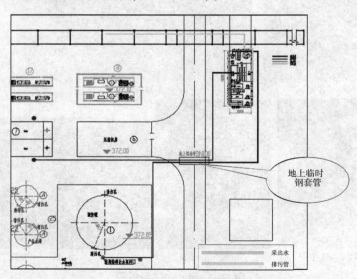

图 4 - 1 - 6　中试试验用水及排污管线布置图

（4）设备基础。

中试设备采用整体成撬，自带撬块底座。

（5）药剂消耗。

整个中试试验药剂投加量如表 4 - 1 - 4 所示。

表 4 - 1 - 4 中试试验过程药剂投加量   mg/L

序号	药剂名称	加药点	药剂加量	加药方式
1	混凝剂	澄清罐内	30	连续
2	絮凝剂	澄清罐内	3	连续
3	NaOH	澄清罐内	1000	连续
4	碳酸钠	澄清罐内	—	连续
5	盐酸	缓冲水箱进水	36.5	连续
6	次氯酸钠	MBR 装置		间歇
7	柠檬酸	MBR 装置		间歇
8	阻垢剂	高、低压 RO 装置	5	连续

4）现场试验内容

（1）除硬装置试验内容。

针对 pH 值、混凝剂、絮凝剂等进行研究，具体内容如表 4 - 1 - 5 所示。

表 4 - 1 - 5 除硬装置试验项目及内容

试验项目	内容
pH 值	10.0、10.2、10.6、11.0、11.2
混凝剂 + 絮凝剂/（mg/L）	10 + 1、30 + 2、50 + 5

（2）A/A/O 装置试验内容。

针对水力停留时间、回流比、溶解氧、营养液等进行研究，如表 4 - 1 - 6 所示。

表 4 - 1 - 6 A/A/O 装置试验项目及内容

试验项目	内容
pH 值	7、8
回流比	2、3、4
溶解氧/（mg/L）	2、3、4、5
投加营养液试验	

（3）MBR 装置试验内容。

针对三种膜的曝气量、运行模式及化学清洗等进行研究，如表 4 - 1 - 7 所示。

表 4 - 1 - 7 MBR 装置试验项目及内容

试验项目	内容
MBR 膜组件	碳化硅膜、陶瓷膜、有机膜
曝气量	
运行模式	
清洗频次	

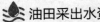

（4）高压 RO 装置试验内容。

针对两种膜进行研究，如表 4-1-8 所示。

表 4-1-8　高压 RO 装置试验项目及内容

试验项目	内容
不同膜形式	STRO、DTRO
不同回收率	50%、60%、65%
膜污染因素研究	
清洗频次	

（5）低压 RO 装置试验内容。

针对低压 RO 产水率、清洗等进行研究，如表 4-1-9 所示。

表 4-1-9　低压 RO 装置试验项目及内容

试验项目	内容
不同回收率	80%、85%、90%
膜污染因素研究	
清洗频次	

5）检测指标

水质检测指标、频次及总次数如表 4-1-10、表 4-1-11 所示。

表 4-1-10　膜法水样化验频次

序号	检测点	检测指标	检测频次
0	总进水	温度、离子全分析、含油及悬浮物、COD、氨氮质量浓度	每 2 周 1 次检测离子全分析、油、悬浮物、COD、BOD、氨氮；每天 1 次测温度、pH 值
1	除硬装置出水	离子全分析、pH 值及含油、悬浮物、COD 及氨 氮、Ca^{2+}、Mg^{2+}、SiO_2、Sr 质量浓度	调试期间，不同 pH、混凝剂絮凝剂投加量调整后，检测含油、悬浮物、Ca^{2+}、Mg^{2+}、SiO_2、Sr 质量浓度；运行期间每周 1 次检测 Ca^{2+}、Mg^{2+}、SiO_2、Sr 质量浓度；每 2 周 1 次含油、悬浮物质量浓度及离子全分析；每天 1 次测温度、pH 值
2	A 池、O 池出水	pH 值及 COD、BOD_5、氨氮、DO、污泥质量浓度	调试期间，不同停留时间、回流比、曝气量调整后每 2~3d1 次检测 COD、氨氮及污泥质量浓度；运行期间每周 1 次检测 COD、氨氮、污泥质量、BOD_5 质量浓度；每天测 pH 值、温度、DO 质量浓度
3	MBR 池出水	pH 值及 COD、BOD_5、氨氮、溶解氧（DO）、污泥质量浓度	调试期间，不同停留时间、回流比、曝气量调整后每天 1 次检测 COD、氨氮、污泥质量浓度；运行期间每 3d 1 次检测 COD、氨氮、污泥质量、BOD_5 质量浓度；每天测电导率、pH 值、温度、DO 质量浓度

序号	检测点	检测指标	检测频次
4	高压 RO 出水，淡水、浓水	离子分析、浊度、pH 值、电导率、ORP	调试期间，不同测试项目调整后，1 次检测 COD、BOD、氨氮质量浓度、全离子分析； 运行期间每周 1 次检测离子全分析、COD 质量浓度； 浊度、电导率、ORP、pH 值
5	低压 RO 出水，淡水、浓水	离子分析、浊度、pH 值、电导率、ORP	调试期间，不同测试项目调整后，1 次检测 COD、BOD、氨氮质量浓度、全离子分析； 运行期间每周 1 次检测离子全分析、COD 质量浓度； 浊度、电导率、ORP、pH 值

表 4 - 1 - 11　膜法检测总次数

设计检测指标	总次数	单位
离子全分析	20	个
含油质量浓度	16	个
悬浮物质量浓度	26	个
COD 质量浓度	126	个
BOD_5 质量浓度	66	个
氨氮质量浓度	126	个
Ca^{2+} 质量浓度	21	个
Mg^{2+} 质量浓度	21	个
SiO_2 质量浓度	21	个
Sr^{2+} 质量浓度	21	个
污泥质量浓度	80	个
电导率	60	个
pH 值	60	个
DO 质量浓度	60	个

3. 试验执行计划

中试各阶段具体起止日期可根据实际安装、调试情况微调，但保证整个系统达到试验出水要求的稳定运行时间约为 3 个月。

1）准备阶段

（1）现场试验人员进行相关的 HSE 培训。

（2）按照附件 1 检查试验所需的化学药剂、劳保用品、检测仪器及取样用品、记录资料等是否准备齐全。

（3）各设备就位、组装完成后，各专业检查电、控、结构、工艺、配管等安装就位情况，泵、阀等能否正常开启。

2）调试阶段

调试设备进水运行是否正常，查看有无跑冒滴漏，泵阀等是否运转正常。

①配置药剂调整加药泵排量，按照药剂投加方案投加药剂，按照检测计划开始检测。

②根据检测结果，调整药剂投加量，保证预处理出水达到 A/O 装置进水标准。

③A/O 装置先采用低质量浓度废水进行菌种驯化，逐步提高废水质量浓度进行试验。

④其他设备按照设备厂商操作手册进行调试。

3）试验阶段

（1）各设备调试合格达到试验条件后，试验项目进行中试试验；

（2）开展试验，记录试验现象及结果，同时开展水质检测。

4）总结阶段

整理中试试验运行记录及检测报告，汇总、编写中试试验报告。如有部分试验数据不合理，可进行重复验证试验。

5）设备撤场

试验完成后，所有设备撤离，并进行场地恢复。

（四）MVR 法中试方案

2018 年 10～12 月于胜利油田陈南采出水处理站内完成 MVR 中试试验。

1. 试验目的

前期降膜蒸发器的研发，不能仅仅依据模拟计算和室内实验的结果，特别是换热系数的确定需要更多的试验支持，才能更准确，更接近工况。为了保证降膜蒸发器的可靠性能、对稠油采出水的适应性，开展了中试试验，优化设计，同时筛选预处理边界条件，提供控制指标，设计一套完整的适合稠油高盐采出水资源化的降膜蒸发工艺包。

2. 中试方案

1）设计规模及水质

（1）设计进水量为 5.56m³/h。

（2）进水水质：含油＜50ppm，悬浮物＜50ppm，二氧化硅＜80ppm，矿化度＜20000ppm，总硬度＜1600ppm。

（3）预处理出水水质：含油＜30ppm，悬浮物＜30ppm，二氧化硅＜30ppm，总硬度＜200ppm。

（4）出水水质：含油＜2ppm，悬浮物＜2ppm，二氧化硅＜30ppm，矿化度＜1000ppm，总硬度＜0.1ppm。（优于 SY/T 0027—2014《稠油注汽系统设计规范》含油＜2ppm，悬浮物＜2ppm，二氧化硅＜50ppm，矿化度＜7000ppm，总硬度＜0.1ppm）。

2）中试时间及地点

中试时间为 2018 年 10～12 月，中试地点在陈南采出水站。

3）工艺流程

（1）主工艺流程。

陈南站外输采出水→澄清罐→缓冲水箱→MVR 蒸发装置→水箱。

（2）辅助流程。

各设施排泥、排污、溢流放空等→水箱→站内已建污泥池。

（3）加药流程。

药剂包括混凝剂、絮凝剂、氧化镁、NaOH、碳酸钠、盐酸。其中混凝剂、絮凝剂、氧化镁、NaOH、碳酸钠投加在澄清罐内；盐酸投加在缓冲水箱内。

药剂投加方案如表4-1-12所示（计算方案，实际加药情况见具体实验数据）。

表4-1-12 药剂投加方案

mg/L

序号	药剂名称	加药点	加药质量浓度	加药方式
1	混凝剂	澄清罐内	50（估算）	连续
2	絮凝剂	澄清罐内	10（估算）	连续
3	氧化镁	澄清罐内	60	连续
4	NaOH	澄清罐内	927	连续
5	碳酸钠	澄清罐内	1069	连续
6	盐酸	缓冲水箱进水	74.3	连续

4）检测指标

最终检测报告（含运行正常时的有效数据）如表4-1-13所示，主要检测指标及频次如下。

离子全分析、COD：总进水、预处理出水、MVR出水，每月1次。

含油、悬浮物：总进水、预处理出水，每周1次。

温度、电导率：总进水、预处理出水、总出水，每天1次。

表4-1-13 MVR法水样检测报告

序号	检测点	检测指标	检测频次
1	总进水	温度、离子全分析及含油、悬浮物和COD质量浓度	每天1次检测温度、电导率，每周1次检测Ca^{2+}、Mg^{2+}、SiO_2（调试期间）、含油、悬浮物质量浓度；每月1次检测离子全分析、COD质量浓度
2	澄清罐出水	Ca^{2+}、Mg^{2+}离子、SiO_2、含油、悬浮物质量浓度及pH值	调试期间，每次药剂投加量调整后，检测含油、悬浮物、Ca^{2+}、Mg^{2+}、SiO_2质量浓度及pH值
3	缓冲水箱出水（预处理出水）	离子分析、pH值及含油、悬浮物质量浓度	调试期间每次药剂投加量调整后，检测Ca^{2+}、Mg^{2+}、SiO_2质量浓度及pH值；运行期间每天1次检测电导率、pH值（在线检测），每周1次含油、悬浮物质量浓度，每月1次检测离子全分析、COD质量浓度
4	MVR出水	离子全分析、电导率及含油、悬浮物、COD质量浓度	调试期间运行参数改变时检测电导率，运行期间每天1次检测电导率，每月1次检测COD质量浓度、离子全分析

3. 试验执行计划

1）准备、调试阶段

现场试验人员进行相关的 HSE 培训；检查试验所需的化学药剂、劳保用品、检测仪器及取样用品、记录资料等是否准备齐全；各设备就位、组装完成后，各专业检查电、控、结构、工艺、配管等安装就位情况，泵、阀等能否正常开启；查看设备进水运行有无跑冒滴漏，泵阀等是否运转正常。

2）预处理试验

（1）稀释药剂，调整加药泵排量，按照药剂投加方案投加药剂，按照检测计划开始检测。

（2）根据检测结果，调整药剂投加量，保证预处理出水达到 MVR 进水标准。

3）MVR 试验阶段

（1）MVR 试验开机及浓缩倍数试验。

预处理设备出水正常后，按照 MVR 操作规程，启动 MVR 系统。

试验目的：①不同浓度的沸点上升；②浓度与 K 值的关系；③浓缩倍数与耗电量的关系。

（2）循环量与蒸发量试验。

试验目的：101℃蒸汽出口下，循环水量与 K 值的关系。

（3）温差与蒸发量试验。

试验目的：101℃蒸汽出口下，传热温差与 K 值的关系。

（4）蒸发温度与蒸发量试验。

试验目的：不同压缩机出口温度下，传热温差与 K 值的关系。

（5）采出水直接蒸发清洗周期试验。

试验目的：对采出水的适应能力及进口边界确定及清洗剂筛选。

（五）处理工艺确定

完成室内实验及中试研究后，经技术经济对比分析确定最佳的气田采出水处理工艺为"除硬 + A/A/O + MBR + 高压 RO + 低压 RO + MVR"。

第二节 主要技术

一、气田采出水水质特性研究

天然气井场产生的污水主要包括钻井过程产生的压裂返排液和生产阶段随气田带出的气田采出水。

压裂返排液和气田采出水是人为添加成分（压裂液残留、钻井液残留）与开采地地层水成分混合液体。在清水压裂液组分中清水占 90.6%，支撑剂占 8.95%，其他占 0.44%，其中支撑剂中包括了种类繁多的各种添加剂，如减阻剂、表面活性剂、防垢剂、缓蚀剂、交联剂等。

普光气田采出具有水高盐、高 COD、高氨氮、高硬度的特点，同时由于含有 H_2S 等有毒有害气体，属高浓度难降解含硫含盐废水。水质概况如表 4-2-1 所示。

表4-2-1 气田采出水水质指标范围

序号	检测指标	检测结果
1	pH 值	6.0~9.0
2	COD$_{Cr}$质量浓度/(mg·L^{-1})	≤2500
3	氨氮质量浓度/(mg·L^{-1})	≤150
4	氯化物质量浓度/(mg·L^{-1})	≤20000
5	矿化度质量浓度/(mg·L^{-1})	≤30000
6	钙离子质量浓度/(mg·L^{-1})	≤1000
7	镁离子质量浓度/(mg·L^{-1})	≤400
8	悬浮物质量浓度/(mg·L^{-1})	≤500
9	硫化物质量浓度/(mg·L^{-1})	≤3500
10	含油质量浓度/(mg·L^{-1})	≤50

(一) 离子全分析

普光气田1#水处理站常规处理后采出水水质离子全分析(表4-2-2),取样日期2018年5月8日。

表4-2-2 采出水离子全分析

检测依据				SY/T 5523—2006			
分析项目		c(1/zBz-)浓度/(mmol·L^{-1})	ρ(B)质量浓度/(mg·L^{-1})	分析项目		c(1/zBz-)浓度/(mmol·L^{-1})	ρ(B)质量浓度/(mg·L^{-1})
阴离子	F$^-$	0.00	0.0	阳离子	Li$^+$	0.00	0.0
	Cl$^-$	183.65	6510.52		Na$^+$	183.88	4229.20
	Br$^-$	0.37	29.5		NH$_4^+$	1.37	23.43
	NO$_3^-$	0.00	0.0		K$^+$	1.43	55.59
	SO$_4^{2-}$	4.85	232.66		Mg^{2+}	7.41	88.88
	OH$^-$	0.00	0.0		Ca^{2+}	10.04	200.72
	CO$_3^{2-}$	0.00	0.0		Sr^{2+}	0.00	0.00
	HCO$_3^-$	15.55	948.70		Ba^{2+}	0.00	0.0
					总铁	/	/
合计		204.05	7691.88	合计		204.05	4597.82
矿化度ρ($\sum$B)/(mg·L^{-1})			12289.70	永硬度ρ(CaCO$_3$)/(mg·L^{-1})			94.86
总硬度ρ(CaCO$_3$)/(mg·L^{-1})			873.01	COD 质量浓度/(mg·L^{-1})			677
总碱度ρ(CaCO$_3$)/(mg·L^{-1})			778.15	温度/℃			23
pH			7.32				

（二）采出水有机污染物构成分析

1. 水样 COD 结果分析

参照《水和废水监测分析方法》（第 4 版），测定水样 COD 指标。COD 的测定方法为首先采用快速消解仪对水样（图 4 - 2 - 1）进行消解，然后再利用 UV - 2802 型紫外/可见分光光度计进行比色测定，检测结果如表 4 - 2 - 3 所示。

图 4 - 2 - 1　采出水水样

表 4 - 2 - 3　水样 COD 检测结果

样品	检测项目	单位	测定结果
气田采出水	COD 质量浓度	mg/L	782.21

化学需氧量（COD）是指在一定条件下，利用强氧化剂氧化水体中的有机物，所消耗的氧化剂的量，当量折算为氧气的消耗量，结果以 mg/L 表示。COD 常作为衡量水中有机物质含量多少的指标，COD 越大，说明水体受有机物的污染越严重。水样的 COD 为 782.21mg/L。

2. 水样三维荧光结果分析

测定的样品首先用超纯水将 DOC 的浓度调整至在 5 ~ 10mg/L，并经 0.45μm 孔径的醋酸纤维滤膜过滤后备用。采用日本日公司 Hitachi F - 7000 型荧光光谱仪对实验样品进行扫描，荧光光谱仪电压 700V，激发光源 150W。激发和发射狭缝宽度均设为 5nm，激发波长（Ex）为 200 ~ 450nm，发射波长（Em）为 280 ~ 550nm，激发和发射光谱增量均为 5nm，扫描速度为 2400nm/min，并以超纯水作为空白，并采用区域体积积分法分析水样的荧光数据，利用 Matlab 软件进行处理。采出水水样的结果如图 4 - 2 - 2 和表 4 - 2 - 4 所示。

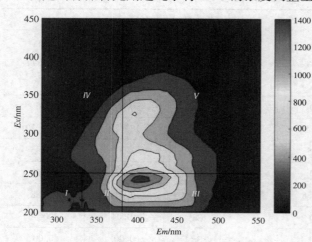

图 4 - 2 - 2　采出水水样污染物荧光分析

表 4 - 2 - 4　采出水样品中不同荧光组分对应体积积分所占百分比

样品名称	Ⅰ区	Ⅱ区	Ⅲ区	Ⅳ区	Ⅴ区
采出水样	2.65%	6.89%	26.83%	14.90%	48.73%

区域Ⅰ、Ⅱ、Ⅲ、Ⅳ、Ⅴ分别为类酪氨类物质、类色氨酸物质、类富里酸物质、可溶性微生物降解副产物以及类胡敏酸物质。其中区域Ⅰ、Ⅱ、Ⅳ属于易降解类物质，区域Ⅲ、Ⅴ属于难降解类物质。

由图 4 – 2 – 2 可知，采出水样的荧光光谱中存在 1 个主要荧光峰（激发波长 240nm，发射波长 400nm）位于Ⅲ/Ⅴ区，为类腐殖质荧光峰。由表 4 – 2 – 4 可知，采出水样品的区域积分法结果显示，类富里酸物质所占体积百分比为 26.83%。类胡敏酸物质所占的体积百分比为 48.73%，两者在五个区域中占比均较大。

3. 水样 GC – MS 结果分析

测定的样品首先用正己烷萃取两次，得到有机相组分和无机组分，随后再分别用 0.22μm 和 0.45μm 滤膜各过滤一次后备用。采用日本岛津公司 GCMS – TQ8040 型仪器对实验样品进行测定。

色谱条件：采用 RTX – 5MS 毛细管色谱柱，多阶程序升温，初温度 60℃，保持 2min，以 20℃/min 的速度升温 180℃，以 50℃/min 的速度升温至 270℃，保持 3min。

质谱条件：离子源温度 200℃，接口温度 220℃。

定性分析：通过 GC – MS 联用仪的计算机质谱库（NIST14.Lib）对比检索分析图谱（图 4 – 2 – 3）。

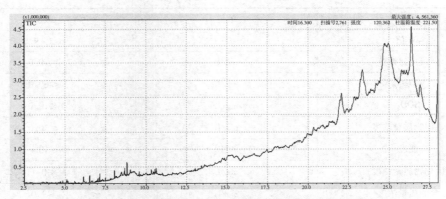

图 4 – 2 – 3 采出水水样有机物 GC – MS 总离子流图

从图 4 – 2 – 3 可以看出，出峰时间短的有机物峰面积较小，出峰时间在 21 ~ 27min 之间的有机物种类多且峰面积较大，通过与质谱图数据库对比，发现出峰时间在 21 ~ 27min 之间的有机物具体种类如表 4 – 2 – 5 所示。

表 4 – 2 – 5 采出水样有机物种类

峰号	保留时间/min	化合物分子式	相对分子质量	对应的有机物名称
1	5.110	$C_{11}H_{24}$	156	5 – 乙基 – 2 – 甲基辛烷
2	6.525	$C_{12}H_{26}$	170	正十二烷
3	6.635	$C_{13}H_{28}$	184	4，6 – 二甲基十一烷
4	6.680	$C_{13}H_{28}$	198	正十三烷
5	6.960	$C_{14}H_{30}$	198	4，6 – 二甲基十二烷
6	7.035	$C_{13}H_{28}$	184	2，4 – 二甲基十一烷
7	7.135	$C_{16}H_{34}$	226	正十六烷

峰号	保留时间/min	化合物分子式	相对分子质量	对应的有机物名称
8	7.210	$C_{19}H_{40}$	268	正十九烷
9	7.485	$C_{14}H_{30}$	198	4，6-二甲基十二烷
10	8.040	$C_{14}H_{30}$	198	正十四烷
11	8.480	$C_{20}H_{42}$	282	正二十烷
12	9.580	$C_{21}H_{44}$	296	正二十一烷
13	11.000	$C_{24}H_{50}$	338	正二十四烷

（三）采出水深度处理水质指标

采出水处理后水质达到《水务管理技术要求　第 2 部分：循环水》（Q/SH 0628.2—2014）循环冷却水补充水水质要求，具体指标如表 4-2-6 所示。

表 4-2-6　产品水水质

项目	单位	数值
pH 值		6.5~9.0
氨氮质量浓度	mg/L	≤10.0
COD_{Cr}	mg/L	≤60.0
BOD_5	mg/L	≤10.0
悬浮物质量浓度	mg/L	≤30.0
浊度	NTU	≤10.0
硫化物质量浓度	mg/L	≤0.1
含油质量浓度	mg/L	≤2.0
氯离子质量浓度	mg/L	≤200.0
硫酸根离子质量浓度	mg/L	≤300.0
总铁质量浓度	mg/L	≤0.5
电导率	μS/cm	≤1200
挥发酚质量浓度	mg/L	≤0.5
钙硬度	mg/L	≤300.0
总碱度	mg/L	≤300.0

二、除硬工艺研究

（一）室内小试

1. 实验目的

模拟机械搅拌除硬装置的操作条件，通过室内混凝沉降实验以确定如下参数：进水水质条件（如全离子分析、浊度或悬浮物浓度、溶硅含量等），水温，加药（碱）后的最佳 pH

值，化学药剂的投加种类、最佳药剂投加量及水温的影响，搅拌器转速，沉降时间，加药搅拌除硬后的出水水质（钙、镁、锶等离子含量，以及溶硅含量等）。

2. 实验方法

每组实验中只改变一个变量（如确定最佳絮凝剂药量时，其他条件不变，仅改变絮凝剂药量）。

3. 实验水样

普光1#水处理站出水。

4. 水质检测

对取样来水进行水质检测，包括全离子分析、浊度或悬浮物浓度、溶硅含量等的检测。

1）二氧化硅分类及形态

二氧化硅分类及形态如图4-2-4所示。

2）二氧化硅的检测方法

（1）钼光黄法。

在酸性环境中，钼酸铵与水中二氧化硅反应，生成黄色可溶的硅钼杂多酸络合物，在一定浓度范围内，其黄色与二氧化硅的浓度成正比，通过测定其吸光度并与硅标准曲线对照可得出其浓度。适宜中高浓度（线性浓度范围0.5~40ppm）样品的分析化验。

（2）钼光蓝法。

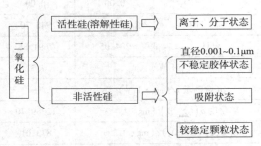

图4-2-4　二氧化硅分类及形态

在钼光黄法基础上，多了一步还原显色反应（需在络合物后加入氨基萘酚磺酸将其还原成硅钼蓝），其余均相同。适宜低浓度（线性浓度范围0.1~8ppm）样品的分析化验。

对于水中二氧化硅的检测，水温、水样是否过滤及静置、丹宁、大量的铁、硫化物和磷酸盐等均能影响二氧化硅的测定结果。加入草酸能破坏磷钼酸，消除其干扰并降低丹宁干扰。

3）水质检测及分析

本次室内实验所取水样为普光1#水处理站出水，具体水质检测如表4-2-7所示。

从来水全离子分析表中可以看出以下特点。

（1）偏碱性。

（2）碳酸氢根离子含量较高。

（3）钙离子含量较低。

（4）镁离子含量较低。

（5）无氟离子和锶、钡离子。

（6）水中总硬度略大于总碱度。

表4－2－7　普光1#水处理站全离子分析报告

检测依据				SY/T 5523—2016		
分析项目		c(1/zBz-) 浓度/ (mmol·L^{-1})	ρ(B) 质量浓度/ (mg·L^{-1})	分析项目	c(1/zBz-) 浓度/ (mmol·L^{-1})	ρ(B) 质量浓度/ (mg·L^{-1})
阴离子	F^-	0.00	0.00	阳离子	Li^+	0.00	0.00
	Cl^-	183.65	6510.52		Na^+	183.88	4229.20
	NO_2^-	0.00	0.00		NH_4^+	1.30	23.43
	Br^-	0.00	0.00		K^+	1.43	55.59
	NO_3^-	0.00	0.00		Mg^{2+}	7.41	88.88
	SO_4^{2-}	4.85	232.66		Ca^{2+}	10.04	200.72
	OH^-	0.00	0.00		Sr^{2+}	0.00	0.00
	CO_3^{2-}	0.00	0.00		Ba^{2+}	0.00	0.00
	HCO_3^-	15.55	948.70		总铁	—	—
合计		204.05	7691.88	合计	204.05	4597.82
pH 值			7.32	ρ(悬浮物)/含量(mg·L^{-1})		—
ρ(含油量)/(mg·L^{-1})			—	ρ(侵蚀 CO_2)/含量(mg·L^{-1})		—
矿化度$\rho(\sum B)$/(mg·L^{-1})			12289.70	永硬度ρ($CaCO_3$)/(mg·L^{-1})		94.86
总硬度ρ($CaCO_3$)/(mg·L^{-1})			873.01	暂硬度ρ($CaCO_3$)/(mg·L^{-1})		778.15
总碱度ρ($CaCO_3$)/(mg·L^{-1})			778.15	负硬度ρ($CaCO_3$)/(mg·L^{-1})		0.00

注：1. 委托单位送样；2. 塑料瓶装、水清有少量黑色悬浮物。

5. 混凝搅拌实验步骤及检测

1）配置水样、加药并快速搅拌混合

（1）在600mL 玻璃杯中倒入400mL 水样。

（2）将玻璃杯放入六联混凝搅拌器中。

（3）调整混凝搅拌器搅拌速度至80～100r/min，模拟快速混合。

（4）按加药顺序加入 NaOH 及混凝剂，Na_2CO_3 分量投加。

①NaOH。

药剂投加量1000mg/L，0.4g 的 NaOH（400mL 水样，pH 值调至10.6），目前配母液250000mg/L（100g 的 NaOH，400mL 纯水，20% 配药浓度）。其具体步骤为：取出1.6mL 的母液，先将1mL 母液将投加到400mL 水样中即可，稳定后检测水样中的 pH 值，若 pH 值达不到10.6则需用滴定管继续投加剩余母液，直至 pH 值调整至10.6即可，记录此时的 NaOH 用量。

②Na_2CO_3。

药剂投加量50mg/L，0.02g 的 Na_2CO_3（400mL 水样，pH 值调至10.6），目前配母液10000mg/L（5g 的 Na_2CO_3，500mL 纯水，1% 配药浓度）。其步骤为：取出2mL 的母液，将

其投加到400mL水样中即可。

③混凝剂。

药剂投加量30mg/L，0.012g的混凝剂（400mL水样，pH值调至10.6），目前配母液2000mg/L（1g的混凝剂，500mL纯水，0.2%配药浓度）。其步骤为：取出6mL的母液，将其投加到400mL水样中即可。

（5）加药后的快速搅拌过程在30s左右。

2）慢速搅拌混合

慢速搅拌混合用于模拟絮凝罩内的絮凝反应过程。之后加入絮凝剂，絮凝剂投加量2mg/L，0.0008g的絮凝剂（400mL水样，pH值调至10.6），目前配母液2000mg/L（1g的絮凝剂，500mL纯水，0.2%配药浓度）。其步骤为：取出10mL的母液，将其稀释至100mL（含0.02g的NaOH），然后取4mL投加到400mL水样中即可。

加入絮凝剂后，调节搅拌速度至45~55r/min，根据观察絮凝颗粒的状态确定最佳搅拌速度，时间约30min，在这期间仔细观察絮凝颗粒形成的过程以及状态并记录如下。

（1）针尖大絮凝颗粒<0.5mm。

（2）微小絮凝颗粒为0.5~0.75mm。

（3）小絮凝颗粒为0.75~1.0mm。

（4）中小絮凝颗粒为1.0~1.5mm。

（5）中絮凝颗粒为1.5~2.25mm。

（6）大絮凝颗粒为2.25~3.0mm。

（7）很大絮凝颗粒>3.0mm。

3）静置沉降

30min慢速搅拌结束后，停止并让水中絮状颗粒沉淀。观察整个沉淀过程并记录。从停止搅拌开始，每隔5min记录沉淀的厚度，直到150min停止记录。

400mL的水样在600mL玻璃杯中，记录生成80mL沉淀（污泥层）的时间（划分絮状颗粒的沉降速度）如下。

（1）时间<2min沉淀性能佳。

（2）时间2~5min沉淀性能好。

（3）时间5~15min沉淀性能：一般。

（4）时间>15min沉淀性能：差。

4）澄清液水质检测及记录

静止沉降完毕后，将澄清液提取并检测以下项目。

（1）pH值≥10（10~11）。

（2）Ca^{2+}含量<20ppm。

（3）Mg^{2+}含量<20ppm。

（4）Sr^{2+}含量<10ppm。

（5）硅含量（以SiO_2计）<30ppm。

5）六联搅拌器实验

根据上述混凝搅拌实验步骤，机械搅拌除硬装置经过一段时间的加药及污泥驯养后，取其进水(本项目直接取1#水处理站出水)，在化验室用六联搅拌器进行了实验。

(1)碳酸钠用量确定实验。

①加 NaOH 调整 pH 值至 10.6，并记录 pH 值稳定后 NaOH 用量，此时根据搅拌沉降效果及出水水质检测结果，确定是否需要投加碳酸钠。

②按照①中的 NaOH 用量调整 pH 值后，若混凝效果及出水水质不满足要求，则需投加碳酸钠，根据搅拌沉降效果及出水水质检测结果，确定碳酸钠的最佳投加量。

根据上述实验步骤，将水样分三组，分别投加 NaOH 调整 pH 值至 10.6 稳定后，向三组烧杯内投加不同量的碳酸钠，根据搅拌沉降效果及出水水质检测结果，确定碳酸钠的最佳投加量，具体如表 4 - 2 - 8 所示。

表4 - 2 - 8　室内混凝搅拌试验记录表(药剂投加量不同)　　　　ppm

烧杯序号	投加药剂种类				备注
	Na$_2$CO$_3$	NaOH	混凝剂	絮凝剂	
1#	0	pH 值 = 10.6 时药剂投加量记录	30	2	常温水配药
2#	50	pH 值 = 10.6 时药剂投加量记录	30	2	常温水配药
3#	100	pH 值 = 10.6 时药剂投加量记录	30	2	常温水配药

碳酸钠用量确定实验的照片如图 4 - 2 - 5 所示。

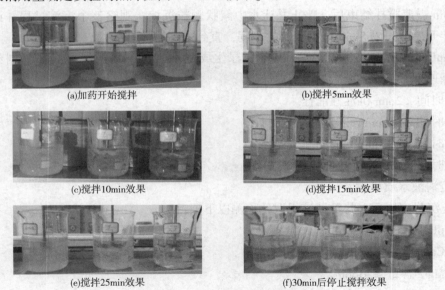

(a)加药开始搅拌　　　　　　　　　　(b)搅拌5min效果

(c)搅拌10min效果　　　　　　　　　　(d)搅拌15min效果

(e)搅拌25min效果　　　　　　　　　　(f)30min后停止搅拌效果

图4 - 2 - 5　碳酸钠用量确定实验照片

(g)上清液待化验取样

图4-2-5 碳酸钠用量确定实验照片(续)

根据上述实验步骤进行室内实验,实验完成后分别取了以上三组水样进行了钙、镁离子检测,检测结果如表4-2-9所示。

表4-2-9 室内混凝搅拌实验检测报告(碳酸钠药剂投加量不同) mg/L

烧杯序号	检测项目		
	Mg^{2+}投加量	Ca^{2+}投加量	CO_3^{2-}投加量
1#	20.15	8.82	1136.46
2#	24.07	8.37	1412.10
3#	20.80	7.07	1489.76

表4-2-4中的数据,是在NaOH投加量1000mg/L(pH值=10.6)、混凝剂投加量30mg/L、絮凝剂投加量2mg/L的前提下,1#样不投加碳酸钠,2#样投加50mg/L碳酸钠,3#样投加100mg/L碳酸钠的情况下检测的最终水质结果。

(2)NaOH用量确定实验。

碳酸钠投加量确定后,达到了理想的混凝效果及出水水质,然后再反过来下调pH值(即调整NaOH的投加量),以便最终确定加碱后的pH值和NaOH的投加量。实验步骤如下。

另取出20mL的NaOH母液,将其稀释至500mL(含5g的NaOH)。

①pH值调至10.2时的NaOH用量。

取35mL投加到400mL水样(另外的水样)中,稳定后检测水样的pH值,若pH值达不到10.2则需用滴定管继续投加剩余母液,直至pH值调整至10.2即可,记录此时的NaOH用量;然后投加确定好的碳酸钠、混凝剂及絮凝剂,观察搅拌沉降效果并对出水水质进行检测,如表4-2-5所示。

②pH值调至11时的NaOH用量。

另取40mL投加到400mL水样(另外的水样)中,稳定后检测水样的pH值,若pH值达不到11则需用滴定管继续投加剩余母液,直至pH值调整至11即可,记录此时的NaOH用量;然后投加确定好的碳酸钠、混凝剂及絮凝剂,观察搅拌沉降效果并对出水水质进行检测,如表4-2-10所示。

表4-2-10 室内混凝搅拌实验记录表(调整pH值)　　　　ppm

烧杯序号	投加药剂种类				备注
	Na₂CO₃	NaOH	混凝剂	絮凝剂	
4#	未投加	pH值=10.2时 药剂投加量记录	30	2	常温水配药
5#	未投加	pH值=11时 药剂投加量记录	30	2	常温水配药

NaOH用量确定实验的照片如图4-2-6所示。

(a)加药开始搅拌

(b)搅拌5min效果

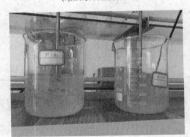
(c)搅拌10min效果

(d)搅拌20min效果

(e)搅拌25min效果

(f)30min后停止搅拌效果

(g)静止沉降5min效果

(h)静止沉降10min效果

图4-2-6 NaOH用量确定实验的照片

(i)取上清液后的沉淀物

(j)上清液待化验取样

图4-2-6　NaOH用量确定实验的照片(续)

　　根据上述实验步骤进行室内实验，实验完成后分别取了以上2组水样进行了钙、镁离子检测，检测结果如表4-2-11所示。

表4-2-11　室内混凝搅拌实验检测报告(调整pH值)

烧杯序号	检测项目		备注
	Mg^{2+} 投加量	Ca^{2+} 投加量	
4#	44.16	23.46	pH 值=10.2　未投加碳酸钠
5#	6.66	13.88	pH 值=11.0　未投加碳酸钠

　　由表4-2-5可知，与pH值调至10.6后并投加确定好的混凝剂、絮凝剂等(未投加碳酸钠)进行混凝搅拌后的水质检测结果对比，结果表明：pH值=10.2情况下混凝搅拌实验结果显示，出水中钙、镁离子含量偏高，不能满足出水水质要求；pH值=11情况下混凝搅拌实验结果显示，出水中钙、镁离子含量较低，与pH值=10.6情况下的混凝搅拌实验出水水质相比，出水中钙、镁离子含量更低，完全能够满足出水水质要求。

　　(3)混凝搅拌实验受水温的影响。

　　NaOH、碳酸钠、混凝剂、絮凝剂的最优投加量确定后，再对水样进行升温处理，并根据搅拌沉降效果及出水水质检测结果，确定升温对搅拌沉降效果及出水水质是否有影响(表4-2-12)。

表4-2-12　室内混凝搅拌试验记录表(水温不同)

烧杯序号	投加药剂种类				备注
	Na_2CO_3	NaOH	混凝剂	絮凝剂	
6#	×	√	√	√	pH 值=11 配药水热溶(25℃)
7#	×	√	√	√	pH 值=11 配药水热溶(35℃)

　　混凝搅拌实验受水温影响(25℃及35℃)的照片如图4-2-7所示。

(a)加药开始搅拌（25℃水浴）

(b)搅拌10min效果（25℃水浴）

(c)搅拌20min效果（25℃水浴）

(d)30min后停止搅拌效果（25℃水浴）

(e)静止沉降5min效果（25℃水浴）

(f)静止沉降10min效果（25℃水浴）

(g)加药开始搅拌（35℃水浴）

(h)搅拌10min效果（35℃水浴）

(i)搅拌20min效果（35℃水浴）

(j)30min后停止搅拌效果（35℃水浴）

图4-2-7　混凝土搅拌实验受水温影响的照片

(k)静止沉降5min效果（35℃水浴）

(l)静止沉降10min效果（35℃水浴）

(m)上清液待化验取样

图4-2-7　混凝土搅拌实验受水温影响的照片（续）

根据上述实验步骤进行室内实验，实验完成后分别取了以上2组水样进行了钙、镁离子检测，检测结果如表4-2-13所示。

表4-2-13　室内混凝搅拌实验检测报告（水温不同）　　　　　　　　　　mg/L

烧杯序号	检测项目		备注
	Mg²⁺投加量	Ca²⁺投加量	
6#	0.00	5.61	pH值=11 配药水热溶(25℃)　未投加碳酸钠
7#	0.00	3.56	pH值=11 配药水热溶(35℃)　未投加碳酸钠

6. 研究结论

通过来水水质分析、碳酸钠用量确定实验、NaOH用量确定实验及混凝搅拌实验受水温的影响等室内实验出水水质结果分析，可初步得出如下结论。

1）碳酸钠用量

通过来水水质分析可知，水样中碳酸氢根离子含量大于钙离子，理论上投加足量的NaOH后，可不用额外投加碳酸钠，即可将全部的钙离子去除。

室内实验的水质分析结果亦证明了理论计算结果，是否投加碳酸钠值，对于出水水质中的钙离子含量影响很小。

2）NaOH用量

通过室内实验的水质分析结果可知，pH值=10.2和pH值=11两种碱性环境情况下，出水水质中的钙、镁离子含量差别较大（pH值=10.2的出水水质不能满足设计要求）。

3）水温对混凝搅拌及出水水质的影响

NaOH、碳酸钠、混凝剂、絮凝剂的最优投加量确定后，通过对水样进行升温处理，根据搅拌沉降效果及出水水质检测结果显示，升温对搅拌沉降效果及出水水质有影响，但影响不大。

根据来水水质分析，综合上述混凝搅拌实验检测结果，最终确定的 pH 值及药剂投加量等参数：最佳 pH 值 = 10.6，无须投加碳酸钠，NaOH 投加量 > 1000mg/L，混凝剂投加量为 30mg/L，絮凝剂投加量为 2mg/L。

（二）中试装置

1. 设备主要参数

本项目研制处理规模 $1m^3/h$ 的除硬中试装置，设备尺寸 $\Phi1.8m \times 2.7m$。

中试装置主要设备及参数如图 4 - 2 - 8 和表 4 - 2 - 14 所示。

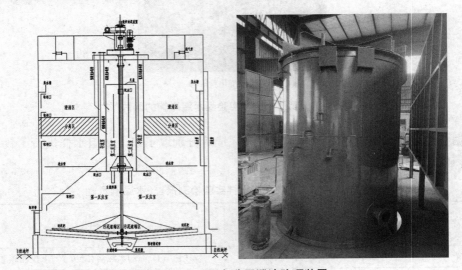

图 4 - 2 - 8　同向分层澄清除硬装置

表 4 - 2 - 14　除硬装置主要设备参数

序号	设备位号	名称及规格	单位	数量
1		预处理撬块 处理量为 $1m^3/h$	座	1
		内含：澄清罐（带搅拌刮泥机）、缓冲水箱、均质水箱、提升泵、加药装置、配管系统以及电控系统，具体设备参数如下：		
(1)		澄清罐（钢制）尺寸：$\Phi1.8m \times H2.7m$	座	1
(2)		缓冲水箱（钢制）尺寸：$1.4m \times 1.4m \times 1.4m$	座	1
(3)		均质水箱（钢制）尺寸：$1.2m \times 1.2m \times 1.0m$	座	1
(4)		提升泵 1 $Q = 1.5m^3/h$ $H = 10m$ $N = 0.55kW$	台	1
(5)		提升泵 2 $Q = 1m^3/h$ $H = 10m$ $N = 0.3kW$	台	1

续表

序号	设备位号	名称及规格	单位	数量
(6)		混凝剂加药装置	套	1
		内含：药剂罐 $\Phi0.35m \times H0.7m$	座	1
		药剂泵 $Q = 0 \sim 20L/h$，$H = 0.8MPa$	台	1
		功率：0.15kW/套		
(7)		絮凝剂加药装置	套	1
		内含：药剂罐 $\Phi0.35m \times H0.7m$	座	1
		药剂泵 $Q = 0 \sim 20L/h$，$H = 0.8MPa$	台	1
		功率：0.15kW/套		
(8)		烧碱加药装置	套	1
		内含：药剂罐 $\Phi0.6m \times H1.0m$	座	1
		药剂泵 $Q = 0 \sim 50L/h$，$H = 0.8MPa$	台	1
		功率：0.22kW/套		
(9)		氧化镁/纯碱加药装置	套	1
		内含：药剂罐 $\Phi0.35m \times H0.7m$	座	1
		药剂泵 $Q = 0 \sim 20L/h$，$H = 0.8MPa$	台	1
		功率：0.15kW/套		
(10)		盐酸加药装置	套	1
		内含：药剂罐 $\Phi0.35m \times H0.7m$	座	1
		药剂泵 $Q = 0 \sim 20L/h$，$H = 0.8MPa$	台	1
		功率：0.15kW/套		
(11)		澄清罐搅拌刮泥机	台	
		内含：主搅拌器、副搅拌器、刮泥机、电机、电控柜、转动轴等		
(12)		丝扣截止阀 J11H – 16C DN32	个	4
(13)		丝扣截止阀 J11H – 16C DN25	个	14
(14)		丝扣截止阀 J11H – 16C DN20	个	4
(15)		法兰截止阀 J41H – 16C DN40	个	1
(16)		法兰截止阀 J41H – 16C DN20	个	6
(17)		PP – R 截止阀 DN20	个	5
(18)		PVC – C 截止阀 DN15	个	12
(19)		PVC – C 止回阀 DN15	个	5
(20)		丝扣止回阀 H11H – 16C DN25	个	2
(21)		安全阀 DN15 定压0.88MPa	个	5
(22)		Y 型过滤器 DN15 60目	个	5
(23)		流量计	块	1
(24)		pH 在线检测仪	块	1
(25)		压力表 Y ~ 50 0 ~ 0.5MPa	块	3
(26)		仪表用三通阀	个	3

2. 中试设备说明

本装置已申请发明专利,较传统除硬装置有如下技术优势。

(1)搅拌器与刮泥耙转向相同,提高了污泥浓缩效率,保证了出水水质,从而保证顶部出水中钙镁硬度及悬浮物含量达标,并有效控制了罐内底部排泥的含水率。

(2)装置内投加药剂,避免了前端进水管上投加药剂造成的管线堵塞,提高了药剂的混合利用效率,保证了装置稳定运行。

(3)装置内设分层取样,尤其是在第一反应室和澄清分离区设分层取样,能够及时准确地根据沉淀性能了解上述两个腔室内各层反应后的水质情况,及时准确地确定装置内搅拌器的最佳搅拌速度,进而优化调整开机及调试期间的药剂投加量,降低了污泥产量及运行成本。

(4)分离区设斜板,增加了沉降面积,提高了污泥等悬浮物的分离去除率,保证了上部澄清区的出水水质。

同向分层澄清除硬装置主要由罐体、第一反应室、第二反应室、分离区、澄清区、污泥浓缩区、主搅拌器、副搅拌器、刮泥耙、分层取样管等组成,主要功能是药剂混合、同步除硬除硅、絮凝沉淀及澄清分离除悬等,提高了药剂混合及污泥浓缩效率,避免了前端管线的堵塞,及时准确地确定了装置内搅拌器的最佳搅拌速度,保证了出水钙镁硬度、悬浮物及二氧化硅的水质达标。

(三)中试研究

采用上述中试设备,取普光气田深度水处理站内调储罐出水进行 $1m^3/h$ 中试试验,对小试实验结论进行验证,试验原水 Ca^{2+}、Mg^{2+} 含量分别为 230.98mg/L 及 94.37mg/L(较小试实验含量有所增加)。混凝剂、絮凝剂投药量按照小试结论投加,分别为 30mg/L 及 2mg/L。中试现场试验如图 4-2-9 所示。

1. 最佳 pH 值实验

取 10.6、11.0、11.2 三个不同的 pH 值,检测出水 Ca^{2+}、Mg^{2+} 质量浓度验证小试研究结论。中试出水结果如图 4-2-10 所示。

图 4-2-9　除硬装置中试现场

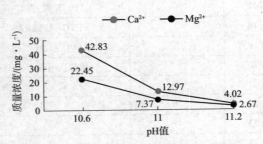

图 4-2-10　中试试验不同 pH 值出水水质情况

2. Na_2CO_3 投加量实验

取 0、50mg/L、100mg/L、150mg/L 三个不同量的 Na_2CO_3,在 pH 值 =11 的工况下进

行中试试验，检测出水 Ca^{2+}、Mg^{2+} 含量验证小试研究结论。中试出水结果如图 4 - 2 - 11 所示。

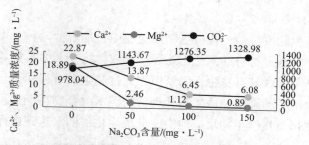

图 4 - 2 - 11　中试试验不同 Na_2CO_3 投加量出水水质情况

3. 中试研究结论

现场中试对不同 pH 值及 Na_2CO_3 投加量进行试验研究，得出最佳 pH 值为 11，较小试实验的 10.6 略高，对应的 Ca^{2+}、Mg^{2+} 质量浓度分别为 12.97mg/L 及 7.37mg/L；从中试实验结果来看，Na_2CO_3 应进行一定量投加，才能保证出水水质稳定，最佳投加量为 50 ~ 100mg/L，对应的 Ca^{2+}、Mg^{2+} 质量浓度分别为 6.45mg/L 及 1.12mg/L。

三、生化工艺研究

（一）室内小试

1. 实验内容和目的

本次实验采用微生物处理方法对普光含硫气田高含盐采出水进行处理，考察该废水中 COD 的去除效果。

2. 实验时间及地点

实验时间：2018.11.20 ~ 2018.12.7；

实验地点：水分析实验室。

3. 实验进水水质分析

生化实验进水水质如表 4 - 2 - 15 所示。

表 4 - 2 - 15　生化实验进水水质

mg/L

指标	结果	指标	结果
COD 质量浓度	2697	硬度	940（以 $CaCO_3$ 计）
BOD 质量浓度	165	TOC 质量浓度	821.88
氨氮质量浓度	139	TC 质量浓度	850
PO_4^{3-} 质量浓度	0	IC 质量浓度	28.92
SS 质量浓度	4.6	HCO_3 质量浓度	795
Fe 质量浓度	0.54	矿化度	16206
pH	7.56		

4. 实验工艺流程及说明。

本实验采用了两种工艺进行实验：

1）A/A/O + MBR（图 4 - 2 - 12、图 4 - 2 - 13）

污水经泵打入微生物反应池，在微生物反应池中投加耐盐菌种。微生物以污水中的有机污染物为营养源，并通过自身的氧化、还原、合成，将复杂的有机物转化为简单的无机物，释放出的能量一部分供其自身生存和繁殖，通过其生命过程达到污水净化的目的，完成了污水中有机物及油类的降解。微生物处理后的泥水混合物再经过微滤膜分离单元，将含微生物的活性污泥保留在微生物反应池中，分离生化后的水达到指标要求。

图 4 - 2 - 12　微生物反应装置（活性污泥）　　　图 4 - 2 - 13　超滤膜装置

2）生物接触氧化 + 高级氧化（图 4 - 2 - 14、图 4 - 2 - 15）

污水经泵打入微生物反应池，在微生物反应池中投加复配好的耐盐菌种。微生物以污水中的有机污染物为营养源，并通过自身的氧化、还原、合成，将复杂的有机物转化为简单的无机物，释放出的能量一部分供其自身生存和繁殖，通过其生命过程达到污水净化的目的，完成了污水中有机物及油类的降解。出水自流入沉淀池静置，上清液进入出水池。再采用高级氧化技术处理微生物出水。

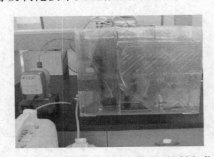

图 4 - 2 - 14　微生物反应装置（接触氧化）　　　图 4 - 2 - 15　高级氧化装置

5. 实验过程及出水数据分析

1）微生物培养阶段（2018. 11. 20 ~ 2018. 11. 27）

在微生物反应池中加入一定量的污水，控制好菌种适宜的生长条件，控制溶氧含量、pH 值以及 25℃ 左右的温度，然后投加复配好的耐盐菌种，进行菌的驯化与培养。

2）正常运行阶段（2018. 11. 28 ~ 2018. 12. 7）

待出水清澈后取实验出水进行水质分析。

6. 实验出水水质分析

经过一段时间的微生物驯化后，微生物活性增加能有效地降解废水中的 COD，分析化验结果如表 4 –2 –16、表 4 –2 –17 所示。

表 4 –2 –16 A/A/O + MBR 处理水质

采样编号	COD 质量浓度/（mg·L⁻¹）		
	进水	出水	去除率/%
1	2700	2287	15. 30
2	2700	1936	28. 30
3	2700	1578	41. 56
4	2700	1386	48. 67
5	2700	1146	57. 56
6	2700	919	65. 96
7	2700	827	69. 37
8	2700	794	70. 59
9	2700	648	76. 00
10	2700	573	78. 78

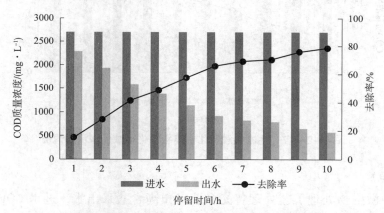

图 4 –2 –16 A/A/O + MBR 小试处理水质情况

表 4 –2 –17 生物接触氧化 + 高级氧化工艺处理水质

水力停留时间	COD 质量浓度/（mg·L⁻¹）		
	进水	出水	去除率/%
1	2700	2065	23. 52
2	2700	1847	31. 59
3	2700	1748	35. 26
4	2700	1497	44. 56
5	2700	1356	49. 78

水力停留时间	COD 质量浓度/$(mg \cdot L^{-1})$		
	进水	出水	去除率/%
6	2700	1243	53.96
7	2700	943	65.07
8	2700	873	67.67
9	2700	789	70.78
10	2700	726	73.11

从图 4 - 2 - 16 可以看出，采用第一种微生物 + 膜工艺处理后，普光含硫气田高含盐采出水中 COD 质量浓度从 2697mg/L 降至 500 ~ 600mg/L，去除率约为 80%。

从图 4 - 2 - 17 可以看出，采用第二种工艺处理后，进水 COD 质量浓度为 2697mg/L，经生物接触氧化及高级氧化后，COD 质量浓度降至 700mg/L 左右，去除率为 70%。

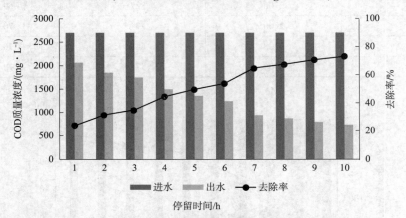

图 4 - 2 - 17　生物接触氧化 + 高级氧化小试处理水质情况

7. 实验结论

采用两种微生物处理工艺处理普光含硫气田高含盐采出水，进水 COD 质量浓度为 2697mg/L，两种处理工艺均可行。由室内实验得出，第一种生化工艺 A/A/O + MBR 对 COD 去除率达 80%，可以开展中试进行深入研究。

（二）中试装置

1. A/A/O（水解酸化池/缺氧池/好氧池）生物反应装置（图 4 - 2 - 18）

1）设备参数

处理规模为 $1.0m^3/h$，设备尺寸为 $5m \times 2.5m \times 3m$，A/A/O 容积设置为体积比约为 3∶2∶5。

2）设备简要说明

A/A/O 为水解酸化、缺氧、好氧工艺组合，主要工作原理如下。

（1）水解（酸化）处理方法是厌氧处理的前期阶段。

根据产甲烷菌与水解产酸菌生长条件的不同，将厌氧处理控制在含有大量水解细菌、酸化菌的条件下，利用水解菌、酸化菌将水中不溶性有机物水解为溶解性有机物，将难生物降解的大分子物质转化为易生物降解的小分子物质，从而改善废水的可生化性，为后续生化处理提供良好的水质环境。

（2）AO 工艺将前段缺氧段和后段好氧段串联在一起，A 段 DO 质量浓度≤0.5mg/L，O 段 DO 质量浓度为 2~4mg/L。

图 4-2-18 A/A/O 中试装置

在缺氧段异养菌将污水中的淀粉、纤维、碳水化合物等悬浮污染物和可溶性有机物水解为有机酸，使大分子有机物分解为小分子有机物，不溶性的有机物转化成可溶性有机物，当这些经缺氧水解的产物进入好氧池进行好氧处理时，可提高污水的可生化性及氧的效率；在缺氧段，异养菌将蛋白质、脂肪等污染物进行氨化（有机链上的 N 或氨基酸中的氨基）游离出氨（NH_3、NH_4^+），在充足供氧条件下，自养菌的硝化作用将 $NH_3-N(NH_4^+)$ 氧化为 NO_3^-，通过回流控制返回至 A 池，在缺氧条件下，异氧菌的反硝化作用将 NO_3^- 还原为分子态氮（N_2）完成 C、N、O 在生态中的循环，实现污水无害化处理。

2. MBR 反应装置（图 4-2-19）

MBR 膜生物反应器（Membrane Bio-Reactor），是一种由膜分离单元与生物处理单元相结合的新型水处理技术。按照膜的结构可分为平板膜、管状膜和中空纤维膜等；按膜孔径可划分为微滤膜、超滤膜、纳滤膜、反渗透膜等；按照膜材质可分为有机膜、无机膜，无机膜又分为陶瓷膜及新型碳化硅膜。

为了更好地验证三种膜在气田采出水应用中的适应性，本次中试装置在 MBR 反应水箱内三种膜各设置了一个膜组件，进行同工况平行试验，装置如图 4-2-19 所示。

图 4-2-19 MBR 中试装置

3. 主要设备参数

中试设备主要参数如表 4-2-18、表 4-2-19 所示。

表 4-2-18 A/A/O 中试设备主要参数

序号	设备名称	规格参数	单位	数量
1	A 池		套	1
	箱体	1.5m×2.5m×3.0m，Q235 防腐	座	1
	潜水搅拌机	1.1kW	套	1

续表

序号	设备名称	规格参数	单位	数量
2	A 池		套	1
	箱体	1.0m×2.5m×3.0m，Q235 防腐	座	1
	潜水搅拌机	1.1kW	套	1
3	O 池		套	1
	箱体	2.5m×2.5m×3.0m，Q235 防腐	座	1
	曝气风机	YFB－50，1.29m³/min，39.2kPa，2.2kW	台	1
	曝气装置	膜片式曝气盘	套	1
	在线 pH 计		套	1
	在线 DO 计		套	1

表 4－2－19　MBR 中试设备主要参数

序号	设备名称	规格型号	材质	数量
1	MBR 池	2500mm×1500mm×2000mm	碳钢防腐	1 台
	液位开关			2 套
	MBR 池排污阀	DN100	尼龙阀板	1 台
2	碳化硅平板膜		碳化硅	32m²
	机架		不锈钢	1 个
3	陶瓷平板膜			32m²
	机架		不锈钢	1 个
4	有机帘式膜		PVDF	32m²
	机架		不锈钢	1 个
	曝气风机	0.75kW	铝合金	1 台
	曝气组件	DN15	PVC	1 套
	气体流量计	300～3000L/h	玻璃转子	1 支
5	产水泵	2m³，0.55kW，24m	不锈钢	3 台
	产水电磁阀	DN25	不锈钢	3 个
	产水流量计	160～1600L/h	转子	3 支
	负压表	－0.1～0MPa	不锈钢	3 支
6	反洗水箱	采用产水箱		
	反洗水泵	8m³，12m，0.55kW	不锈钢	3 台
	反洗进水电磁阀	DN40	不锈钢	3 个
	反洗压力表	0～0.6MPa	不锈钢	3 支
	反洗流量计	1～10m³/h	转子	3 支

续表

序号	设备名称	规格型号	材质	数量
7	次氯酸钠加药			
	加药箱	200L	PE	1个
	加药泵	6L/h		1台
8	柠檬酸加药			
	加药箱	200L	PE	1个
	加药泵	6L/h		1台
	搅拌器		衬四氟	1台
9	还原剂加药			
	加药箱	200L	PE	1个
	加药泵	6L/h		1台
	搅拌器		衬四氟	1台
	在线pH值计	pH-3500A		1台
10	产水箱	1m³	PE	1个
	液位开关			2套

（三）中试研究

采用上述中试设备，取除硬设备出水流量为$1m^3/h$进行中试试验，对小试实验结论进行验证，中试流程：来水（除硬出水）→（水解酸化池/缺氧池/好氧池）A/A/O→MBR，污泥自MBR池回流至缺氧池保证污泥浓度。中试现场试验如图4-2-20所示。

图4-2-20　A/A/O、MBR装置现场中试

1. A/A/O工艺研究

生物处理段包括水解酸化池、缺氧池、好氧池。采出水经调节后除硬处理后，进入水解酸化池，由反硝化细菌以污水中含碳有机物质为碳源，分解污水中COD物质，同时将污水中的NO_3^-、NO_2^-离子还原成为N_2，实现NO_3^-、NO_2^-的反硝化；在好氧池中鼓入充足的空气，并加入微生物所必需的各种营养，利用好氧性微生物去除污水中的残留COD等污染物，同时在好氧池中利用硝化细菌及亚硝化细菌的作用将污水中的NH_3-N氧化成

NO_3^-、NO_2^- 离子。

1）缺氧池运行

调节后的废水首先进入缺氧池进行反硝化反应。反硝化反应是异养型微生物（反硝化细菌）将硝酸盐或亚硝酸盐还原成气态氮或 N_2O。在反硝化过程中消耗 NO_3^- 和有机物碳源（COD）。

（1）有机碳源的控制。

当废水的 BOD_5：TN（总氮）＞3.0 时，碳源充足，不需投加外碳源。当碳源不足时，可投加甲醇等易降解的有机物作为外加碳源。废水首先进入缺氧池，能提供充足的碳源。在运行过程中定期补充一定量的葡萄糖以满足反硝化反应的进行。

（2）硝化液回流比的控制。

硝化液回流比与脱氮率呈一定比例关系，回流比过高能源消耗增加，过低则脱氮率下降，常用的混合液回流比为 300%～400%。实际控制回流比在 300% 左右。

（3）溶解氧的控制。

溶解氧对反硝化反应有很大影响，主要由于氧会同硝酸盐竞争电子供体，且会抑制硝酸盐还原酶的合成及其活性。控制溶解氧质量浓度在 0.5mg/L 以下。

2）好氧池运行

（1）温度。

温度对细菌微生物的增长速率及硝化速率有着重要影响。硝化反应的适宜温度为 30～35℃，此时硝化菌比增长速率最大；反硝化反应温度范围较广，可在 5～27℃ 进行。采出水温度为 30～40℃，经过调节后，夏季在 35℃ 左右，冬季在 25℃ 以下，冬季投蒸汽加热，采出水温度控制为 28～30℃。

（2）溶解氧质量浓度。

好氧池中溶解氧质量浓度降低，硝化菌的生长和硝化反应也会随之降低。亚硝酸细菌在较低溶解氧质量浓度下仍有较强的活性，在水中溶解氧质量浓度为 0.5mg/L 时，亚硝酸菌不受影响，而硝酸菌则被抑制，导致系统中的亚硝酸盐浓度升高，亚硝酸盐积累。要维持正常的硝化效果，混合液溶解氧质量浓度应大于 2.0mg/L，好氧池溶解氧质量控制为 3～5mg/L。

3）pH 值

由于硝化反应产生氢离子，形成一定酸度，废水的 pH 值降低，需要投加碱剂中和硝化过程所产生的酸，控制系统 pH 值在合理范围内，使硝化反应正常进行。

硝化菌最佳 pH 值范围为 8.0～8.4，亚硝酸菌的最大硝化速率 pH 值为 8～9，反硝化细菌适宜 pH 值为 6.5～7.5。为保证硝化反应和反硝化反应达到很好的平衡，好氧池控制 pH 值为 8～8.4，缺氧池 pH 值为 7～8；运行中好氧池添加纯碱调节。

4）污泥泥龄

为使硝化菌能在系统中存活并维持一定数量，及时排泥可适当缩短泥龄，能促使活性污泥新陈代谢，使活污泥具有良好的活性。根据污泥浓度、沉降比、镜检情况等因素进行排泥，保证有充分的硝化反应。污泥沉降比控制为 30%～40%。

5）运行结果

经过20d的驯化后，A/A/O装置内生物活性基本稳定，2020年7月10~14日取进水、缺氧池、好氧池出水进行分析，结果如表4-2-20及图4-2-21、图4-2-22所示。

表4-2-20 A/A/O装置处理效果

采样点	采样时间	pH值	COD质量浓度/ ($mg \cdot L^{-1}$)	氨氮质量浓度/ ($mg \cdot L^{-1}$)	电导率/ ($\mu s \cdot cm^{-1}$)	氯化物质量浓度/ ($mg \cdot L^{-1}$)	污泥质量浓度/ ($mg \cdot L^{-1}$)
生化进水	7.10	8.44	966.4	162.46	13140	5558.56	
缺氧池	7.10	7.26	524.8	47.27			
好氧池	7.10	7.51	281.6	23.76			
生化进水	7.11	8.61	1369.6	148.3	13330	5419.6	
缺氧池	7.11	7.83	1164.8	38.31			1322
好氧池	7.11	7.64	358.4	15.97			2084
生化进水	7.12	10.04	864	129.22	14170	6481.68	
缺氧池	7.12	8.73	505.6	40.71			2502
好氧池	7.12	7.63	232.8	15.52			2718
生化进水	7.13	8.4	851.2	138.96	14280	6342.71	
缺氧池	7.13	8.46	582.4	50.13			
好氧池	7.13	8.05	212.8	11.43			
生化进水	7.14	8.52	844.8	127	13730	6600.79	
缺氧池	7.14	8.69	686.4	55.39			2096
好氧池	7.14	8.21	200.4	11.1			2960

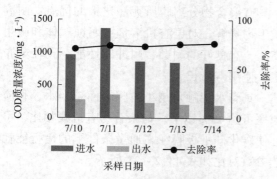

图4-2-21 A/A/O装置COD去除效果

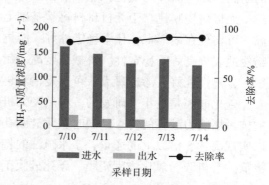

图4-2-22 A/A/O装置NH₃-N去除效果

由上可知，A/A/O装置在优化后的工艺参数下运行情况良好，进水COD质量浓度为800~1300mg/L的条件下，去除率在70%以上；进水NH_3-N质量浓度为120~160mg/L的条件下，去除率达到90%。

生化工艺段运行稳定后，开展不同HRT试验，采用180~30h阶梯式缩减HRT，考察生化出水COD及氨氮的去除效果，选取了6种工况，每种工况分别运行5d。试验结果如

图4-2-23、图4-2-24所示。

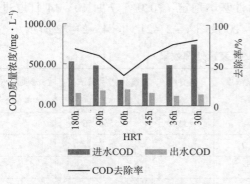

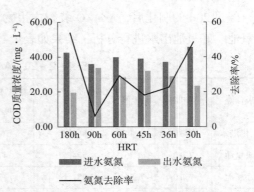

图4-2-23 不同HRT生化处理
出水COD去除情况

图4-2-24 不同HRT生化处理
出水氨氮去除情况

由图4-2-23、图4-2-24可见，生化处理出水COD、氨氮质量浓度并没有随着HRT的增加呈现明显的对应趋势，HRT 90h、HRT 60h对应的上游来水水质变差，对生化尤其是氨氮去除效果产生较大影响。试验后期随着水质变好，可生化性逐渐转好。初步来看影响生化处理效果的主要因素是原水水质的可生化性，HRT缩减到30h处理效果仍较好。

2. MBR工艺研究

中空纤维膜是指外形像纤维状，具有自支撑作用的膜。中空纤维超滤膜是超滤技术中最为成熟与先进的一种形式。中空纤维外径为0.4~2.0mm，内径为0.3~1.4mm，中空纤维管壁上布满微孔，孔径以能截留物质的相对分子质量表达，截留相对分子质量可达几千至几十万。超滤过程无相转化，常温下操作，对热敏性物质的分离尤为适宜，并具有良好的耐温、耐酸碱和耐氧化性能，能在60℃以下，pH值为2~11的条件下长期连续使用。

无机陶瓷膜建立于无机材料科学基础上，具有聚合物分离膜所无法比拟的优点：耐高温，可实现在线消毒；化学稳定性好，能抗微生物降解。对于有机溶剂、腐蚀气体和微生物侵蚀表现良好的稳定性。机械强度高、耐高压，有良好的耐磨、耐冲刷性能，孔径分布窄、分离性能好、渗透量大，可反复清洗再生，使用寿命长。

碳化硅膜是近年来研发的一种新型无机膜，具有水接触角越小，膜表面越亲水，相应的抗污堵能力越强的特点，同时碳化硅膜孔隙率可达45%以上，与聚合物有机膜相比，可以实现高达5倍以上的通量，亲水疏油的特性使碳化硅平板膜在高通量条件下的运行能耗极低。有机膜、氧化物陶瓷膜、碳化硅膜工艺参数对比如表4-2-21所示。

表4-2-21 三种膜工艺参数对比

类型	碳化硅平板膜	氧化物陶瓷平板膜	有机膜
	![碳化硅平板膜]	![氧化物陶瓷平板膜]	![有机膜]
膜形式	平板膜	平板膜	有机膜

续表

类型	碳化硅平板膜	氧化物陶瓷平板膜	有机膜
材质	碳化硅	氧化物	聚偏氟乙烯 PVDF
孔径/μm	0.04 ~ 0.4	0.01 ~ 0.4	0.08 ~ 0.4
纯水通量/ $[L \cdot (m^2 \cdot h)^{-1}]$ @25℃	1000 ~ 1500	500	200
最高使用温度/℃	高至800℃，由系统其他部件 决定最高使用温度	60	40
适应 pH 值范围	0 ~ 14	2 ~ 12	3 ~ 12
耐酸碱性	耐酸碱性强，可用于强酸、 强碱性液体的处理	耐碱性较差，不能长期用于 碱性液体的处理	不能长期在酸、 碱性条件下使用

试验运行前，膜生物反应器在经过了 1 个月的驯化培养期后。膜放入生物反应器中正常运行。反应器污泥龄控制为 20d，pH 值为 6.5 ~ 7.5，溶解氧质量浓度为 3 ~ 5mg/L，混合液悬浮固体(MLSS)溶解氧质量浓度稳定为 2000 ~ 4000mg/L。

在试验运行过程中，采取抽吸 9min，停 1min 的方式，每半小时反洗一次，恒流运行，跨膜压差(TMP)通过水银压力计读数记录。

1)三种膜通量研究

两种无机膜从 $20L/(m^2 \cdot h)$ 的初始膜通量以 $5L/(m^2 \cdot h)$ 的梯度逐渐递增，考察跨膜压差上升情况。有机膜以 $10L/(m^2 \cdot h)$ 的初始膜通量开展试验。3 种膜运行情况如图 4-2-25 所示。

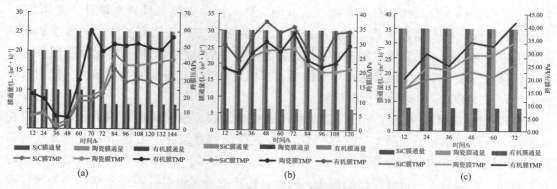

图 4-2-25　3 种膜不同通量工况下跨膜压差情况

试验结果表明，两种无机膜均可以在 $35L/(m^2 \cdot h)$ 膜通量下稳定运行，两种无机膜相比，碳化硅膜的跨膜压差比陶瓷膜小 5 ~ 10kPa；有机膜稳定运行的最大通量为 $8L/(m^2 \cdot h)$。

2)三种膜处理效果研究

上述试验 3 种膜出水的浊度、COD 质量浓度及氨氮去除情况如图 4-2-26 所示，由图 4-2-26 可见，三种膜中碳化硅出水浊度、COD 质量浓度及氨氮处理效果均最佳；有机膜出水 COD 质量浓度及氨氮的去除优于陶瓷膜，而浊度较陶瓷膜略差。

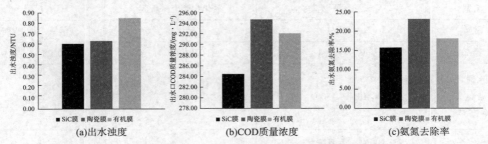

(a)出水浊度 (b)COD质量浓度 (c)氨氮去除率

图 4-2-26　三种膜出水浊度、COD 质量浓度及氨氮去除率情况

3. 研究结论

（1）对于气田采出水中 A/A/O + MBR 处理工艺能较好地去除水中的 COD 及氨氮，在进水 COD 为 800 ~ 1300mg/L 条件下，MBR 出水质量浓度可以控制在 300mg/L 以内，去除率在 70% 以上；在进水 NH_3-N 质量浓度为 12 ~ 25mg/L 的条件下，出水去除率在 80%以上。

（2）MBR 工艺中 3 种膜均可对水中 COD 进行有效去除；在相同通量工况下运行，碳化硅膜的耐污染性最好，运行最稳定。

四、高压 RO 工艺研究

（一）高压 RO 工艺分析

1. STRO（管网式反渗透膜）

管网式反渗透膜（Spacer Tube Reverse Osmosis，STRO）最早来自德国 ROCHEM 公司，目前主要由美国 NANOSTONE 公司生产。其膜元件采用单支膜元件独立设计，常用 $25m^2$ 的间隔管，膜元件直径为 8 英寸（20.3cm），长度为 1m。STRO 拥有开放式的流道和卷式的膜组件和无阻碍、无穿流式的进水系统，使得进水中的悬浮物固体不容易在膜组件上沉积。该设计克服了常见的反渗透污堵和结垢，且因具有 $27m^2$/支的加大膜面积，被用来替换处理高浓度 COD_{Cr} 的碟管式反渗透膜。

STRO 组件的膜片采用工业抗污染反渗透膜或纳滤膜，格网通道采用了区别于一般卷式膜的平行格网结垢，如图 4-2-27 所示。卷式膜组件卷绕在中心透析管上，并通过格网形成间隔，传统的格网为菱形结垢，如图 4-2-28 所示。废水/料液通过该格网流动时并不通畅，特别是含一定悬浮物的废水，因此，传统的卷式膜组件需要严格的预处理，避免悬浮物进入膜组件内部，发生物理堵塞现象。STRO 组件的格网采用梯形结构，废水/料液在格网形成的通道内流动，如同在管式膜内流动，阻力比菱形格网小很多；同时，内部横向的加强筋可以增加料液流动时的紊流，降低膜的浓差极化作用，使 STRO 组件的耐污染能力得到提高。

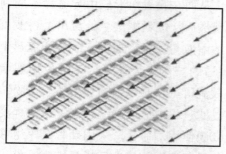

图4-2-27 STRO组件格网

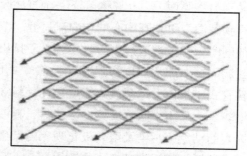

图4-2-28 传统卷式膜组件格网

STRO组件主要技术特点如下。

(1)开放式流道,流道间距为1.2~4mm,可降低流动阻力,降低浓差极化,便于膜清洗。

(2)耐压≥7.0MPa,耐压范围高,可克服渗透压,获得高浓缩倍数。

STRO的反渗透系统设计一般采用大流量高压循环的方式,因此,其回收率由进水含盐量、设计膜通量、运行压力三个变量共同确定。STRO按照耐受压力分类,有7.5MPa、9.0MPa和12MPa三种等级;在膜通量和膜的耐压等级确定的前提下,进水中的总溶解固体含量决定了STRO系统所能达到的回收率。

以7.5MPa的膜为例,正常运行压力以7.0MPa计,浓水侧TDS质量浓度可被浓缩至80~90g/L。若进水TDS质量浓度为30g/L,通过7.5MPa的STRO系统浓缩,浓水可浓缩至90g/L,浓缩倍率为3倍,即约66%的回收率。同样进水,若采用9.0MPa的膜,浓水侧TDS质量浓度可被浓缩至100~120g/L,浓缩倍率可提升至4倍,即约75%的回收率,但高压力使得系统内高压泵、循环泵、阀门等设备的压力等级提高,配备成本更高。目前国内还没有12MPa的STRO系统的使用案例。

STRO最初是为处理垃圾渗滤液而设计的,因此,具备开放式流道等抗污堵的性能。目前有报道的STRO系统处理垃圾渗滤液进出水的COD_{Cr}质量浓度如表4-2-22所示。水中COD_{Cr}质量浓度为300mg/L,TDS质量浓度为16000mg/L;连续经过STRO中试设备运行14d,掺水通量维持在15~17L/(m²·h),通量无明显衰竭。

表4-2-22 STRO系统进出水的COD_{Cr}质量浓度

mg/L

进水COD_{Cr}质量浓度	出水COD_{Cr}质量浓度
20000	125
300	10

2. DTRO(碟管网式反渗透膜)

碟管式反渗透膜(DTRO膜)是反渗透的一种形式,是专门处理高浓度污水的膜组件,其核心技术是碟管式膜片膜柱。DTRO的工作原理是:料液通过膜堆与外壳之间的间隙后通过导流通道进入底部导流盘中,被处理的液体以最短的距离快速流经过滤膜,然后180

度逆转到另一膜面，再从流入到下一个过滤膜片，从而在膜表面形成由导流盘圆周到圆中心，再到圆周，再到圆中心的切向流过滤，浓缩液最后从进料端法兰处流出。料液流经过滤膜的同时，透过液通过中心收集管不断排出。浓缩液与透过液通过安装于导流盘上的O形密封圈隔离。和常规反渗透相比，碟管式反渗透的技术优势在于：①避免物理堵塞现象。碟管式膜组件采用开放式流道设计，料液有效流道宽，避免了物理堵塞。②膜结垢和膜污染较少。采用带凸点支撑的导流盘，料液在过滤过程中形成湍流状态，最大程度上减少了膜表面结垢、污染及浓差极化现象的产生。③膜使用寿命长。采用碟管式膜组件能有效减少膜结垢，膜污染减轻，清洗周期长，膜组件易于清洗，清洗后通量恢复性好，从而延长了膜片寿命。④浓缩倍数高。碟管式膜组件是目前工业化应用压力等级最高的膜组件，操作压力最高可达 16MPa。

超级反渗透膜元件 SUPER MODULE 属于第三代碟管式反渗透。本产品采用特殊改性的专用膜片，优化流体在膜柱内部流动形态和压力补偿结构设计，确保系统的安全性和高效性，增强对高浓度物料的适应性和稳定性。

超级反渗透膜元件主要由过滤膜片、导流盘、中心拉杆、高压容器、两端法兰、各种密封件及连接螺栓等组成。其工作原理是：原水通过膜芯与高压容器的间隙到达膜元件底部，均匀布流进入导流盘，在导流盘表面以雷达扫描方式流动，从投币式切口进入下一组导流盘和膜片，在整个膜柱内呈涡流状流动，产水通过中心管排出膜元件(图4-2-29)。

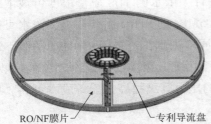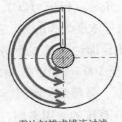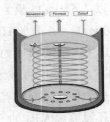

RO/NF膜片　　　　专利导流盘　　　　雷达扫描式错流过滤　　　　涡流式螺旋流程

图4-2-29　超级反渗透膜元件工作原理

超级反渗透膜元件的主要特点：①专有膜片改性技术。特殊改性的 RO/NF 膜片膜分离功能层更厚、电负性更低、膜表面更光滑、亲水效果更好，具有更强的抗污染和耐高压性能。相比传统膜片，具有更长的使用寿命，一般在3年以上。②抗污染的结构设计。更宽的流体通道(2.5mm)，雷诺数 >2500，具有更优异的流体湍流效果，膜片自清洗效果更好，压力损耗低(0.1~0.2bar/m²)(1bar=0.1MPa)。

(二)中试装置

通过上述分析可知，两种高压 RO 装置都具有耐高盐、耐污染的特性，为了更好地对 STRO/DTRO 两种膜进行比较，本项目设计一套中式设备进行两种膜同工况运行对比。

DTRO 膜面积为 9.5m²、STRO 膜面积为 25m²，运行压力均为 7.0MPa。

主要装置如图4-2-30所示，设备参数如表4-2-23所示。

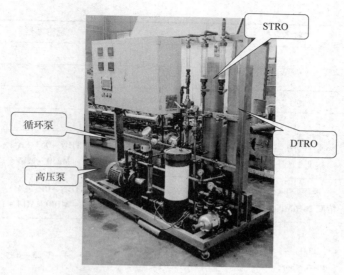

图 4 - 2 - 30　高压反渗透中试装置

表 4 - 2 - 23　高压 RO 中试装置主要设备参数

名称	技术参数	材质	规格型号	数量
原水箱	$1m^3$	PE	—	2 个
液位开关				2 个
加药箱	25L	PE		2 个
计量泵	流量 0.79L/H 压力 10.3bar	泵头材质 PVC	P046	2 台
原水泵	$1m^3/h$，$H = 35m$	过流材质：316L		1 台
保安过滤器	$3m^3/h$，$5\mu m$	PVC		1 台
高压泵	$1.5m^3/h$，$H = 800m$ APP1.5　5.5kW	过流材质 双相钢 2507	APP1.5	1 台
循环泵	$8m^3/h$，$H = 50m$ 入口压力 8MPa			1 台
变频器(原水泵)	$0 \sim 3m^3/h$，$0 \sim 0.3MPa$， $P = 1.1kW$	—	恒转矩	1 台
变频器(高压泵)	$0 \sim 3m^3/h$，$0 \sim 10MPa$， $P = 7.5kW$	—	恒转矩	1 台
变频器(循环泵)	$0 \sim 3m^3/h$，$0 \sim 10MPa$， $P = 11kW$	—	恒转矩	1 台
压力开关	—			1 台

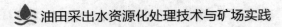

续表

名称	技术参数	材质	规格型号	数量
低压开关				1个
DTRO		90bar		1套
STRO		90bar		1套
仪器仪表				
全不锈钢 耐震压力表	量程：0~0.6MPa， 精度2.5，径向安装	表壳：304， 接液：316L	YTHN-063-AO- 521-M230-M14*1.5	2支
全不锈钢 耐震压力表	量程：0~0.6MPa， 精度1616MPa，径向安装	表壳：304， 接液：316L	YTHN-063-AO- 521-M100-M14*1.5	6支
反渗透进水 ORP传感器	(-2000)-(+2000)mV， 4-6.9bar，10-85℃	壳体：CPVC 电极：平头； 密封：FPM； 管径：DN20	3-2725-6	1支
流量计	(MAX：~200LPH)DN20	—	—	1支
流量计	(MAX：~1500LPH)DN20	—	—	1支
流量计	(MAX：~200LPH)DN20	—	—	1支
电导率传感器+ 变送器	电极常数：10cm^{-1}， 测量范围100~200000μs 50~100000ppm	316SS	336815	1台
电导率传感器+ 变送器	电极常数：0.1cm^{-1}， 测量范围1~1000μs 0.5~500ppm	316SS	336085	1台
pH值传感器+ 变送器	量程：0~14	配安装底座	电极：3-2724-1， 变送器：3-9900-IP	1台
温度变送器	量程：0~100℃ 输出4~20mA	双金属温度计		1台
电控系统				
电控系统(包括 PLC控制系统)	—	—		1套
阀门				
焊接高压球阀	DN25	SS2205	PN10.0	2个
焊接高压球阀	DN20	SS2205	PN1.0	4个
安全阀		SS2205	PN10.0	
焊接截止阀	DN20	SS2205	PN10.0	1个
止回阀	一端一寸维式接头， 一端G3/4外螺纹	SS2205	PN1.0	1个

续表

名称	技术参数	材质	规格型号	数量
维式接头	$DN25$	SS2205	PN10.0	1个
焊接弯头90°	$DN25$	SS2205	PN1.0	4个
焊接弯头90°	$DN20$	SS2205	PN10.0	4个
变径三通	$DN50/DN25$	SS2205	PN10.0	2个
变径	$DN50/DN20$	SS2205	PN10.0	2个
焊接大小头	$DN25/DN20$	SS2205	PN10.0	2个
焊接外丝	$DN20$	SS2205	PN10.0	3个
弯头，三通等管件	$DN32$，$DN25$，$DN20$	双相钢、PVC		1批
管道卡箍	$DN25$	316L，100bar		3个
膜架		316L		1套

(三)中试研究

采用上述中试设备，取 MBR 设备出水流量为 1.0 m³/h 进行中试实验，对两种高压 RO(STRO/DTRO)性能进行验证。中试流程：来水(MBR 出水)→高压 RO(STRO/DTRO)→低压 RO。中试现场试验如图 4-2-31 所示。

图 4-2-31　高压 RO 现场中试

1. 运行压力及膜通量

反渗透膜进水压力本身并不会影响盐透过量，但是进水压力升高使得驱动反渗透的净压力升高，使得产水量加大，同时盐透过量几乎不变，增加的产水量稀释了透过膜的盐分，降低了透盐率，提高脱盐率。当进水压力超过一定值时，由于过高的回收率，加大了浓差极化，导致盐透过量增加，抵消了增加的产水量，使得脱盐率不再增加。

反渗透膜水通量最主要的是温度，温度越低，产水量也就是膜通量越低，25℃ 以下，温度每下降 1℃，产水量降低 3%。温度对反渗透膜的运行压力、脱盐率、压降影响最为明显。温度上升，渗透性能增加，在一定水通量下要求的净推动力减少，因此，实际运行压力降低。同时溶质透过速率也随温度的升高而增加，盐透过量增加，直接表现为产品水电导率升高。

2. DTRO 试验情况

关闭 STRO 进水阀门，开启 DTRO 进水阀门，依次开启原水提升泵、高压泵、循环泵开始试验。选取三种进水流量 600L/h、800L/h、1000L/h 进行试验，试验运行压力以 5.5MPa 为上限，以 5L/(m²·h) 膜通量变量为递增梯度，稳定运行 2h；记录三种工况下

DTRO 膜进出水电导率及运行压力情况。

试验显示，以 5.5MPa 为运行压力上限的前提下，在 600L/h、800L/h、1000L/h 进水流量条件下，DTRO 膜通量均可达到 25 ~ 30(L/m² · h)，三种工况下不同膜通量对应的膜前压力、COD 去除率及脱盐率变化情况如下。

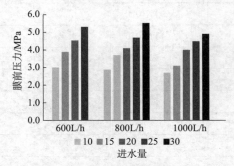

图 4 - 2 - 32　提高膜通量 DTRO
运行压力变化

由图 4 - 2 - 32 可见，在 DTRO 进水流量一定的条件下，膜前压力随膜通量的提高而逐渐增大；原因在于要获得大的膜通量需要克服更高的渗透压，具体表现为，在进水流量一定的条件下，提高膜的产水率，所需的压力随之升高。

由图 4 - 2 - 33 可见，进水 COD 质量浓度为 134 ~ 235mg/L 时，随着膜通量的提高，DTRO 膜对 COD 去除率呈现先升高后降低的趋势。原因可能是适当的膜通量对消除膜表面的浓差极化是有帮助的，膜通量过小、过大都不利于 COD 的去除。

由图 4 - 2 - 34 可见，DTRO 膜在进水电导率在 30000μS 左右工况下，出水电导稳定在 2000μS 以下，去除率 90% 以上。同时，DTRO 电导去除率随产水率的提高呈现与 COD 去除率类似的趋势，在 10 ~ 20L/m² · h 范围内，其电导去除率较高，在 95% 以上。

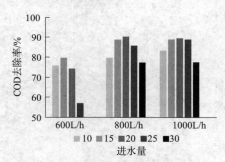

图 4 - 2 - 33　提高膜通量 DTRO 对
COD 去除率变化

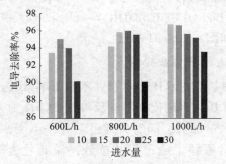

图 4 - 2 - 34　提高膜通量 DTRO
电导去除率变化

3. STRO 试验情况

关闭 DTRO 进水阀门，开启 STRO 进水阀门，依次开启原水提升泵、高压泵、循环泵开始试验。选取三种进水流量 1000L/h、1250L/h、1500L/h 进行试验，试验运行压力以 5.5MPa 为上限，不同膜通量下稳定运行 2h；记录各工况下 STRO 膜进出水电导率及运行压力情况。

试验显示，以 5.5MPa 为运行压力上限的前提下，1000L/h、1250L/h、1500L/h 进水流量条件下，STRO 膜通量可在 8 ~ 15L/m² h 范围内运行，三种工况下不同膜通量对应的膜前压力变化、COD 去除率及脱盐率情况如下。

由图 4 - 2 - 35 可见，在 5.5MPa 上限运行压力条件下，STRO 膜通量较 DTRO 有明显下降，最大为 15L/(m² · h)；另外，STRO 运行压力与流量、膜通量的关系与 DTRO 有类似的趋势，即其运行压力与其产水率成正比。

由图4-2-36可见，进水COD质量浓度为134~235mg/L时，随着膜通量的提高，STRO膜对COD去除率呈现与DTRO类似先升高后降低的趋势。

由图4-2-37可见，STRO在进水电导率在30000μS左右工况下，出水电导稳定在1000μS以下，去除率95%以上。在膜通量8~15L/(m²·h)范围内，随产水率的提高，STRO电导去除率下降趋势不明显，其电导去除率始终可保持在98%左右。

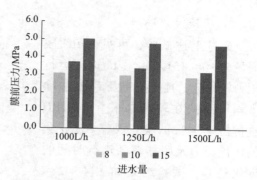

图4-2-35 提高STRO通量运行压力变化

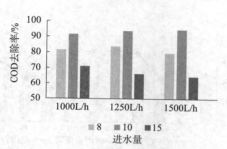

图4-2-36 提高STRO通量对COD去除率变化

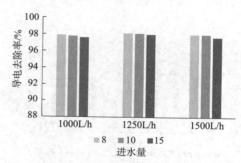

图4-2-37 提高STRO通量电导去除率变化

4. DTRO/STRO 对比研究

本次试验用膜面积STRO约为DTRO的2.5倍，为了对比在相同膜通量且相同回收率的条件下，两种膜运行压力及脱盐率情况，归纳上述试验数据中的STRO进水流量1500L/h与DTRO进水流量600L/h，进行对比研究。

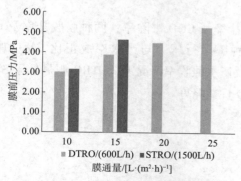

图4-2-38 同回收率同膜通量STRO/DTRO运行压力对比

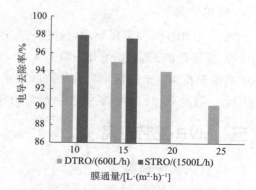

图4-2-39 同回收率同膜通量STRO/DTRO电导去除率对比

由图4-2-38、图4-2-39可见，在相同产水回收率条件下，相同膜通量[10~15L/(m²·h)]STRO运行压力要高于DTRO，约为0.3~0.8MPa，还发现STRO电导去除率比 DTRO 高 3%~5%。

5. 持续运行试验

通过上述试验，可见 STRO 膜通量为 10~15L/（m² · h）时，运行压力较稳定，且脱盐率及 COD 去除率均可维持在较高水平。对 STRO 进行持续运行试验，观察 STRO 膜的运行压力及脱盐率随运行时间的变化趋势，试验结果如图 4 - 2 - 40~图 4 - 2 - 42 所示。持续性试验 DTRO/STRO 运行参数如表 4 - 2 - 24。

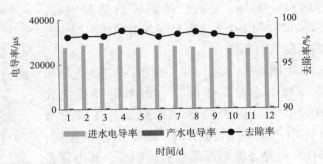

图 4 - 2 - 40　STRO 连续运行脱盐率情况

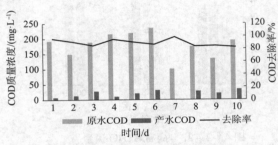

图 4 - 2 - 41　STRO 连续运行 COD 去除情况

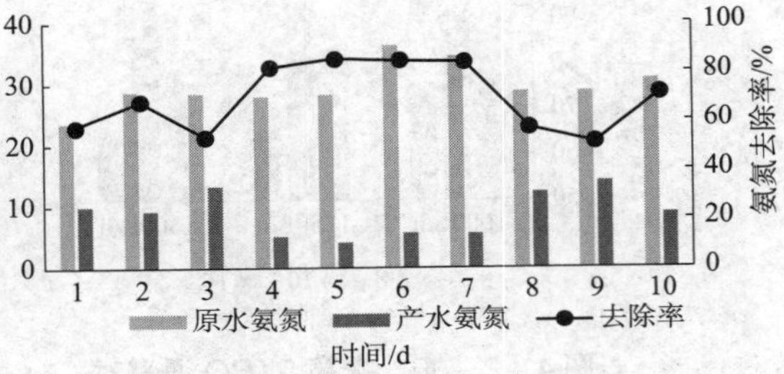

图 4 - 2 - 42　STRO 连续运行氨氮去除情况

表 4 - 2 - 24　DTRO/STRO 运行参数

膜类型	进水流量/(L · h⁻¹)	产水流量/(L · h⁻¹)	产水回收率/%	膜通量/[L/(m² · h)]
STRO	800	320	40	12.8

6. 研究结论

STRO、DTRO 两种高压膜均可达到较高脱盐率及 COD 去除率；两种膜脱盐率及 COD 去除率随膜通量的升高呈先升后降趋势；两种膜运行压力与产水率成正比，因 STRO/DTRO 两种膜在构造上的区别，在相同膜通量及产水回收率情况下，DTRO 明显低于 STRO 运行压力，脱盐率、COD、氨氮去除方面 STRO 性能略好。

五、MVR 工艺研究

（一）室内实验研究

1. 实验装置介绍

室内小试试验采用海水淡化研究所传热综合实验平台进行。平台包括水平管降膜蒸发器和垂直管降膜蒸发器两种类型的蒸发器，如图 4 - 2 - 43、图 4 - 2 - 44 所示。

垂直管降膜蒸发器外形为 1650mm × 540mm × 610mm 的长方立式容器，蒸发器内部各个组件均可取出并更换，可对不同结构的传热管进行实验；传热管采用正三角形排列，共三排12列。蒸发器两侧均装有增大视窗，并配有方便拆卸保温盖板。增强了可视性，可随时对内部防腐、结垢、布液状态进行观察与监测。

图4-2-43　垂直管降膜蒸发器

图4-2-44　传热实验平台

实验平台采用网络式控制系统，可实现远程监控；控制操作及数据采集实现自动化，所有设备的运行状态、控制命令等由智能化操作平台管理，自动实现运行数据的归档、处理、显示、报警、报表等工作。

传热平台工艺流程如图4-2-45所示。从流程图上可以看出，该平台主要由电热锅炉、降膜蒸发器、循环水箱及循环水泵、二次蒸汽换热器、管路系统、真空泵、计量装置、显示仪表组成。

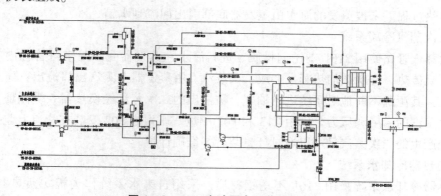

图4-2-45　实验平台工艺流程图

1—电热锅炉；2—水平降膜蒸发器；3—循环水箱；4、5—循环水泵；
6、7—蒸汽换热器；8、9—计量装置；10、11—真空泵

过程描述：首先，打开真空泵10、11对系统进行抽气，然后进料海水通过循环泵4、5进入蒸发器2，通过喷淋装置在蒸发器的传热管上形成连续的薄水膜。与此同时电热锅炉1产生的低压蒸汽进入降膜蒸发器管程，与喷淋海水进行蒸发冷凝传热。系统产生的二次蒸汽进入换热器6进行冷凝，冷凝液可以通过计量装置8计量。管程源蒸汽被冷凝，冷凝液通过质量流量计F1计量后回到电热锅炉1，未冷凝的部分通过换热器7进行冷凝，冷凝液可以通过计量装置9计量。

空气和其他不凝性气体以空气和蒸汽混合物的形式分别从蒸发器管程和壳程抽出，不凝气由真空泵 10、11 抽出。除在操作过程中抽出不凝气之外，该真空泵还在装置启动过程中产生初始真空。

传热实验平台实验系统的回路由六个回路组成，即一次蒸汽循环系统、进料海水循环系统、二次蒸汽冷凝系统、换热器冷却水系统、真空系统、智能实验系统。

1）一次蒸汽循环系统

一次蒸汽循环管路材质为 316L 不锈钢。蒸汽由电热锅炉 1（图 4 - 2 - 46）产生，进入蒸发器管程，过程中通过 HV401 调节进料蒸汽量，传热管蒸汽进口、出口两侧分别测量一次蒸汽温度、压力（进口 T12、P04，出口 T11、P06），必要时使用压差计，已在蒸发器上预留接口，以便检测一次蒸汽经过传热管束时压力损失。蒸汽大部分通过蒸发器冷凝，冷凝液通过质量流量计 F1 计量，少量蒸汽由换热器 7 冷凝，冷凝液可以通过计量装置 9 准确计量。真空泵 10、11 用于产生初始真空。

图 4 - 2 - 46　蒸汽发生器

2）进料海水循环系统

进料海水循环系统管路采用 316L 不锈钢材质。在装置启动时，进料海水由变频循环泵 4、5 引入系统壳程，进料海水量由 F2 测量并显示。进料海水的温度和压力分别由 T01 和 P01 测量。进入蒸发器后由喷淋装置均匀喷洒到传热管上，与管内蒸汽产生热交换，一部分海水被加热蒸发产生二次蒸汽，同时管内蒸汽被冷凝，实现冷凝蒸发传热过程。未被蒸发的海水由蒸发器底部引出回流到水箱 3。

3）二次蒸汽冷凝系统

二次蒸汽管路使用 316L 不锈钢材质。进料海水在蒸发器壳程与来自管程内的蒸汽发生蒸发冷凝传热，海水被加热蒸发形成二次蒸汽。由蒸发器上蒸汽出口流出，过程驱动力是真空泵，其源源不断地对系统进行抽气，被抽出的二次蒸汽经换热器 6 被循环自来水冷却，二次蒸汽的温度和压力分别由 T13 和 P02 测量。压力表 P02 安装在管道上监控压力变化。系统产生的二次蒸汽量可以通过计量装置 8 准确计量。

4）换热器冷却水系统

换热器冷却水系统采用 316L 不锈钢材质。采用自来水系统作为板式换热器的冷源，二次蒸汽及蒸发器管程的未冷凝的蒸汽通过换热器 6 和 7 实现冷却。F4、F3 分别计量两台换热器中冷却水的流量，T07、T09 测量换热器 6 冷却水进口、出口温度，T06、T08 测量换热器 7 冷却水进口、出口温度。

5）真空系统

真空系统管路选用 316L 材质。空气和其他不凝性气体从装置中抽出，并用真空泵 10、11 排到大气中。空气在蒸发器的抽出位置有两个：一个是蒸发器的管程，第二个是蒸发器的壳程。真空泵还起到引出二次蒸汽的作用。

6）智能实验系统

进料蒸汽通过手动调节阀 HV401 控制进入蒸发器的蒸汽量。进料海水通过手动调节阀 HV102 控制进入装置的进料海水量。另外，通过调节 HV502、HV503 和 HV505、HV506 分别实现对壳程和管程真空度的控制。换热器冷却水流动系统通过调节 HV602 和 HV603 实现流量控制。

本实验台所有检测数据均有现场和远传两种监测方法，在计算机上可以显示整个实验状态，包括流程模拟并能完整记录实验过程中所有检测数据。数据采集系统界面如图 4－2－47 所示。

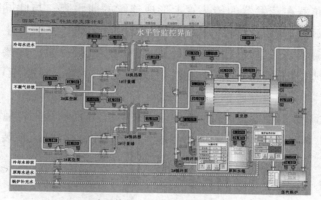

(a)水平管蒸发器数据采集界面

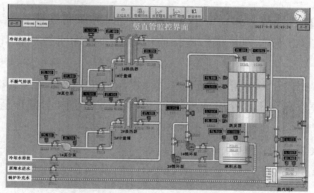

(b)垂直管蒸发器数据采集界面

图 4－2－47　数据采集系统界面

实验平台主要设备参数如表 4－2－25 所示。

表 4－2－25　实验平台关键设备参数

序号	主要设备	关键参数	数量
1	电热锅炉	额定功率 18kW，功率可在 0～18kW 调节	1 台
2	水平管降膜蒸发器	1300mm(长)×520mm(宽)×720mm(高)卧式容器，传热管根数 29 根	1 台
3	垂直管降膜蒸发器	540mm(长)×610mm(宽)×1650mm(高)立式容器，传热管根数 32 根	1 台
4	循环水箱	容积 0.5m³，内带 12kW 电加热丝	1 个

序号	主要设备	关键参数	数量
5	循环水泵	流量 $2m^3/h$、扬程 26.5m、功率 1.1kW、转速 2820r/min	2 台
6	蒸汽换热器	换热面积 $3m^2$	2 个
7	真空泵	水环式，抽气速率 $27m^3/h$	2 台

实验平台由蒸发器、电热锅炉、循环泵、换热器、真空泵、冷凝液计量装置等设备组成。其工作过程包括：首先，打开真空泵对系统进行抽气，然后进料水通过循环泵进入蒸发器，通过液体分布器在蒸发器的传热管上形成连续的薄水膜。与此同时电热锅炉产生的低压蒸汽进入降膜蒸发器，与含油采出水进行蒸发冷凝传热。系统产生的二次蒸汽进入换热器进行冷凝，冷凝液可以通过计量装置计量。一次蒸汽被冷凝，冷凝液通过质量流量计计量后回到电热锅炉，未冷凝的部分通过换热器进行冷凝，冷凝液可以通过计量装置计量。

空气和其他不凝性气体以空气和蒸汽混合物的形式分别从蒸发器管程和壳程抽出，不凝气由真空泵抽出。除在操作过程中抽出不凝气之外，该真空泵还在装置启动过程中产生初始真空。

2. 实验步骤及方法

1）操作步骤

（1）接电源（380V，四线，50Hz，9kW）及上下水（软胶管连接）。

（2）打开阀（HV601），从电热锅炉底部向炉体内加纯净水至液位计4/5 处，加完水后关闭阀。

（3）打开阀（HV101），从水箱底部上水管往水箱内加自来水至全满，加完后关闭阀。

（4）在上位机操作界面上，全开水箱电加热丝，待水箱内水温升至40℃左右时，全开电热锅炉加热丝。

（5）启动循环水泵，设定进水流量。

（6）打开冷却水进水阀门（HV602、HV603），启动两台水环真空泵，开启蒸汽入口阀门（HV401）。

（7）调节真空泵前四个针阀（HV502、HV503、HV505、HV506），直至一次蒸汽和二次蒸汽的温度压力达到设定值，压力为此温度下对应的饱和蒸汽压力。

（8）待工况稳定后，记录数据。从计量装置水位计上计量冷凝水量，每隔2min 左右进行一次冷凝水量测量和读数记录，从而得到稳定的测试结果。

（9）一个工况实验后，将设备调到另一工况，具体见每个实验的实验计划，再按上述方法进行测试，得到另一工况的稳定测试结果。

（10）测试结束后，先切断水箱和电热锅炉电源，关闭水环真空泵及冷却水供水阀门，再关闭循环水泵。开启计量装置下取样阀，对设备放空。切断电源。

2）测试方法

（1）实验台上所安置的温度压力及流量测量点均由上位机动态显示，并按时自动记录。

（2）一次蒸汽和二次蒸汽的凝结水量用各自液面计，并配备秒表手动测量。

（3）每隔 2~5min 读取一次数据，取四次读数的平均值为计算值。

3）注意事项

（1）实验前应做好相应的准备工作，如给电热锅炉注水至要求高度；观察循环水箱水位及时补充至要求高度；定期对实验管道进行除油、除锈处理及实验系统的密封性能检测等。

（2）实验因为在低压条件下进行，所以对装置的密封性能要求很高。实验中如有不凝性气体渗入，将导致系统难以达到稳定状态，且实验数据的准确性大为降低。

（3）必须时刻观察两台换热器的冷却水流量，以保证蒸汽的完全冷凝。否则会给实验数据处理带来误差。

3. 实验数据处理方法

1）整理实验数据的公式

（1）一次蒸汽凝结放热量。

$$Q_1 = G_1 \cdot \gamma \qquad (4-2-1)$$

式中，G_1 为一次蒸汽凝结水量，kg/s；γ 为一次饱和水蒸气汽化潜热，kJ/kg。

（2）喷淋水蒸发吸热量。

$$Q_2 = G_2 \cdot (I - i) \qquad (4-2-2)$$

式中，G_2 为二次蒸汽凝结水量，kg/s；I 为二次饱和水蒸气的焓，kJ/kg；i 为对应温度饱和水的焓，kJ/kg。

（3）总传热温差 Δt_m。

一侧恒温一侧变温下的传热：

$$\Delta t_m = \frac{(T - t_1) - (T - t_2)}{\ln \dfrac{T - t_1}{T - t_2}} = \frac{\Delta t_1 - \Delta t_2}{\ln \dfrac{\Delta t_1}{\Delta t_2}} \qquad (4-2-3)$$

式中，Δt_m 为进口、出口处传热温度差的对数平均值，温差大的一端为 Δt_1，温差小的一端为 Δt_2，从而使式中分子分母均为正值。

（4）热通量的计算。

$$q = \frac{Q}{s} = \frac{\gamma G_1 \rho}{\pi d_0 L} \qquad (4-2-4)$$

式中，ρ 为冷凝液的密度，kg/m³；G_1 为冷凝液的流量，m³/s；γ 为加热蒸汽饱和温度时水的汽化潜热，kJ/kg；d_0 为传热管的外径，m；L 为有效传热长度，m。

（5）平均热量。

$$Q = (Q_1 + Q_2)/2 \qquad (4-2-5)$$

（6）热平衡误差。

$$\Delta = (Q_1 - Q_2)/Q \times 100\% \qquad (4-2-6)$$

（7）蒸发侧传热系数。

平均对流蒸发传热系数：

$$h = \frac{q}{t_w - t_s} \qquad (4-2-7)$$

（8）总传热系数：

$$K = \frac{Q}{F\Delta t_m} \qquad (4-2-8)$$

其中：

$$F = \pi \left(\frac{d_0 + d_i}{2} \right) L \qquad (4-2-9)$$

2）处理实验数据时对以下因素的考虑

（1）料液进口温度的影响。

实验考察降膜蒸发侧的传热系数，料液应为饱和温度，若料液温度达不到饱和温度，料液在加热管外会先预热，因为预热段的蒸发传热系数比蒸发段低，所以计算蒸发传热系数时若按饱和进料温度会造成传热系数偏小。所以本实验在循环水箱内设置了加热装置，料液加热至饱和温度才泵入蒸发器内蒸发，保证了传热系数测量时的精度。

（2）热通量的计算。

实验通过管内蒸汽冷凝量计算加热管上的热通量。管内蒸汽冷凝量通过质量流量计 F1 计量，保证了采集冷凝液的精度。

3）误差分析

实验中的误差主要来自以下两个方面。

（1）由于蒸汽在冷凝过程中沿实验管道有相当大的变化（可从八支精密热电阻示值的变化看出），而且随着冷凝过程的进行，热电阻的位置已不能确定起始值是否反映蒸汽温度。

（2）因条件限制，实验系统的密封性能并不十分理想，渗入一定的不凝性气体（空气）在所难免，这也会造成系统误差。

4. 实验方案

1）实验测试方案

（1）水平管降膜蒸发性能测试实验。

①改变进料量为 0.5 ~ 1.5t/h，其他参数保持不变，记录原料水温度、流量，加热蒸汽温度、压力，二次蒸汽温度、压力，加热蒸汽冷凝液流量、温度，二次蒸汽冷凝液流量、温度。

②改变蒸发温度 80 ~ 100℃，其他参数保持不变，记录参数同步骤①。

③改变传热温差 3 ~ 5℃，其他参数保持不变，记录参数同步骤①。

（2）垂直管降膜蒸发性能测试试验。

①改变蒸发温度 80 ~ 100℃，其他参数保持不变，记录参数同步骤①。

②改变传热温差 3 ~ 5℃，其他参数保持不变，记录参数同步骤①。

5. 实验结果分析

实验分三阶段进行，第一阶段采用稠油采出水进行水平管和垂直管降膜蒸发传热实验，第二阶段采用浓缩一倍的稠油采出水进行传热实验，第三阶段采用浓缩 2 倍的稠油采出水进行传热实验。

1）水平管降膜蒸发性能测试实验

（1）进料量对传热系数的影响。

保持蒸发温度为 80℃，传热温差为 3.5℃，考察进料量对传热系数的影响，从图 4－2－48 可以看出，随着进料量的增加，传热系数出现先升高后降低的趋势，进料量为 2～2.5t/h 时出现最大值。主要由于随着进料量的增加，一方面使管外液膜的平均厚度增加，不利于导热；另一方面使管外液体流动速度加快，管外液膜波动加剧，两方面的共同作用使总传热系数呈现上述趋势。因此，在实际工程设计中应选择适当的液体负荷，在保证传热系数的同时，尽量降低水泵功率消耗。

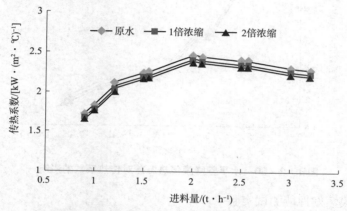

图 4－2－48　水平管降膜进料量对传热系数的影响

（2）蒸发温度对传热系数的影响。

保持进料量为 2.0t/h，传热温差为 3.5℃，考察蒸发温度对传热系数的影响，从图 4－2－49 可以看出，随着蒸发温度的提高总传热系数逐步增大，但蒸发温度过高，对传热管腐蚀和结垢都会有很大程度的影响，并且系统内部件的寿命也会缩短。

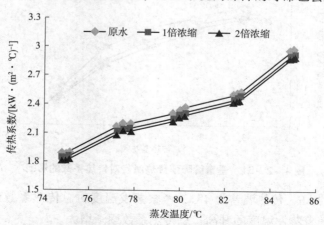

图 4－2－49　水平管降膜蒸发温度对传热系数的影响

（3）传热温差对传热系数的影响。

保持进料量为 2t/h，蒸发温度为 80℃，考察传热温差对总传热系数的影响，从图 4-2-50 可以看出，随着传热温差的增大，传热系数逐渐减小。这是因为传热温差的增大提高了管外液体的过热度，降低了热效率，另外，温差的增大使管内蒸汽快速冷凝，增加了冷凝液体的流量，使冷凝液膜增厚；同时，冷凝液体流量的增加使传热管内底部冷凝液所占传热面积与总传热面积的比例增大，最终使总传热系数随传热温差的增大而明显下降，而蒸发温度对下降幅度的影响很小。

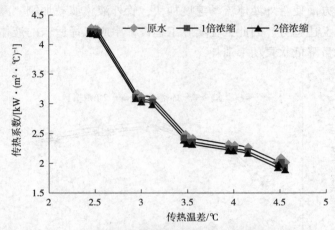

图 4-2-50　水平管降膜传热温差对传热系数的影响

2）垂直管降膜蒸发性能测试实验

保持进料量为 2t/h，蒸发温度为 80℃，考察传热温差对总传热系数的影响，从图 4-2-51 可以看出，随着传热温差的增大，传热系数逐渐减小。随着浓度的增大，传热系数出现减小的趋势，但是 1 倍浓缩和 2 倍浓缩之间的传热系数相差不大。

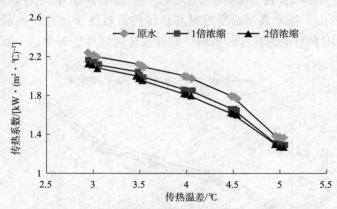

图 4-2-51　垂直管降膜传热温差对传热系数的影响

保持进料量为 2t/h，传热温差为 4℃，考察蒸发温度对总传热系数的影响，从图 4-2-52 可以看出，随着蒸发温度的升高，总传热系数逐渐增大。

从图 4-2-51 和图 4-2-52 还可以看出，随着浓缩倍率的增大，传热系数出现减小

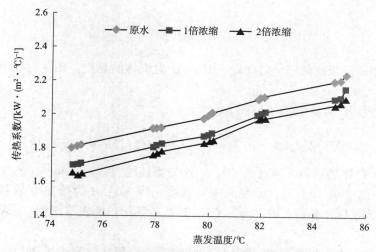

图 4 - 2 - 52　垂直蒸发温度对传热系数的影响

的趋势，主要是由于随着浓缩倍率的增大，一方面物料黏度增大降低了物料在传热管表面的湍动程度降低了传热系数；另一方面成垢离子浓度增大，增加了在传热管表面成垢的可能性，污垢的存在也会降低传热系数。由于本实验周期较短，可以忽略污垢对传热系数的影响，因此，随着浓缩倍率的增加，传热系数变化较小。

3）实验结论

（1）水平管和垂直管蒸发器传热系数随着蒸发温度的增大逐渐增大，随传热温差的增大逐渐减小；随着稠油采出水浓度的增大，传热系数逐渐减小，但减小的幅度也逐渐减小。

（2）水平降膜蒸发器传热系数最小为 $1600W/m^2 \cdot ℃$ 左右，垂直管蒸发器传热系数最小为 $1300W/m^2 \cdot ℃$ 左右。由于实验周期较短，没有考虑到长期运行传热管表面结垢的情况，因此，建议在工程设计中，水平管蒸发器的传热系数取值 $1200W/m^2 \cdot ℃$ 左右，垂直管蒸发器的传热系数取值 $1000W/m^2 \cdot ℃$ 左右。

（二）传热系数理论计算

1. 水平管蒸发器

1）管内蒸汽冷凝换热系数

关于管内蒸汽冷凝传热的理论研究开始较早，Chaddoek 和 Chato 在 Nusselt 关于垂直面冷凝理论分析的基础上，对水平管内侧蒸汽剪切作用不大的凝结进行了理论解析。假设：汽液交界面，即 $y = \delta$ 处的切应力为零；忽略凝液薄膜中加速度的影响；$y = \delta$ 处温度为蒸汽饱和温度，忽略膜中凝液的过冷度；温度由 $y = 0$ 处的 t_w 到 $y = \delta$ 处 t_v 在液膜内直线分布。得到管周平均传热膜系数为：

$$\alpha_i = \frac{\theta}{\pi} \beta \left[\frac{\rho_L (\rho_L - \rho_G) g \lambda_L \gamma}{\mu_L d_i (T_i - T_w)} \right]^{1/4} \qquad (4 - 2 - 10)$$

式中，β 取决于 θ 角，约为 $0.91° \sim 0.72°$。

Chato 建议 θ 角取 $120°$ 以便简化计算。考虑到靠近壁面的凝液是过冷液，将式（4 - 2 - 10）中的潜热进行修正，得到适用于 $Pr \geqslant 1$（普兰特准数，Prandtl）条件下水平管内凝结换热的关系式：

$$Pr = \frac{c_p \mu}{\lambda} \quad\quad (4-2-11)$$

式中，c_p 为流体的定压比热容，kJ/（kg·℃）；μ 为流体的黏度，Pa·s；λ 为流体的导热系数，W/（m·℃）。

管内传热系数 α_i 为

$$\alpha_i = 0.555 \left\{ \lambda_L^3 \rho_L (\rho_L - \rho_G) g \left[r + \frac{3}{8} C(t_s - t_w) \right] \left[\mu_L d_i (t_s - t_w) \right]^{-1} \right\}^{\frac{1}{4}} \quad (4-2-12)$$

式中，λ 为流体的导热系数，W/（m·℃）；ρ 为流体密度，kg·m^{-3}；g 为重力加速度，m·s^{-2}；r 为汽化潜热，kJ/kg；μ 为流体的黏度，Pa·s；d 为传热管管径，m；t 为温度，℃；C 为液体定压比热容，kJ/（kg·℃）；L 表示液相；G 表示汽相；s 表示饱和状态；w 表示管内壁。

以 45℃饱和蒸汽为例进行 Pr 数计算，其中蒸汽定压比热容为 1.94kJ/（kg·℃），蒸汽黏度为 0.0000105Pa·s，蒸汽导热系数为 0.02W/（m·℃）。

经计算发现管内蒸汽 Pr 数 <1，故不能选用公式进行计算。

Jaster 和 Kosky 对其进行了修正，得到管内传热系数公式为：

$$\alpha_i = \Omega \left[\frac{\rho_L (\rho_L - \rho_G) g \lambda_L^3 \gamma}{\mu_L d_i (T_i - T_w)} \right]^{1/4} \quad\quad (4-2-13)$$

其中：

$$\Omega = 0.725 \left\{ \frac{1}{1 + \left[(1-x)/x \right] (\rho_G/\rho_L)^{2/3}} \right\}^{3/4} \quad\quad (4-2-14)$$

式中，x 为汽液两相流干度。

2）管外海水蒸发换热系数

影响水平管外降膜蒸发传热的主要因素有：料液的喷淋密度（液体负荷）、热通量、蒸发侧温差与蒸发温度、管内蒸汽流速、压力与冷凝状态、管内不凝气的含量、管外蒸汽流速与流向、管材与管外表面状况、管几何形状与尺寸、管排布置方式和物料性质等。

Lorrenz 和 Yung 将管外液体流动看作是沿远观展开后高度为 $1/2\pi d$ 的垂直面的向下流动形式，在假设液面厚度沿流动方向不变，速度边界层得到充分发展的情况下，利用 Chun 和 Seban 的竖管理论模型和 Flrtcher、P J P Liu 的实验结果得到水平管表面蒸发半经验模型。

Chun 提出了水平管降膜蒸发管外换热系数计算公式：

$$\alpha_o = 0.822 \left(\frac{\lambda^3 g}{v^2} \right)^{\frac{1}{3}} \left(\frac{4\Gamma}{\mu} \right)^{-0.22} \quad\quad (4-2-15)$$

式中，Γ 为喷淋密度，kg/（m·s）；v 为运动黏度，m^2/s。

3）总传热系数

（1）污垢热阻的确定。

根据《化工装置实用工艺设计》，水平管外海水的污垢系数 R_{so} 选择 0.000528m^2·℃/W；管内蒸汽冷凝污垢系数 R_{si} 选择 0.0000881m^2·℃/W。

（2）总传热系数的计算。

$$K = \cfrac{1}{\cfrac{1}{\alpha_i} + R_{si} + \cfrac{b}{\lambda} + R_{so} + \cfrac{1}{\alpha_o}} \qquad (4-2-16)$$

2. 垂直管蒸发器

在竖管降膜蒸发器中料液从顶部进入料液分布器，将其均匀地分布到每根换热管中，并使其呈膜状沿管内壁向下流动。管内的液膜与管外的加热蒸汽间发生热量交换，受热蒸发而汽化；而管外的蒸汽则冷凝为液体。

1) 加热蒸汽侧蒸汽冷凝的传热膜系数

换热管外蒸汽的冷凝分为膜状冷凝和珠状冷凝。实验测量表明珠状冷凝的传热系数为同情况下膜状冷凝传热系数的 $5 \sim 10$ 倍。虽然珠状冷凝传热系数高，但其可靠的理论还远未确立，故目前工程上都按膜状冷凝计算。

努赛尔从蒸汽冷凝主要热阻是冷凝液膜的导热热阻观点出发，提出了一系列假设条件，求出了适于竖壁（管）层流膜状冷凝的平均传热膜系数。实际上由于液膜的波动，实验值比努赛尔解所得理论值高 20%。所以在层流（雷诺数 $Re < 1800$）时蒸汽冷凝的传热膜系数 T_o 为：

$$T_o = 1.13 \left[\frac{g r \, d_L^2 \lambda_L^3}{-L(T_s - T_w)} \right]^{\frac{1}{4}} = 1.88 \, \lambda_L \left(\frac{g}{v_L^2} \right)^{\frac{1}{3}} Re^{-\frac{1}{3}} \qquad (4-2-17)$$

式中，T_o 为加热蒸汽测蒸汽冷凝的传热膜系数，$W/m^2 \cdot K$；g 为重力加速度，m/s^2；r 为蒸汽冷凝液汽化潜热，J/kg；d_L 为蒸汽冷凝液密度，kg/m^3；λ_L 为蒸汽冷凝液导热系数，$W/(m^2 \cdot K)$；$-L$ 为蒸汽冷凝液动力黏度，$Pa \cdot s$；V_L 为蒸汽冷凝液运动黏度，$m^2 \cdot s$；L 为传热管长度，m；T_s 为饱和蒸汽冷凝液温度，K；T_w 为壁面温度，K；Re 为雷诺数。

雷诺数计算公式为：

$$Re = \frac{4 \, G_L}{\pi N \, d_{o-L}} \qquad (4-2-18)$$

式中，G_L 为蒸汽冷凝液总流量，kg/s；N 为换热管总数，无量纲；d_o 为换热管外径，m。

当 $Re > 1800$ 时，冷凝液液膜上部为层流，下部变为湍流，整个换热管的平均传热膜系数按下式计算：

$$T_o = 0.0077 \, \lambda_L \left(\frac{g}{v_L^2} \right)^{\frac{1}{3}} Re^{0.4} \qquad (4-2-19)$$

2) 料液侧料液的传热膜系数

对于竖管降膜蒸发器料液侧的传热膜系数 T_L 的研究，Wilke、Dukler、Mcadams 等均做了许多工作，并得出了相应的关联式。

$$T_L = 0.0049 \, (Re_L)^{0.22} (Re_V)^{0.164} Pr^{\frac{1}{3}} \left(\frac{v_L^2}{g \, \lambda_L^3} \right)^{-\frac{1}{3}} \qquad (4-2-20)$$

式中，Re_L 为液膜侧雷诺系数；Re_V 为二次蒸汽雷诺系数；Pr 为液体的普朗特准数。

$$Re_L = \frac{4\Gamma}{\mu_L} \qquad (4-2-21)$$

式中，Γ 为液体周边流量，kg/m·s；μ_L 为液体动力黏度，kg/m·s。

$$Re_V = \frac{4V}{\pi D \mu_V} \qquad (4-2-22)$$

式中，V 为二次蒸汽蒸发速率，kg/s；D 为管内径，m；μ_V 为蒸汽动力黏度，kg/m·s。

$$Pr = \frac{C_p \mu_L}{k_L} \qquad (4-2-23)$$

式中，C_p 为液体比热，J/kg·℃；K_L 为液体导热系数，W/m·K。

3）总传热系数

$$\frac{1}{K} = \frac{1}{T_o} + R_o + \frac{W}{\lambda_g}\left[\frac{d_o}{d_m}\right] + R_i\left[\frac{d_o}{d_i}\right] + \frac{1}{T_L}\left[\frac{d_o}{d_i}\right] \qquad (4-2-24)$$

式中，K 为总传热系数，W/m²·℃；R_o 为管外污垢系数，W/m²·℃；W 为换热管壁厚，m；λ_g 为管材的导热系数，W/m·℃；d_m 为换热管的对数平均值直径，m；R_i 为管内侧的污垢系数，W/m²·℃。

3. 理论与实验对比分析

以垂直管降膜蒸发器为例，将理论计算结果和实验结果进行对比分析。考察了传热温差5℃，进料量2.5t/h工况下，蒸发温度对总传热系数的影响，如图4-2-53所示。

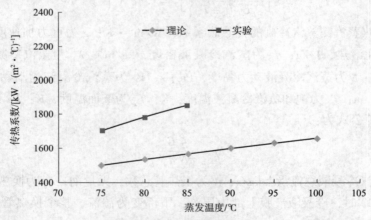

图4-2-53　蒸发温度对传热系数的影响的理论和实验对比分析

从图4-2-53可以看出，随着蒸发温度的增大，传热系数的理论和实验结果均出现增大的趋势，但理论计算值略低于实验结果。

考察了蒸发温度80℃，进料量2.5t/h的工况下，蒸发温度对总传热系数的影响，如图4-2-54所示。

从图4-2-50可以看出随着传热温差的增大，传热系数的理论和实验结果均出现增大的趋势，但理论计算值略低于实验结果。

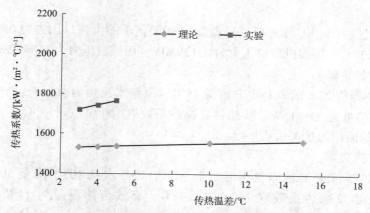

图4－2－54　传热温差对传热系数的影响的理论和实验对比分析

（三）中试装置

1. 工艺计算书

1）MVR 整体设计

（1）设计规模。

MVR 产水量为 5t/h，采出水处理量为 5.56t/h。

（2）整体计算。

原料水含盐量为 1.5%，产水量为 5t/h，浓缩废水含盐量为 23%；采出水处理量为 5.56t/h。

（3）工艺流程。

油田来水 5.56t/h→MVR 装置→1.0t/h 淡水→0.07t/h 浓缩采出水。

2）关键设备计算

（1）蒸发器。

①加热室。

加热蒸汽量为 5t/h，加热蒸汽温度为 107℃，加热蒸汽冷凝潜热为 2237kJ/kg，总热量为 621kW，传热系数为 950W/m² · ℃，传热温差为 10℃，传热面积为 65.4m²，传热管直径为 32mm，传热管长度为 3300mm，传热管数量 197 根。

一根管子在管板上按正三角形排列时所占据的管板面积：

$$F_{mp} = t^2 \sin\alpha = 0.886t^2 \qquad (4-2-25)$$

式中，α 为 60°；t 为管心距，m；

当加热管数为 n 时，在管板上占据的总面积为 $A = 197 \times 0.886 \times 0.04^2 = 0.28m^2$，管板直径为 0.59m，考虑有效空间蒸发器直径为 650mm。

②分离室。

二次蒸汽量为 5000kg/h，二次蒸汽比容为 2.35m³/kg，蒸发强度为 1.1～1.5m³/（m³s），分离室体积为 0.6m³，分离室高径比为 1.5～2.0，取 1.5，分离室直径为 0.798m，分离室高度为 1.198m。

（2）压缩机。

压缩机过汽量为5t/h，压缩机进口温度为90℃，压缩机进口压力为0.070MPa，压缩机出口温度为107℃，压缩机出口压力为0.129MPa，压缩机压力为1.84MPa。

（3）不凝气换热器。

不凝气换热器将25℃的原料水升温至45℃，原料水比热为4006J/kg℃，原料水流量为5.56t/h，换热量为23.81kW，换热器总换热系数取1000W/（m²·℃），有效传热温差为55℃，换热器面积为0.43m²。

（4）产品水换热器。

产品水换热器将45℃的原料水温升至90℃，产品水从107℃降至50℃，换热量为53.58kW，换热器总换热系数取1500W/m²·℃，有效传热温差为11℃，换热器面积为3.25m²。

（5）循环泵。

传热管数量为199根，传热管直径为32m，传热管总周长为19.9m，循环泵水量系数为1.1~1.6，循环泵水量为28m³/h。

2. 工艺说明书

1）工艺选择路线

针对物料特性，经设计、计算，综合考虑运行成本、设备投资的可靠性和稳定性，选择MVR降膜蒸发工艺。

采用降膜循环蒸发有以下的优点：①适用于低浓度、不易结垢的料液；②料液在蒸发器内的膜厚度薄，有利于充分换热；③传热系数高；④循环流量小，功耗低。

2）主体工艺

（1）设计规模。

其设计规模如表4-2-26所示。

表4-2-26　中试装置设计规模

设备名称	设计参数	
5t/h MVR蒸发系统	处理量/（t·h⁻¹）	5.56
	主要物质	氯化钠
	固含量/%	1.5
	蒸发量/（t·h⁻¹）	5
	进料温度/℃	25
	出料量/（t·h⁻¹）	0.56
	物料沸点升高/℃	7
	压缩机进/出口温度/℃	90/107
	循环冷却水耗量/（m³·h⁻¹）	7
	蒸汽耗量/（kg·h⁻¹）	0
	装机功率/kW	103

（2）PID 图。

PID 图如图 4 - 2 - 55 所示。

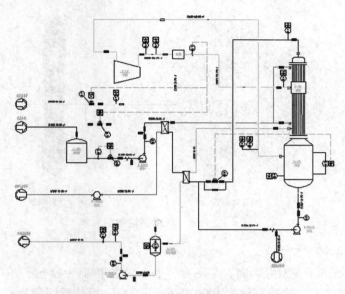

图 4 - 2 - 55　中试装置 PID 图

（3）蒸发工艺流程。

①物料流程。

经预处理后的原液首先经进料泵依次通过不凝气预热器、冷凝水预热器和鲜蒸汽预热器进行热交换。进入降膜蒸发器内，通过循环泵在蒸发器内不断循环蒸发浓缩，浓缩至预设质量浓度后外排。

②蒸汽流程。

经压缩机压缩后的蒸汽，其温度得以提高，进入蒸发器内与物料换热，自身被冷凝，物料沸腾、闪蒸产生二次蒸汽，二次蒸汽再进入压缩机内，完成一轮循环。

③冷凝水流程。

降膜蒸发器壳程内蒸汽被冷凝为冷凝水，排入冷凝水罐，通过冷凝水泵，泵入板式预热器中，对料液进行预热。

④不凝气流程。

降膜蒸发器壳程内的不凝气经真空泵抽入板式预热器内对物料进一步预热。

工艺流程中各工艺条件均设有现场显示或参数变送器，由 PLC 集中控制，通过工控机的组态软件进行监视、报警和自动控制。

（4）关键设备参数。

①蒸发器（图 4 - 2 - 56）。

换热室内 107℃ 的蒸汽冷凝释放潜热，加热 97℃ 物料换热，传热系数取 950W/（m² · ℃），总传热面积 66m²，传热管数量 199 根，传热管直径 Φ32mm，传热管长度 3.3m。换热管间距取 40mm，根据传热管布置，换热器直径 650mm，整体高度 4.0m。

分离室体积 $0.6m^3$，直径 800mm，高度 1200mm。

蒸发器换热面积计算：A =（换热或蒸发所需热量 Q/换热系数）/换热温差。

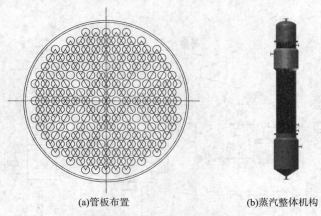

(a)管板布置　　　　　　(b)蒸汽整体机构

图 4 - 2 - 56　蒸发器结构图

②换热器（图 4 - 2 - 57）。

25℃ 条件下，5.56t/h 常温物料，与不凝气在板式换热器中换热，不凝气中夹带蒸汽冷凝，物料升温至 45℃，换热系数为 1000W/（$m^2 \cdot$ ℃），换热器面积为 $0.5m^2$。

物料进入冷凝水换热器中换热，高温冷凝水与物料充分换热，使物料由 45℃ 升至蒸发温度 90℃，换热系数为 1500W/（$m^2 \cdot$ ℃），换热器面积为 $3.5m^2$。

预热器换热面积计算：A =（换热或蒸发所需热量 Q/换热系数）/换热温差。

(5)压缩机（图 4 - 2 - 58）参数。

分离器出来的二次蒸汽（温度为 90℃），经压缩机增温、增压后（温度为 107℃），回到降膜换热器中作为加热蒸汽，物料经加热后又不断蒸发产生二次蒸汽，如此循环。物料升温为 7℃，取蒸发温度为 90℃。考虑热损失，蒸汽进口、出口温度分别为 90℃ 和 107℃，压缩机升温为 17℃。压缩机过汽量为 1t/h，压比为 1.85，功率为 75kW。

图 4 - 2 - 57　换热器　　　　　　图 4 - 2 - 58　压缩机

(6)水泵参数。

水泵参数如表 4 - 2 - 27 所示。

表4-2-27　工艺水泵性能参数汇总表

序号	名称	流量/(m³·h⁻¹)	扬程/m	电机功率/kW	材料	数量/台
1	进料泵	1.6	32	2.2	2205	1
2	蒸馏水泵	1.2	28	1.2	304	1
3	循环泵	32	28	7.5	TA2	1
4	喷淋水泵	0.6	28	0.5	316L	2

（7）蒸汽发生器（图4-2-59）。

蒸汽发生器用于装置启动时物料的加热，综合考虑装置规模及加热时间，采用100℃蒸汽加热5.56t/h物料从25℃升至90℃，加热时间为2h，蒸汽发生器的流量约为60kg/h。

（8）管路设计。

流体管道取决于流经介质种类、温度、压力、流量等，管道内流速计算依据：泵的进口流速为1.0~2.0m/s，出口流速为2.0~3.0m/s，压缩机出口为30~50m/s，压缩机入口为20~30m/s，液体自流速度为0.5m/s，真空气体流速为≤10m/s。

图4-2-59　蒸汽发生器

各种管路规格尺寸如表4-2-28所示。

表4-2-28　管路规格尺寸表

管路	管径	材质
压缩机出口	DN125	304
压缩机出口	DN150	304
蒸汽发生器出口	DN50	304
进料水入口	DN20	316L
进料水出口	DN15	316L
循环泵入口	DN65	316L
循环管路	DN50	316L
浓缩液出口	DN10	316L
产品水管路	DN15	304
不凝气管路	DN15	304

（9）仪表选型。

①就地仪表。

其规格如表4-2-29所示。

表 4 - 2 - 29　就地仪表规格表

序号	符号	名称	物料	数量	型号	备注
1	PG101	原料泵出口压力	采出水	1	YTHN - 60. AO（-0.1~0.5MPa、径向）	量程：-0.1~0.5MPa 元件：316L 波登管 连接：316L 接头 接口：M16×1.5 精度：±2.5% 表盘：直径 Φ60 外壳：304SS 安装：径向
2	PG102	循环泵出口压力	采出水	1	YTHN - 60. AO（-0.1~0.5MPa、径向）	量程：-0.1~0.5MPa 元件：316L 波登管 连接：316L 接头 接口：M16×1.5 精度：±2.5% 表盘：直径 Φ60 外壳：304SS 安装：径向
3	PG103	冷凝泵出口压力	淡水	1	YTHN - 60. AO（-0.1~0.5MPa、径向）	量程：-0.1~0.5MPa 元件：316L 波登管 连接：316L 接头 接口：M16×1.5 精度：±2.5% 表盘：直径 Φ60 外壳：304SS 安装：径向

②远传仪表。

其规格如表 4 - 2 - 30 所示。

表 4 - 2 - 30　远传仪表规格表

序号	符号	名称	物料	数量	型号	备注
1	TE101	压缩机出口蒸汽温度	蒸汽	1	WZPK1 - 354 - A6M（L×l=160×60mm）	元件：Pt100、3 线制 过程：M16×1.5 可动螺纹/保护管：φ5 套管材质：316L/插入深度：L×l=200mm×50mm/精度：A 级 不锈钢接线盒
2	TE102	蒸发室二次蒸汽温度	蒸汽	1	WZPK1 - 354 - A6M（L×l=200×100mm）	元件：Pt100、3 线制 过程：M16×1.5 可动螺纹 保护管：φ5 套管材质：316L 插入深度：L×l=200mm×50mm 精度：A 级 不锈钢接线盒

续表

序号	符号	名称	物料	数量	型号	备注
3	TE103	蒸发室筒体温度	蒸汽	1	WZP1F－45A10M（L×l＝250×150mm）	元件：Pt100、3 线制 过程：DN20 PN1.0MPa 可动法兰 保护管：φ10/8 套管材质：316L 插入深度：L×l＝250mm×150mm 精度：A 级 不锈钢接线盒
4	TE104	加热器进料蒸汽温度	蒸汽	1	WZPK1－354－A6M（L×l＝160×60mm）	元件：Pt100、3 线制 过程：M16×1.5 可动螺纹 保护管：φ5 套管材质：316L 插入深度：L×l＝200mm×50mm 精度：A 级 不锈钢接线盒
5	TE105	加热器进料水温度	采出水	1	WZPK1－354－A6M（L×l＝110×10mm）	元件：Pt100、3 线制 过程：M16×1.5 可动螺纹 保护管：φ5 套管材质：316L 插入深度：L×l＝110mm×10mm 精度：A 级 不锈钢接线盒
6	TE106	冷凝水温度	淡水	1	WZPK1－354－A6M（L×l＝110×10mm）	元件：Pt100、3 线制 过程：M16×1.5 可动螺纹 保护管：φ5 套管材质：316L 插入深度：L×l＝110mm×10mm 精度：A 级 不锈钢接线盒
7	PT101	压缩机出口蒸汽压力	蒸汽	1	PDS423H－1HH0－A2DA/G60（绝压：0～1.6MPa）	量程：0～1.6MPa(a) 信号：4～20mA 两线制 膜片：哈氏 C 过程：G1/2″外螺纹 接头：316L 电气：M20×1.5 精度：±0.075% 显示：LCD 防护：IP65
8	PT102	进料蒸汽压力	蒸汽	1	PDS423H－1HH0－A2DA/G60（绝压：0～1.6MPa）	量程：0～1.6MPa(a) 信号：4～20mA 两线制 膜片：哈氏 C 过程：G1/2″外螺纹 接头：316L 电气：M20×1.5 精度：±0.075% 显示：LCD 防护：IP65

序号	符号	名称	物料	数量	型号	备注
9	PT103	蒸发室筒体压力	蒸汽	1	PDS423H－1GH0－A2DA/G60（绝压：0～250kPa）	量程：0～250kPa(a) 信号：4～20mA 两线制 膜片：哈氏 C 过程：G1/2"外螺纹 接头：316L 电气：M20×1.5 精度：±0.075% 显示：LCD 防护：IP65
10	FT101	压缩机出口蒸汽流量	蒸汽	1	VFE320－14323A－00 VH121－1110L	电源：24VDC 信号：4～20mA 两线制 过程：DN125PN1.6MPa 平面法兰 本体：304 探头：316L 电气：M20×1.5 型式：一体式 显示：有 其他：带温压补偿 介质：蒸汽 温度：<200℃
11	FT102	原料水流量	采出水	1	MFC150－57241A105 ER1402121	电源：220VAC 信号：4－20mA 过程：DN15PN1.0MPa 平面法兰 衬里：PTFE 电极：哈氏 C 温度：<140℃ 显示：分体式 中文 配件：316 接地环 10 米电缆
12	FT103	冷凝水流量	淡水	1	MFC150－57241A105 ER1402121	电源：220VAC 信号：4－20mA 过程：DN15PN1.0MPa 平面法兰 衬里：PTFE 电极：哈氏 C 温度：<140℃ 显示：分体式 中文 配件：316 接地环 10 米电缆

序号	符号	名称	物料	数量	型号	备注
13	LT101	蒸发室浓水液位	采出水	1	UHZ－57/FCZ3－DN20/PN1.0－TUBX0－500－1.0－D－D(L＝500mm)	中心距：500mm 信号：4~20mA 两线制 安装：侧装 指示：翻柱 材质：316L 过程：DN20 PN1.0 活套法兰 接线盒：不锈钢(下出线) 配件：带排放阀 介质：海水 温度：≤140℃ 压力：常压
14	LT102	冷凝水箱液位	淡水	1	UHZ－57/FCZ3－DN20/PN1.0－TUBX0－800－1.0－D－D(L＝800mm)	中心距：800mm 信号：4~20mA 两线制 安装：侧装 指示：翻柱 材质：316L 过程：DN20 PN1.0 活套法兰 接线盒：不锈钢(下出线) 配件：带排放阀 介质：海水 温度：≤140℃ 压力：常压

(四)中试研究

针对中试试验系统，历时 2 个月，设计了一套完整的设计文件，并绘制了三维立体模型，主要文件设计如表4－2－31 所示。

1. 试验结果与讨论

1)预处理试验

2018 年 10 月 15~20 日，对预处理段进行调试运行试验，确定预处理药剂的最佳用量及处理效果(表4－2－32)。

药剂调整情况及水质检测情况如表4－2－31 所示。

表4－2－31 碱剂、酸投加量及除硬效果

序号	NaOH 投加量/($mg \cdot L^{-1}$)	钙离子含量/($mg \cdot L^{-1}$)	镁离子含量/($mg \cdot L^{-1}$)	pH 值(投加 HCl 之前)	HCl 投加量/($mg \cdot L^{-1}$)	pH 值(投加 HCl 之后)
1	0	384	139	7.3	/	
2	2000	40.37	73.85	10.5	40	7.4
3	2300	35.40	52.52	10.8	75	7.5
4	2500	24.12	34.03	11.0	120	7.4
5	3200	5.79	2.84	11.5	370	7.5

注：现场投加 NaOH 为 32% 的水溶液，HCl 为 31% 的水溶液。

表4-2-32　净化剂投加及净化效果　　　　　　　　　　　　mg/L

序号	PAC 投加量	HPAM 投加量	SS 含量	含油量
1	0	0	12	23
2	60	10	4.35	1.5
3	50	10	5.93	1.5
4	40	10	7.95	2.2

考虑到对后续蒸发段结垢的控制，预处理后主要成垢离子——钙镁离子之和控制在100mg/L以内，试验确定 NaOH 投加量为2300mg/L，此时 pH 值为10.8。

调整净化剂用量，控制含油量 <5ppm，悬浮物含量 <5ppm，经过絮凝沉降后，加入HCl 调整水至中性，此时加 HCl 75mg/L，pH 值为7.5。

2）MVR 试验开机及浓缩倍数试验

2018 年 10 月 24～30 日，MVR 正常运行后，测试了浓缩倍数、沸点升、耗电量、K值等数据，并分别分析了浓缩倍数与沸点升、浓缩倍数与耗电量、浓缩倍数与 K 值之间的关系。试验结果与讨论如下。

（1）浓缩倍数与沸点升。

试验期间考察了浓缩倍数与沸点升的关系，结果如表4-2-33～表4-2-37所示。

表4-2-33　浓缩倍数与沸点升试验数据1（试验日期2018.10.24）

序号	浓缩倍数	沸点升/K
1	1～2	0.46
2	2～3	0.76
3	3～4	1.07
4	4～5	1.41
5	5～6	1.77
6	6～7	2.16
7	7～8	2.58
8	8～9	3.04
9	9～10	3.52
10	10～11	4.02
11	11～12	4.57

表4-2-34　浓缩倍数与沸点升试验数据2（试验日期2018.10.25）

序号	浓缩倍数	沸点升/K
1	1～2	0.47
2	2～3	0.75

续表

序号	浓缩倍数	沸点升/K
3	3 ~ 4	1. 06
4	4 ~ 5	1. 40
5	6	1. 77
6	6 ~ 7	2. 16
7	7 ~ 8	2. 26
8	8 ~ 9	2. 84
9	9 ~ 10	3. 43
10	10 ~ 11	3. 51
11	11 ~ 12	4. 29
12	12 ~ 14	5. 64
13	14 ~ 16	6. 75

表 4 – 2 – 35　浓缩倍数与沸点升试验数据 3(试验日期 2018. 10. 28)

序号	浓缩倍数	沸点升/K
1	1 ~ 2	0. 46
2	2 ~ 3	0. 75
3	3 ~ 4	1. 07
4	4 ~ 5	1. 40
5	5 ~ 6	1. 77
6	6 ~ 7	2. 17
7	7 ~ 8	2. 58
8	8 ~ 9	3. 02
9	9 ~ 10	3. 96
10	10 ~ 11	3. 99
11	11 ~ 12	4. 53

表 4 – 2 – 36　浓缩倍数与沸点升试验数据 4(试验日期 2018. 10. 29)

序号	浓缩倍数	沸点升/K
1	1 ~ 2	0. 49
2	2 ~ 3	0. 75
3	3 ~ 4	1. 06
4	4 ~ 5	1. 40
5	5 ~ 6	1. 77
6	6 ~ 7	2. 16

序号	浓缩倍数	沸点升/K
7	7～8	2.58
8	8～9	3.05
9	9～10	3.53
10	10～11	4.04
11	11～12	4.59

表4－2－37　浓缩倍数与沸点升试验数据5（试验日期2018.10.30）

序号	浓缩倍数	沸点升/K
1	1～2	0.48
2	2～3	0.76
3	3～4	1.07
4	4～5	1.40
5	5～6	1.77
6	6～7	2.16
7	7～8	2.56
8	8～9	2.99
9	9～10	3.47

将表4－2－33～表4－2－37中的数据绘制成曲线图，如图4－2－60所示。

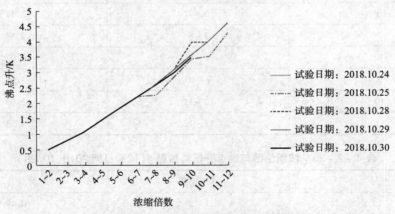

图4－2－60　浓缩倍数与沸点升关系曲线

由图4－2－60可见，随着浓缩倍数的增加，沸点升也随之增加。当MVR设备正常运行时，浓缩倍数为11～12倍时，沸点升约为4.5℃。

（2）浓缩倍数与耗电量的关系。

试验期间考察了浓缩倍数与耗电量的关系，结果如表4－2－38～表4－2－41所示。

表4－2－38　浓缩倍数与耗电量试验数据1(试验日期2018.10.25)

序号	浓缩倍数	耗电量/(kW·h)
1	1～2	37.5
2	2～3	37.5
3	3～4	37.5
4	4～5	40
5	5～6	40
6	6～7	40
7	7～8	40
8	8～9	40
9	9～10	42.5
10	10～11	42.5
11	11～12	45
12	12～14	47.5
13	14～16	46.25
14	16～18	45
15	18～20	50
16	20～22	50
17	22～24	51.25
18	24～26	50

表4－2－39　浓缩倍数与耗电量试验数据2(试验日期2018.10.28)

序号	浓缩倍数	耗电量/(kW·h)
1	1～2	39
2	2～3	46
3	3～4	40
4	4～5	40
5	5～6	40
6	6～7	42.5
7	7～8	42.5
8	8～9	45
9	9～10	40
10	10～11	40
11	11～12	52.5

表4-2-40　浓缩倍数与耗电量试验数据3(试验日期2018.10.29)

序号	浓缩倍数	耗电量/(kW·h)
1	1~2	42.5
2	2~3	37.5
3	3~4	42.5
4	4~5	40
5	5~6	40
6	6~7	40
7	7~8	45
8	8~9	40
9	9~10	45
10	10~11	40
11	11~12	50

表4-2-41　浓缩倍数与耗电量试验数据4(试验日期2018.10.30)

序号	浓缩倍数	耗电量/(kW·h)
1	1~2	35
2	2~3	45
3	3~4	42.5
4	4~5	37.5
5	5~6	45
6	6~7	40
7	7~8	45
8	8~9	45
9	9~10	45

表4-2-38~表4-2-41将以上数据绘制成曲线图，如图4-2-61所示。

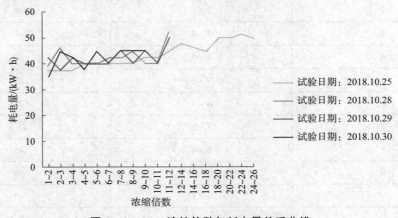

图4-2-61　浓缩倍数与耗电量关系曲线

由图 4 - 2 - 61 可见,随着浓缩倍数的增加,耗电量也缓慢增加。当浓缩倍数为 24 ~ 26 倍时,耗电量由开始的 37kW·h 左右升至 50kW·h 左右。

(3)浓缩倍数与 K 的关系。

试验期间考察了浓缩倍数与 K 的关系,结果如表 4 - 2 - 42 ~ 表 4 - 2 - 45 所示。

表 4 - 2 - 42 浓缩倍数与 K 试验数据 1(试验日期 2018. 10. 25)

序号	浓缩倍数	$K/[W·(m^3·℃)^{-1}]$
1	1 ~ 2	683
2	2 ~ 3	828
3	3 ~ 4	881
4	4 ~ 5	840
5	5 ~ 6	781
6	6 ~ 7	794
7	7 ~ 8	775
8	8 ~ 9	789
9	9 ~ 10	769
10	10 ~ 11	209
11	11 ~ 12	997
12	12 ~ 14	1122
13	14 ~ 16	1292
14	16 ~ 18	96
15	18 ~ 20	91
16	20 ~ 22	91
17	22 ~ 24	82
18	24 ~ 26	78

表 4 - 2 - 43 浓缩倍数与 K 试验数据 2(试验日期 2018. 10. 28)

序号	浓缩倍数	$K/[W·(m^3·℃)^{-1}]$
1	1 ~ 2	590
2	2 ~ 3	763
3	3 ~ 4	956
4	4 ~ 5	930
5	5 ~ 6	905
6	6 ~ 7	1001
7	7 ~ 8	948
8	8 ~ 9	952
9	9 ~ 10	1027
10	10 ~ 11	1036
11	11 ~ 12	979

表 4 - 2 - 44　浓缩倍数与 K 试验数据 3(试验日期 2018. 10. 29)

序号	浓缩倍数	$K/[W \cdot (m^3 \cdot ℃)^{-1}]$
1	1 ~ 2	976
2	2 ~ 3	946
3	3 ~ 4	888
4	4 ~ 5	983
5	5 ~ 6	947
6	6 ~ 7	933
7	7 ~ 8	936
8	8 ~ 9	880
9	9 ~ 10	876
10	10 ~ 11	927
11	11 ~ 12	942

表 4 - 2 - 45　浓缩倍数与 K 试验数据 4(试验日期 2018. 10. 30)

序号	浓缩倍数	$K/[W \cdot (m^3 \cdot ℃)^{-1}]$
1	1 ~ 2	184
2	2 ~ 3	735
3	3 ~ 4	962
4	4 ~ 5	871
5	5 ~ 6	876
6	6 ~ 7	906
7	7 ~ 8	791
8	8 ~ 9	935
9	9 ~ 10	897

表 4 - 2 - 42 ~ 表 4 - 2 - 45 中的将以上数据绘制成曲线图，如图 4 - 2 - 62 所示。

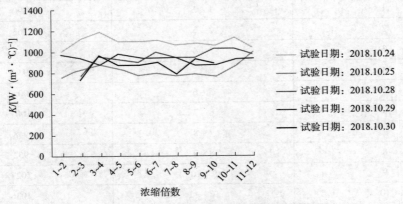

图 4 - 2 - 62　浓缩倍数与 K 关系曲线

由图 4 - 2 - 62 可见，随着浓缩倍数的增加，K 值变化不大。

（4）循环量与 K 试验。

其试验数据如表 4 - 2 - 46 所示。

表 4 - 2 - 46　循环量和 K 试验数据

序号	浓缩倍数	循环量/($m^3 \cdot h^{-1}$)	K/[$W \cdot (m^3 \cdot °C)^{-1}$]
1	10	27	659
2	10	24	593
3	10	21	572

将以上数据绘制成曲线图，如图 4 - 2 - 63 所示。

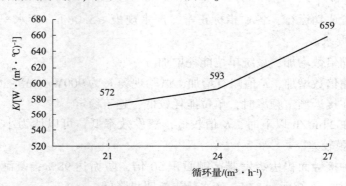

图 4 - 2 - 63　循环量与 K 关系曲线

由图 4 - 2 - 63 可见，当浓缩倍数不变的情况下，随着循环量的增加，K 值增加。

（5）电流与 K 试验

其试验数据如表 4 - 2 - 47 所示。

表 4 - 2 - 47　电流与 K 试验数据

序号	浓缩倍数	电流/A	K/[$W \cdot (m^3 \cdot °C)^{-1}$]
1	10	220	1088
2	10	210	938
3	10	200	850
4	10	190	871
5	10	180	722
6	10	170	674

将表 4 - 2 - 42 中的数据绘制成曲线图，如图 4 - 2 - 64 所示。

由图 4 - 2 - 64 可见，当浓缩倍数不变的情况下，随着电流的增加，K 值增加。

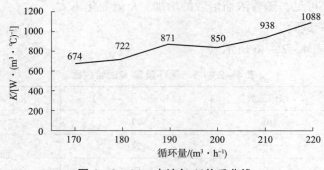

图 4 – 2 – 64　电流与 K 关系曲线

2. 中试试验结论

(1)试验装置成功运行，各项指标正常，产水规模≥5.0t/h，产水率≥90%，产水水质满足锅炉用水要求。

(2)随着浓缩倍数增加，系统单位能耗增加。

(3)随着浓缩倍数增加，K 值略有增加，试验现场 K 为 $900W/(m^3 \cdot ℃)$。

(4)压缩机在接近额定频率时，单位能耗较低，趋于稳定。

(5)循环量在 $24m^3/h$ 以下时，K 值较低，蒸发效率低，可以认为小于 $2424m^3/h$，液体在蒸发管内成膜较差。

(6)复配晶种接触面积达蒸发器接触面积 50 倍，防垢达 98%；复配分散剂使晶种均匀分布在蒸发液中；连续运行 33d，产水量未有明显降低。

(7)蒸发量清洗前为 $4.2m^3/h$，清洗后为 $5.3m^3/h$；清洗剂 pH 值为 3 左右效果明显。

六、电气浮协调氧化技术研究

(一)技术原理

针对气田采出水脱碳脱氮工艺，本项目还进行了电气浮协调氧化技术研究，目的是利用物化作用进行采出水的脱碳脱氮处理，作为深度处理预处理工艺的技术储备。其反应原理是：电解采出水过程中可以产生氯化物，此氯化物可以达成氯化断链点并按下列程序破解氨。除了生成次氯酸盐还可以产生羟基自由基，对有机物进行氧化降低 COD 含量，其反应过程如下：

$$2Cl^- \longrightarrow Cl_2 + 2e^- （电解时发生在阳极）$$

$$Cl_2 + H_2O \longrightarrow HClO + H^+ + Cl^-$$

$$HClO + (2/3)NH_3 \longrightarrow (1/3)N_2 + H_2O + H^+ + Cl^-$$

$$HClO + (2/3)NH_4^+ \longrightarrow (1/3)N_2 + H_2O + (5/3)H^+ + Cl^-$$

$$HClO + (1/4)NH_4^+ \longrightarrow (1/4)NO_3^- + (1/4)H_2O + (3/2)H^+ + Cl^-$$

$$HClO + (1/2)ClO^- \longrightarrow (1/2)ClO_3^- + H^+ + Cl^-$$

$$NH_3 + H_2O + NaClO \longrightarrow NH_2 + H_2O + NaClO + H$$
$$\longrightarrow NH^+ + H_2O + NaClO$$
$$\longrightarrow NO_2^- + 8H^+ + NaClO$$
$$NO_2^- + H_2O + NaCl \longrightarrow NO_3^- + 2H^+ + NaCl$$

（二）中试研究

1. 试验概述

通过使用亚氧化钛陶瓷电极对普光气田深度水处理站进行现场处理试验，验证电化学工艺对该气田采出水的 COD、氨氮的去除效果，从而为该深度水处理站采出污水缩短工艺流程、达标处理的工业化提供经验和数据支持。

（1）实验时间：2020 年 7 月 6～20 日。

（2）试验规模：0.2m³/h。

（3）实验地点：普光气田深度水处理站内。

（4）实验用水：深度水处理站内脱硫后软化水和脱硫后未软化水。

（5）实验设计水质指标。

来水：COD 含量为 500～800mg/L，氨氮含量为 50～90mg/L；

出水：COD 含量≤200mg/L，氨氮含量≤5mg/L。

2. 试验过程

2020 年 7 月 6 日开始，用电化学污水处理装置在普光气田深度水处理站内进行了电化学处理污水实验，现场实验装置如图 4－2－65 所示，实验步骤如下。

图 4－2－65　现场中试试验装置

（1）脱硫后未软化水实验，原水呈现黄色，经电化学反应时间 30min 后变清亮，45min后呈现淡绿色，颜色随时间变化不再明显，如图 4－2－66（原水、30min、40min、50min、60min、70min）、图 4－2－67（原水、20min、30min、40min、50min、60min、70min）所示，从左向右为原水、反应不同时间后的水样，现场有淡淡的刺鼻气味，说明有少量氯气析出。

（2）脱硫后软化水实验，软化水呈黄色，水中絮体较多，经电化学反应时间 30min 后变清澈呈淡绿色，45min 后绿色加深（手机拍摄颜色不明显），颜色随时间变化不再明显，如图 4－2－68（原水、30min、40min、50min、60min、70min）、图 4－2－69（原水、

20min、30min、40min、60min、70min)所示，从左向右为原水、反应不同时间后的水样，现场感觉有淡淡的刺鼻气味，说明有少量氯气析出。

图4-2-66 电流为1000A时试验水样

图4-2-67 电流为1200A时试验水样

图4-2-68 电流为1000A时试验水样

图4-2-69 电流为1200A时试验水样

3. 试验数据及分析

1)脱硫后未软化水数据及分析

(1)脱硫后未软化水、电流为1000A。

表4-2-48 脱硫后未软化水、电流为1000A时的数据及分析

取样时间	样品编号	原水取样性质	实验水量/L	处理时间/h	电压/V	电流/A	中心化验室检测结果			实验分析	
							pH值	COD含量/(mg·L⁻¹)	氨氮含量/(mg·L⁻¹)	氯根含量/(mg·L⁻¹)	实验电量/(Ah·L⁻¹)	吨水电耗/(kW·t⁻¹)
2020.7.8	A1 未除硬原水	脱硫未软化水	200	0	5.5	1000	7.61	527.30	60.10	6734	0	0
2020.7.8	A2 电化学30min		200	0.5	5.5	1000	6.24	321.86	35.90	6958	2.5	13.75
2020.7.8	A3 电化学40min		200	0.6667	5.5	1000	6.14	301.31	22.41	6684	3.33	18.33
2020.7.8	A4 电化学50min		200	0.8333	5.5	1000	6.28	219.14	3.86	6680	4.17	22.91
2020.7.8	A5 电化学60min		200	1	5.5	1000	6.65	171.20	5.58	6550	5	27.5
2020.7.8	A6 电化学70min		200	1.1667	5.5	1000	7.06	150.66	6.30	6714	5.83	32.08

脱硫后未软化水在电化学水处理装置电流为1000A时，反应时间30min时氨氮的去除率为40%，COD的去除率接近40%；反应时间40min时氨氮的去除率65%，COD的去除率45%；反应时间50min时氨氮的去除率95%，COD的去除率65%；反应时间60min时氨氮的去除率90%，COD的去除率70%（表4-2-48）。

（2）脱硫后未软化、水电流为1200A。

表4-2-49　脱硫后未软化水电流为1200A时的数据及分析

取样时间	样品编号	原水取样性质	实验水量/L	处理时间/h	电压/V	电流/A	中心化验室检测结果			实验分析	
							pH值	COD含量/(mg·L⁻¹)	氨氮含量/(mg·L⁻¹)	氯根含量/(mg·L⁻¹)	实验电量/(Ah·L⁻¹)	吨水电耗/(kW·t⁻¹)
2020.7.8	A1 未除硬原水	脱硫未软化水	200	0	5.5	1000	7.61	527.30	60.10	6734	0	0
2020.7.8	B1 电化学20min		200	0.3333	5.8	1200	6.37	356.10	33.74	6804	1.99	11.59
2020.7.8	B2 电化学30min		200	0.5	5.8	1200	6.13	273.93	18.24	6772	3	17.4
2020.7.8	B3 电化学40min		200	0.6667	5.8	1200	6.30	239.68	4.09	6820	4	23.21
2020.7.8	B4 电化学50min		200	0.8333	5.8	1200	6.76	162.43	7.86	6572	4.99	28.99
2020.7.8	B5 电化学60min		200	1	5.8	1200	7.05	196.27	8.80	6754	6	34.8
2020.7.8	B6 电化学70min		200	1.1667	5.8	1200	7.28	162.43	9.06	6760	7	40.6

脱硫后未软化水在电化学水处理装置电流为1200A时，反应时间20min时氨氮的去除率在45%，COD的去除率接近35%；反应时间30min时氨氮的去除率60%，COD的去除率45%；反应时间40min时氨氮的去除率95%，COD的去除率55%；反应时间50min时氨氮的去除率95%，COD的去除率70%；反应时间60min时氨氮的去除率95%，COD的去除率70%；反应时间70min时氨氮的去除率90%，COD的去除率70%（表4-2-49）。

2）脱硫后软化水数据及分析

（1）脱硫后软化水、电流1000A。

表4-2-50　脱硫后软化水电流为1000A时的数据及分析

取样时间	样品编号	原水取样性质	实验水量/L	处理时间/h	电压/V	电流/A	中心化验室检测结果			实验分析	
							pH值	COD含量/(mg·L⁻¹)	氨氮含量/(mg·L⁻¹)	氯根含量/(mg·L⁻¹)	实验电量/(Ah·L⁻¹)	吨水电耗/(kW·t⁻¹)
2020.7.9	A1 除硬出水原水	脱硫软化水	200	0	5	1000	9.91	392.54	64.15	9754	0	0
2020.7.9	A3 电化学30min		200	0.5	5	1000	9.76	277.49	5.18	9346	2.5	12.5
2020.7.9	A4 电化学40min		200	0.6667	5	1000	9.70	270.72	5.58	8034	3.33	16.67
2020.7.9	A5 电化学60min		200	1	5	1000	9.60	311.33	5.58	7972	5	25
2020.7.9	A6 电化学70min		200	1.1667	5	1000	9.58	196.27	5.81	7926	8.335	41.67

脱硫后软化水在电化学水处理装置电流 1000A 时，反应时间 30min 时氨氮的去除率为 95%，COD 的去除率接近 30%；反应时间 40min 时氨氮的去除率 95%，COD 的去除率 30%；反应时间 60min 时氨氮的去除率 95%，COD 的去除率 25%；反应时间 70min 时氨氮的去除率 95%，COD 的去除率 50%（表 4-2-50）。

（2）脱硫后软化水、电流 1200A。

表 4-2-51　脱硫后软化水电流为 1200A 时的数据及分析

取样时间	样品编号	原水取样性质	实验水量/L	处理时间/h	电压/V	电流/A	中心化验室检测结果			实验分析	
							pH 值	COD含量/(mg·L^{-1})	氨氮含量/(mg·L^{-1})	氯根含量/(mg·L^{-1})	实验电量/(Ah·L^{-1})	吨水电耗/(kW·t^{-1})
2020.7.7	除硬出水原水	脱硫软化水	200	0	5.2	1200	9.74	506.75	72.2	12600	0	0
2020.7.7	A1 电化学 30min		200	0.5	5.2	1200	9.51	184.9	3.8	10728	3	15.6
2020.7.7	A2 电化学 40min		200	0.6667	5.2	1200	9.49	143.81	4.43	10630	4	20.8
2020.7.7	A3 电化学 50min		200	0.8333	5.2	1200	9.54	239.68	4.66	10390	5	25.99
2020.7.7	A4 电化学 60min		200	1	5.2	1200	9.45	184.9	3.28	10148	6	31.2
2020.7.7	A5 电化学 70min		200	1.1667	5.2	1200	9.48	109.57	3.62	10020	7	36.4

脱硫后软化水在电化学水处理装置电流为 1200A 时，反应时间 30min 时氨氮的去除率在 95%，COD 的去除率接近 60%；反应时间 40min 时氨氮的去除率 95%，COD 的去除率 70%；反应时间 50min 时氨氮的去除率 95%，COD 的去除率 55%；反应时间 60min 时氨氮的去除率 95%，COD 的去除率 60%；反应时间 70min 时氨氮的去除率 95%，COD 的去除率 80%（表 4-2-51）。

通过脱硫后未软化水与软化水的试验分析，得出如下结论。

①脱硫后未软化水，在电化学装置电流 1000A、反应 50min 时，出水中的氨氮数值达到技术要求，氨氮含量≤10mg/L，吨水耗电 22.91kW/t。

②脱硫后未软化水，在电化学装置电流 1200A、反应 40min 时，出水中的氨氮数值达到技术要求，氨氮含量≤10mg/L，吨水耗电 23.21kW/t。

③脱硫后软化水，在电化学装置电流 1000A、反应 30min 时，出水中的氨氮数值达到技术要求，氨氮含量≤10mg/L，吨水耗电 12.5kW/t。

④脱硫后软化水，在电化学装置电流 1200A、反应 30min 时，出水中的氨氮数值达到技术要求，氨氮含量≤10mg/L，吨水耗电 15.6kW/t。

4. 试验结论

（1）脱硫后未软化水在电化学电流 1200A、反应 40min 时效果最好。

（2）脱硫后软化水在电化学电流 1200A、反应 30min 时效果最好。

（3）工业化中，脱硫后污水经过电化学装置处理后，极大的降低后续工艺负荷。

（4）氧化反应过程中有氯气析出，需要建设吸收装置，进行无害化处理。

七、工艺包开发

(一)工艺计算

以产水规模 1000m³/d 工程为例，进行工艺系统设计。工艺设计及主要设备如图 4 – 2 – 70 ~ 图 4 – 2 – 75 所示。

(二)工艺流程设计

进行 1000m³/d 产水规模工艺流程设计，并进行物料平衡计算。

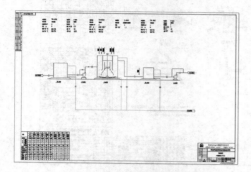

图 4 – 2 – 70　除硬工艺 PFD 图

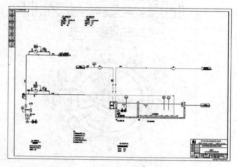

图 4 – 2 – 71　A/A/O 工艺 PFD 图

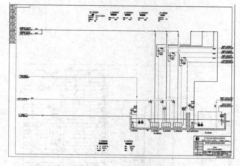

图 4 – 2 – 72　MBR 工艺 PFD 图

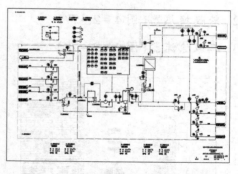

图 4 – 2 – 73　高压 RO 工艺 PFD 图

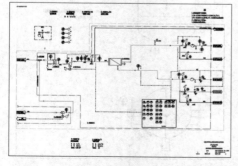

图 4 – 2 – 74　低压 RO 工艺 PFD 图

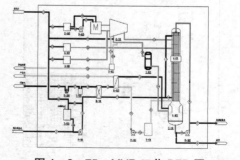

图 4 – 2 – 75　MVR 工艺 PFD 图

(三)关键设备设计

关键设备设计计算截图如图 4 – 2 – 76 ~ 图 4 – 2 – 78 所示。

1. 除硬装置(图4－2－76)

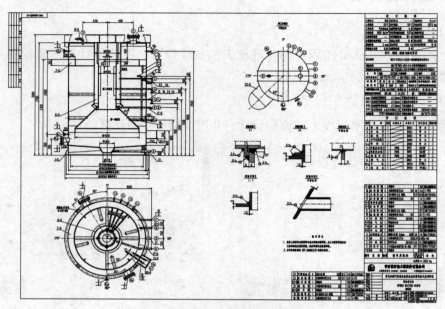

图4－2－76　除硬装置装配图

2. 降膜换热器(图4－2－77)

3. 二级除沫器(图4－2－78)

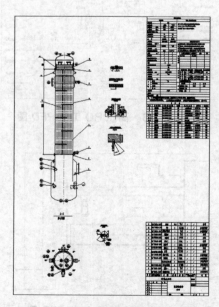

图4－2－77　降膜换热器设备图

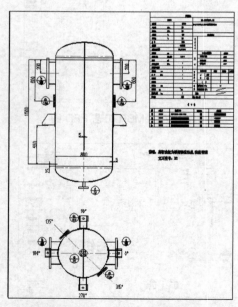

图4－2－78　二级除沫器设备图

第三节 主要成果及创新

一、主要成果

（1）提出了"生化＋双膜"短程资源化膜浓缩技术，掌握了普光气田采出水水质特性及污染物构成组分。

（2）形成了降硬除碳脱氮技术，完成了 A^2O ＋MBR 多种滤膜工艺研究（PVDF/陶瓷/SiC）及电气浮协调氧化技术研究。

（3）完成了 STRO/DTRO 两种高压膜工艺研究，形成了高 COD 耐受高效膜浓缩技术。

（4）研发了同步降硬除硅除锶装置，并进行了成果转化。

（5）研发形成了形成降膜蒸发 MVR 技术，研制了"竖管降膜蒸发工艺"高盐采出水资源化装置。

（6）开发高效率、低成本、短程资源化技术工艺包。按照 $1000m^3/d$ 产水规模工程估算，吨水运行成本 52 元/m^3，制水成本约 88 元/m^3。

二、主要创新

（1）研发出了"蒸发脱盐设备换热管壁防垢的同向分层澄清"除硬装置，并进行了成果转化。

（2）研制了竖管降膜 MVR 诱导晶种阻垢蒸发技术及装备。

（3）开发具有自主知识产权的"生化＋双膜＋MVR"气田采出水低成本、短程资源化处理工艺及工艺包。

第四节 现场应用及经济分析

一、现场应用

2019 年普光气田采出水深度处理工程，机械搅拌除硬装置成功进行成果转化，设计参数及运行情况如下。

（一）工艺说明

1#、3#水处理站处理后的采出水进入深度处理站除硬单元中的调储罐，与污水污泥池上清液混合后，通过调储控流泵进入机械搅拌除硬装置，投加 NaOH 和 Na_2CO_3，进行软化处理，调节 pH 值至 10～11，同时在罐内投加混凝剂和絮凝剂，在除硬装置内进行沉降反应，软化后的采出水进入生化单元。

（二）设备参数

机械搅拌除硬装置（碳钢）2 套，配套澄清罐搅拌刮泥装置 2 座。其中澄清罐容积为 $200m^3$/座，尺寸为 6.58m×8.0m，有效容积为 $380m^3$，双罐停留时间为 8h。

（三）现场应用

2019年11月，2套机械搅拌除硬装置投产以来，设备运行稳定，对钙镁等成垢离子的去除均达到设计水质指标，出水水质情况如表4-4-1所示。

表4-4-1　普光气田深度水处理站除硬装置出水情况　　　　　mg/L

检测日期	项目	钙离子含量	镁离子含量
—	设计水质	≤20	≤20
2020.05.16	原水水质	202.38	84.32
	出水水质	14.23	4.98
2020.05.17	原水水质	183.29	67.48
	出水水质	19.14	未检出
2020.05.18	原水水质	198.96	49.46
	出水水质	14.76	未检出
2020.05.19	原水水质	1688.39	89.74
	出水水质	17.12	8.56
2020.05.20	原水水质	173.89	84.36
	出水水质	17.59	7.34

二、经济分析

项目研究基于主要设备国产化技术，降低设备成本，预测经济指标为（表4-4-2）：以产水规模1000m³/d为总体运行成本52.37元/m³；制水成本88.13元/m³。

表4-4-2　本项目工艺经济性分析预测　　　　　元/m³

建设投资	综合制水成本											88.13
	直接运行成本							维修费	折旧费	膜更换	其他管理	小计
总投资/万元	电费	药剂费	燃料费	工人工资	污泥处置	浓水外输	小计					
9800	22.83	4.07	3.46	6.24	6.25	9.52	52.37	7.70	21.63	4.42	2.01	35.76

注：1. 以1000m³/d产水规模工程计；2. 电价按0.70元/kW·h。

目前，气田采出水深度处理制水成本大多在100元/方以上，采用研究成果建设产水规模1000m³/d污水资源化处理工程，本项目实施后回收利用制水成本降低10%～15%。年节约费用约300万元。

结束语

　　在该书的编写过程中，采用资源化利用的方式处理气田产出水中试取得了试验成功。本书系统总结了作者带领各路技术人员对油田采出水进行多年攻关的经验和技术，因为有些技术尚在完善中，有些理论和观点也处于探索、升级中，所以书中难免有不足之处，希望各位同仁阅读后提出宝贵意见，在本书编写过程中得到了多位专家的帮助与指导，在此表示感谢。

参考文献

[1]杨晓伟，汪洋，刘秀生，等．含油污水处理技术研究进展[J]．能源化工，2016，37(4)：83－88.

[2]雷岗星．含油废水处理技术的研究进展[J]．环境研究与监测，2017，30(4)：58－62.

[3]黄斌，王捷，傅程，等．油田采出水处理技术研究新进展[J]．现代化工，2018，38(8)：52－57.

[4]梁义杰，李秋华．溶气浮选技术在某油田污水处理中的应用研究[J]．广州化学，2011，36(4)：41－46.

[5]徐佳霞．斜板溶气气浮技术在杏西油田含油污水处理中的应用[J]．石油石化节能，2012，06：44－46.

[6]樊玉新，魏新春，胡新玉，等．风城油田超稠油污水旋流分离技术[J]．新疆石油地质，2014，06：713－717.

[7]李贝贝，孙琪，高雯雯．混凝沉淀－微滤－纳滤组合工艺处理小吨位分散型气田废水[J]．科学技术与工程，2011，34(期)：8645－8648，8657.

[8]燕红，魏然，张国华，等．高效旋流气浮一体化污水处理技术[J]．油气田地面工程，2013，02：46－47.

[9]李景芳．电化学预氧化技术在油田污水处理工程应用中的注意事项[J]．山东省农业管理干部学院学报，2011，卷(1)：158，168.

[10]付广永．油田污水预氧化工艺配套阻垢技术研究[J]．长江大学学报：自然版，2018，15(3)：77－80.

[11]谢伟．电化学预氧化技术在郝现联污水处理中的应用[J]．河南科技，2013，10：204，207.

[12]刘咚，储昭奎，王洪福，等．含聚丙烯酰胺类油田污水的电化学氧化处理[J]．环境工程学报，2017，11(1)：291－296.

[13]胡君城，刘聪．活性污泥法处理胜利油田稠油厂苯胺废水[J]．精细石油化工进展，2010，11(3)：52－55.

[14]邓晨．BAF技术在油田污水处理中的应用[J]．中国西部科技，2013，01：6－7，12.

[15]刘振宁．对油田污水处理絮凝剂的探究及发展[J]．中国石油和化工标准与质量，2017，06：38－39.

[16]赵德喜．高分子絮凝剂在油田生化污水处理中的应用研究[J]．工业水处理，2018，38(8)：88－90.

[17]王峰，李永翠，王学文．干粉絮凝剂自动加药工艺在油田污水处理中的应用及效果[J]．油气田地面工程，2018，37(4)：25－27.

[18]陈杨辉，陈文霞，王敏．超滤技术在江苏油田含油污水处理中的应用[J]．油气田环境保护，2014，20(2)：29－31.

[19]宋纪委，王士东，吕慧．超滤技术在油田含油污水处理中的应用[J]．中国给水排水，2017，33(1)：91－93.

[20]方健．Fenton氧化－活性炭吸附法处理油田含聚污水的生化出水[J]．工业用水与废水，2015，01：68－69，72.

[21]谢康，毕学军．臭氧－生物活性炭深度处理胜利油田采出水的试验研究[J]．西南给排水，2015，03：18－20.

[22]武琳．锅炉排污水离子交换法处理回用工艺研究[D]．兰州：兰州理工大学，2015.

[23]薛永梅．悬浮污泥过滤净化技术在处理污水中的应用[J]．化学工程与装备，2018，03：293－295.

[24]宋佳宇，刘玉龙，陈梅梅．人工湿地技术处理油田含油污水的应用[J]．油气田环境保护，2013，01：43－45.

[25]刘新亮，蔺爱国，尹海亮，等．超声波降解含聚油田污水的研究[J]．工业水处理，2014，03：71－74.

[26]王泉，祝宏平，李洁冰，等．超声波降解油田含聚污水研究进展[J]．声学技术，2018，37（2）：141－145.

[27]陈梅梅，范俊欣，岳勇，等．嗜盐菌在油田含盐采出废水处理中的应用[J]．油气田环境保护，2014，52－55.

[28]杨洋，丁慧，付丽丽，等．电渗析法处理油田回注水的中试试验[J]．水处理技术，2013，04：87－89.

[29]胡慧，李志健，迟金娟，等．电凝聚气浮技术处理采油废水的研究[J]．安徽农业大学学报，2011，38（6）：974－977.

[30]夏福军．改性聚四氟乙烯膜精细过滤器处理含油污水的工业性试验研究[J]．工业水处理，2011，31（1）：48－50.

[31]夏福军，房永，隋向楠，等．改性聚四氟乙烯膜精细过滤器处理油田含油污水探索性试验研究[J]．工业水处理，2010，30（1）：26－28.

[32]魏勇．双向过滤技术用于油田含油污水处理[J]．中国石油和化工标准与质量，2014，03：262.

[33]何明杰，张艳，孟庆伟，等．生化处理沙漠油田高盐含油污水[J]．油气田环境保护，2018，28（2）：36－42.

[34]史春薇，陈健斌，魏清泉，等．磁分离技术处理油田污水的应用研究进展[J]．应用化工，2018，47（4）：789－795.

[35]黄斌，张威，王莹莹，等．陶瓷膜过滤技术在油田含油污水中的应用研究进展[J]．化工进展，2017，36（5）：1890－1897.

[36]刘炳成，李洋洋，李冠林，等．新型油田污水高效深度过滤器性能研究[J]．工业水处理，2018，38（11）：85－88.

[37]马学勉，王素芳，滕厚开．含聚采油污水处理技术研究进展[J]．水处理信息报导，2014（3）：4－6.

[38]李宇星．注聚污水处理技术调研报告[J]．工业技术，2017，18（5）：32－33.

[39]王帅，王磊，祝仰文，等．色谱技术应用于油田污水中聚合物提取[C]．第21届全国色谱学术报告会及仪器展览会，409－410，2017.

[40]王雨，林莉莉，斯绍雄，等．聚合物驱采油污水的水质深化处理技术[J]．油田化学，2018，35（2）：356－361.

[41]郑路．渤海海上油田含聚污水处理技术分析与思考[J]．设备管理与维修，2018，卷（3）：112－114.

[42]孔伟，王洪松，伍建军，等．塔中油田汽提法原油脱硫化氢工艺技术[J]．天然气与石油，2012，30（3）：34－36.

[43]邓成琼，马振峰．联合站高含硫污水曝氧除硫技术研究[J]．石油天然气学报，2010，卷（6）：494－497.

[44]孙大勇．空间除硫装置在含硫污水处理上的应用[J]．化学工程与装备，2013，卷（4）.

[45]刘晓丽，原璐，王金昌，等．油田污水脱硫气提塔的设计选型[J]．油气田地面工程，2013，32（8）：46－47.

[46]王贤成．南海某油田污水处理工艺技术应用实践[J]．化学工程与装备，2013，卷（10）.

[47]陈文娟，靖波，檀国荣，等．海上油田含聚污水处理工艺优化研究[J]．工业水处理，2016，36

(10): 80 - 83.

[48]施书定,欧阳雄,杨天笑,等. CFU 在海上油田水处理中的技术创新和应用[J]. 工业水处理,2013,33(8): 90 - 92.

[49]唐广荣. 改性纤维球过滤技术用于海上油田污水的深度处理[J]. 工业水处理,2014,34(11): 78 - 79.

[50]唐广荣. 改性纤维球过滤技术用于海上油田污水的深度处理[J]. 工业水处理,2014,34(11): 78 - 79.

[51]蔡小垒,王春升,陈家庆,等. BIPTCFU - Ⅲ型旋流气浮一体化采出水处理样机及其在秦皇岛 32 - 6 油田的试验分析[J]. 中国海上油气,2014,26(6).

[52]刘义敏,潘丽红,李书阁,等. 一体化油田污水处理装置[J]. 油气田地面工程,2012,31(12): 106 - 106.

[53]熊建云. 油田污水处理自动控制技术[J]. 油气田地面工程,2014,卷(8).

[54]严忠,庄术艺,马晓峰,等. 曝气脱硫技术在新疆油田含油污水处理中的应用[J]. 石油与天然气化工,2013,卷(5): 540 - 544.

[55]王英敏,刘宁,朱江海. 双河油田污水生化处理技术研究与应用[J]. 精细石油化工进展,2010,29(8): 67 - 69.

[56]杨再荣,刘卫国,马振勇,等. 青海油田采油一厂采出水处理技术改进[J]. 油气田环境保护,2011,21(1): 33 - 35.

[57]刘清云,张斌,熊新民,等. 塔里木油田高矿化度采出水处理技术研究与应用[J]. 石油天然气学报,2011,33(3): 155 - 158.

[58]刘江红,潘洋,贾云鹏. 油田含聚污水处理技术研究进展[J]. 化学与生物工程,2011,28(1): 1 - 3.

[59]苏长春,方健. 渤海油田含聚污水回注处理研究进展[J]. 广州化工,2017,45(5): 7 - 9.

[60]尹先清,靖波,张健,等. 微型多功能含油污水处理装置:中国,10554801.3[P].2014 - 03 - 05.